U0305855

谷晓平 等 编著

特色农业气象灾害研究

——以贵州省“两高”沿线为例

内容简介

本书围绕贵州省“两高”沿线特色农业气象灾害研究，系统分析该区域干旱、冰雹、低温等10种农业气象灾害特征，并论述其对特色农业影响机理，阐述“两高”沿线特色农业气象灾害监测网络和预测预报技术，提出气象灾害防控技术。本书适合农业气象业务和科研人员、高等院校师生及农业企业管理和技术人员阅读参考。

图书在版编目(CIP)数据

特色农业气象灾害研究：以贵州省“两高”沿线为例 / 谷晓平等编著. -- 北京：气象出版社，2016.6

ISBN 978-7-5029-6353-8

Ⅰ.①特… Ⅱ.①谷… Ⅲ.①农业气象灾害-贵州省-研究 Ⅳ.①S42

中国版本图书馆CIP数据核字(2016)第119846号

出版发行：气象出版社

地　　址：北京市海淀区中关村南大街46号　　**邮政编码**：100081

电　　话：010-68407112(总编室)　010-68409198(发行部)

网　　址：http://www.qxcbs.com　　**E-mail**：qxcbs@cma.gov.cn

责任编辑：崔晓军　　**终　　审**：邵俊年

责任校对：王丽梅　　**责任技编**：赵相宁

封面设计：易普锐创意

印　　刷：中国电影出版社印刷厂

开　　本：710 mm×1000 mm　1/16　　**印　　张**：13

字　　数：262千字

版　　次：2016年6月第1版　　**印　　次**：2016年6月第1次印刷

定　　价：75.00元

编 委 会

主　编　谷晓平

副主编　杜小玲　邹书平　古书鸿

编　委　于　飞　钟有萍　梁　平　罗喜平
肖　俊　胡家敏　侯双双　李丽丽
廖留峰　张艳梅　张　波　汪　华
万雪丽　乔　琪　罗林勇　韦昭义
徐智慧　袁小康　张　帅　谭清波
刘　博　刘荣让　龙景超　文继芬
周丽娜　何永健　谭　健　武文辉
廖　瑶　易俊莲　莫建国　池再香
徐永灵　陈中云　韦　波

前　言

特色农业是按照市场经济的客观要求，依托当地独特的地理环境、气候和生物资源、产业基础等条件形成的，具有一定的规模优势、品牌优势和市场竞争优势的生产名优特农产品的农业产业，是主导一定区域农村经济发展的现代高效农业。随着经济社会的发展和人民生活水平的提高，农产品需求结构逐步发生改变，对于特色农产品的需求日益增加；随着交通运输条件的不断改善，广大欠发达欠开发地区独特的农业生产优势得以体现，大力发展特色农业成为这些地区农业、农村快速发展的有效途径。

厦蓉高速公路贵阳至水口段和贵阳至广州高速铁路（简称“两高”）分别是贵州向东南方向辐射的第一条高速公路和第一条高速铁路，拉近了贵州与珠三角和港澳的距离，大幅提升了“两高”沿线区域特色农产品的外销和市场竞争力，为特色农业发展带来了前所未有的机遇。该区域工业欠发达，农药、化肥施用量远低于全国水平，境内原生态自然环境优越，具有丰富的气候资源及洁净的大气环境、水环境、土壤环境，发展特色农业具备得天独厚的优势。然而频发的农业气象灾害成为制约贵州省“两高”沿线区域特色农业发展的限制条件，因此，我们借鉴国内外特色农业气象灾害研究成果并总结贵州省特色农业气象科学研究积累的经验，开展了贵州省“两高”沿线特色农业气象灾害监测预报及防控技术体系研究，并把相关研究成果编撰成册，以期为区域特色农业生产提供科学指导。本书共分为6章，分别介绍了贵州“两高”沿线区域特色农业发展现状、农业气象灾害特征、农业气象灾害对特色农业影响机理及特征、农业气象灾害监测网络、农业气象灾害预测预报技术及农业气象灾害防控技术。

本书在编写过程中，全体编委和审稿专家对编写大纲和内容进行了广泛的交流，同时得到了气象出版社的支持和帮助，在此一并表示感谢。还要特别感谢贵阳小河区金海农业科技开发有限公司的周朝军，贵州禾锋霖农业科技有限公司的藕继旺，贵州省农业委员会的苏跃，贵州省气象局的李文婷、黄答，贵州省气象信息中心的汤宁，贵州省气象学会的徐丹丹、龚雪芹，贵州省山地环境气候研究所的王备、王方芳、胡欣欣等，以及在贵州省山地气候与资源重点实验室交流学习的王明国、陈芳等的大力支持。此外，向本书中所引用的国内外教材、专著及科技期刊的资料和图片的作者表示诚挚的谢意，参考文献如有遗漏和错误敬请见谅。

尽管我们在编写过程中，力求全面系统地介绍特色农业气象灾害预警和防控的相关技术，但一方面由于各学科理论方法发展迅速，另一方面编著者水平有限，所以在内容上尚难尽如人意。此外，文字、图表等方面虽几经核校，但仍难免有不当之处，恳请读者提出宝贵意见，以便进一步完善。

编著者

2016 年 1 月

目　　录

第1章 绪 论

1.1 特色农业内涵

特色农业是按照市场经济的客观要求，依托当地独特的地理、气候、资源、产业基础和条件形成的。相对于常规农业而言，特色农业是具有一定的规模优势、品牌优势和市场竞争优势，主导一定区域农村经济发展的高效农业（李金良 等，2000）。我国20世纪90年代开始提出特色农业并对特色农业的概念、发展原则等方面进行研究。关于“什么是特色农业”，不同学者从各个视角对其进行研究阐述（吕火明，2002；张克俊，2003；周灿芳 等，2008），在特色农业的以下几点内涵上不同学者的见解比较一致：

（1）特色农业具有鲜明的地域性。特色农业需要立足特定区域内的某类优势，包括地理优势、环境优势、资源优势、技术优势等，开发出品质好、相对收益高的特色农产品。以资源、气候、立地条件、环境、特殊物种优势为基础，目的在于形成优势竞争力，取得比普通农业更高的经济效益。

（2）特色农业要符合市场需求和社会需求。目前的市场需求和社会需求不是对温饱的需求，而是多样性的需求。满足人们更高的、日益增长的多样化需求，这是特色农业能够发展壮大形成一定规模的基础。形成规模的特色农业才能健康运作，解决区域经济落后问题。不成规模的特色农业不具备市场竞争力，难以维持，最终会面临被淘汰的结局。

（3）特色农业要打造独特的品质，形成区域显著地理标志。所谓独特品质是指与众不同，不仅包括农产品质量（营养成分、口味、色泽等）的独特，还包含农产品上市时间的独特。通过一系列与众不同的环节，形成区域显著地理标志，例如，烟台苹果、都匀毛尖等。一旦区域特色农产品形成品牌，区域农产品竞争力便上升到一个新高度。

（4）特色农业是可持续的农业，是现代化的农业。随着全球环境问题的日益突出，人们更加关注生态环境的保护，对农产品质量的要求更高。特色农业应强调区域资源的合理和充分利用，注重农业生产系统和环境系统的相互关系，达到追求经济效益和保护生态环境双赢的目标。

综上所述，特色农业可以这样表述“特色农业是以市场经济的客观要求为基础，依托区域优势资源形成的具有一定规模优势、品牌优势和市场竞争优势的可持续农业，是主导一定区域农村经济发展的现代化农业”。

1.2 贵州省“两高”沿线概况

1.2.1 “两高”沿线特色农业发展区位优势

随着人们生活水平的提高，追求优质、无公害的农产品成为新的时尚，其市场需求越来越大。贵州省工业欠发达，农药、化肥施用量远低于全国平均水平，境内优越的原生态自然环境是发展无公害特色农产品的理想区域。但有些特色农产品，如蔬菜、果品、花卉均为鲜活产品，不易存储，其经济价值的实现受时间和市场的制约，导致贵州省特色农业优势得不到有效发挥。贵州省经济欠发达与其所处的地理位置和交通状况有很大关系，2006 年中共贵州省委、省政府做出了建设贵阳至广州高速公路（厦蓉高速公路贵阳至水口段）和快速铁路（以下简称“两高”）的重大战略决策。2007 年贵州省第 10 次党代会提出配套优化“两高”沿线生产力布局，发展南下通道经济。2008 年制定《“贵阳—广州”高速公路、快速铁路沿线农业优势特色产业发展规划》，为珠三角区域产业承接做好积极准备。厦蓉高速公路贵阳至水口段和贵广快速铁路分别是贵州省向东南方向辐射的第一条高速公路和第一条快速铁路。“两高”沿线的建设，拉近了贵州与珠三角和港澳的时间距离及空间距离，大幅度缩短了农产品的运输时间，大幅度降低了交通运输成本，保证产品的鲜活，减少损失，凸显了贵州的区位优势，尤其是将大幅度提升“两高”沿线区域特色农产品的外销和市场竞争力，为特色农业发展带来前所未有的机遇。

贵州省“两高”沿线区域包括贵阳市的南明区、云岩区、白云区、花溪区、乌当区、观山湖区、修文县、开阳县、息烽县、清镇市；黔南布依族苗族自治州（以下简称“黔南州”）的惠水县、瓮安县、福泉市、平塘县、独山县、荔波县、罗甸县、三都水族自治县（以下简称“三都县”）、龙里县、贵定县；黔东南苗族侗族自治州（以下简称“黔东南州”）的凯里市、麻江县、雷山县、丹寨县、榕江县、从江县、黎平县等市（县），人口近 730 万人，耕地约 390 万亩*。“两高”沿线区域（见图 1.1）位于贵州省中部、南部和东南部，地处低纬高原山区，地势高低悬殊，境内地势西高东低，贵阳市高，向东、南面倾斜，南部苗岭横亘，主峰雷公山海拔 2 178 m；而黔东南州的黎平县地坪乡水口河出省界处，海拔高度为 147.8 m，为境内最低点，最高点与最低点海拔高度相差 2 000 m 以上，各地相对高差也多在 300～600 m，有的可达 1 000 m 以上。该区域地形复杂，立体农业气候资源显著，气候资源非常丰富，气候温和，土壤类型和生物资源种类繁多，是

* 1 亩 $=1/15\ hm^2$，下同

贵州省生态环境最为优越的区域。

图1.1　贵州“两高”沿线区域

1.2.2　“两高”沿线特色农业气候资源

“两高”沿线立体农业气候资源显著，由于南部海拔高度相差很大和山区丘陵的地形作用，造成气候类型的多样性，尤其是在山区，形成各具特色的小气候类型，涵养了丰富多样的生物资源，对发展名优特产和特色农业具有十分有利的条件。由于“两高”沿线山区地势复杂，下垫面类型丰富，海拔高度相差悬殊，温度相差较大，各地气候差异较大，导致农业气候资源类型多种多样。在水平方向上具有南亚热带、中亚热带、北亚热带、暖温带等4种气候类型；在高大山体垂直方向上还存在着温热、温暖、温凉、寒冷等若干气候层；在每个气候区、地区甚至县、乡（镇），也存在着平坝、半山、高山等不同地貌类型。地势地貌错综复杂，导致贵州农业气候资源类型多种多样。

“两高”沿线气候温和，四季分明，夏无酷暑，冬无严寒，无霜期较长。全年日平均气温都在0 ℃以上，≥10 ℃日数为240～270 d，无霜期为260～335 d；最冷月（1月）平均气温为2.3～10.4 ℃，最热月（7月）平均气温为22.3～27.5 ℃；各地冬季平均气温为3.6～11.6 ℃，春季为13.0～20.5 ℃，夏季为21.4～26.5 ℃，秋季为14.1～20.5 ℃，大部分区域的气候四季分明。这种温和湿润、夏无酷暑、冬无严寒、无霜期较长的生态气候条件，使农作物和大多数牧草、林木可全年生长发育，夏季除南部边缘外，基本无高温危害，冬季冻害较轻。温和湿润的农业气候条件，有利于种植业增加复种指数，为高产、优质、高效的特色农业发展提供了优越的自然环境条件。

"两高"沿线土壤类型和生物资源种类繁多。各地有赤红壤、红壤、黄棕壤、石灰土等10多种土类，土壤性状也存在很大差异，为多种植物生长提供了场所。该区现有维管束植物数千种，陆栖脊椎动物1 000多种。丰富多样的农业气候资源、生物资源和繁多的土壤类型相结合，为农、林、牧、渔业全面发展和各业多种经营提供了得天独厚的生态环境条件。

1.3 贵州省"两高"沿线特色农业发展概况

1.3.1 贵阳市特色农业发展现状

贵阳市是贵州省省会所在地，是全省政治、文化、交通等中心，地处苗岭山脉中段，地势南北高、中部低，境内山地面积占全市面积的40.1%，丘陵面积占全市面积的44.5%，山间平坝面积占全市面积的15.4%。地貌类型多样，山地分布于北部、东部和南部；丘陵集中于中部、西部和东部；山间盆地和洼谷地，土层深厚，土质肥沃，是重要的农耕区。贵阳市气候属亚热带高原季风湿润性气候，冬无严寒，夏无酷暑，全年气候温暖、湿润适中。年平均气温为15.1 ℃，年平均降水量为1 072.8 mm，年平均日照时数为1 049 h，全年无霜期270 d。贵阳市依托其自身的自然资源，特色水果、蔬菜取得了较大的发展。

贵阳市主栽果树有梨、桃、李、枇杷、猕猴桃、葡萄、杨梅等。以公路为纽带，已建成：沿清水江和乌江两岸4万亩的优质枇杷；清镇、息烽、开阳、修文、乌当、金阳等较高海拔区的10万亩梨；南明区永乐乡、乌当区下坝镇和清镇市犁倭乡为主的6.3万亩桃；以乌当区、小河区、白云区为主的3.5万亩杨梅；修文的3万亩猕猴桃；花溪区、清镇市、修文县、乌当区等近3万亩的本地李；息烽县和清镇市为主的1.8万亩的水晶葡萄等。

贵阳市蔬菜产业紧紧围绕特色(精细)观光、次早熟、夏秋反季节和特色加工四大蔬菜产业建设，规模不断扩大。2011和2012年分别实现蔬菜播种面积140万和160万亩次，总产量分别为180万和205万 t，主栽品种有番茄、辣椒、黄瓜、密本南瓜、白菜、香葱等(见表1.1)；产品在满足贵阳市场的同时，还销往广东、广西、福建、湖北、江苏、浙江等地，2012年蔬菜外销量达85万 t，蔬菜产业不断增强。2005年具有浓郁贵阳特色的"黔山牌蔬菜"正式注册并得到了迅速的推广，市场占有率和认知度逐年提高，并获得2008年贵州省十大著名商标等荣誉。蔬菜产品质量得到较好保证，2012年基地蔬菜自检合格率达99.97%；蔬菜栽培及采收严格按DB 5201中的《贵阳市无公害蔬菜生产操作规程》和《贵阳市无公害蔬菜产品质量标准》执行，保障蔬菜质量，并建立蔬菜农药残留检测点 179 个，年检测蔬菜 8 万份，合格率达 99.8%以上；全市无公害蔬菜认证个数 510 个，产量 125.3 万 t；绿色食品认证 24 个，产量达到 9 560 t。蔬菜产业在贵阳市的城市发展中有效保障了市场供给，并在保证农民增收中起着举足轻重的作用。

表 1.1　贵阳市主要蔬菜产业情况

品种	面积（万亩）	总产量（万 t）	上市期	分布区域
番茄	4	25	7 月中旬—10 月下旬	白云、修文、乌当、开阳
密本南瓜	3	6	9 月中旬—12 月下旬	息烽、开阳
辣椒	3	7.5	7 月中旬—10 月下旬	清镇、开阳
白菜	5	17.5	周年供应	息烽、白云、花溪
萝卜	2	5	周年供应	修文、花溪
大葱	3	9	周年供应	息烽、修文
香葱	3	11	周年供应	花溪、白云
黄瓜	2	8	6 月中旬—10 月中旬	息烽、花溪
小白菜	2	3	周年供应	白云、南明、花溪
瓢儿白	1	1.5	周年供应	
菜心	1	1.5	周年供应	
甘蓝	2	6	周年供应	清镇、修文
花菜	1	2	周年供应	白云、开阳
莴笋	2	4	周年供应	开阳、清镇
生菜	1	1.5	周年供应	白云、南明、花溪
芹菜	1	3	周年供应	
豌豆	3.5	1.75	3 月中旬—5 月下旬，10—11 月	开阳、清镇
豇豆	1	3	6 月中旬—9 月下旬	花溪

为促进贵州省农业转型升级，结合各地农业产业发展情况，全省重点打造“100 个现代高效农业示范园区”，实现规划设计科学、产业特色鲜明、基础设施配套、生产要素集聚、科技含量较高、经营机制完善、产品商品率高、综合效益显著等目标，成为做大产业规模、提升产业水平、促进农民增收、推动经济发展的“推进器”和“发动机”。自 2013 年起，贵阳市大力发展 9 个现代高效农业示范园区建设，主要包括花卉、樱桃、蔬菜、茶叶、葡萄以及休闲观光农业、畜牧业等特色农业产业。贵阳市区域内

2013 年现代高效农业示范园区分布见图 1.2。

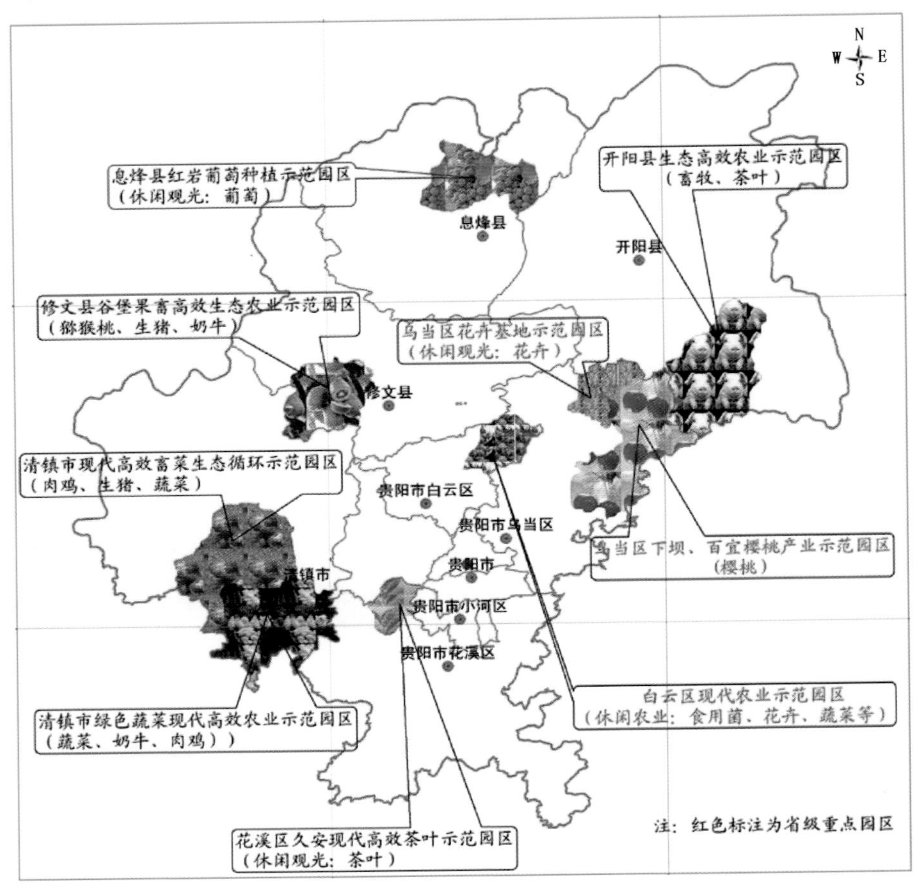

图 1.2　贵阳市现代高效农业示范园区示意图

1.3.2　黔南州特色农业发展现状

黔南州位于贵州省南部，地处云贵高原东南部向广西丘陵过渡的斜坡地带，地势西北高、东南低。黔南州北部属黔中丘原，南部是中山、低山和丘陵，其间均有山间盆地和坝子。州内山地区面积占 60.4%，丘陵区面积占 31.3%，山间平坝区面积占 8.3%。黔南州气候差异较大，南部罗甸、红水河谷地具有南亚热带季风气候，其余大部分地区为中亚热带季风气候。气候随海拔高度的变化而变化，差异非常明显。年平均气温为 15～17 ℃，年平均降水量为 1 100～1 450 mm，大部分地区年日照时数为 1 000～1 500 h，年无霜期为 270～340 d，南部罗甸可达 340 d。

黔南州精品果业种植形成了以罗甸紫金火龙果、荔波樟江蜜柚、三都水晶葡萄、贵定盘江酥李、长顺高原高钙苹果、龙里刺梨和福泉金福梨为代表的七大特色水果生产基地。(1)罗甸紫金火龙果。该品种火龙果为红心火龙果,矿物质元素含量高,该品种种植地主要为罗甸县。(2)橙、柚类水果。生产基地主要以罗甸、荔波、三都为主,包括罗甸脐橙、荔波蜜柚。(3)水晶葡萄、巨峰葡萄及提子。水晶葡萄主要种植在三都县,巨峰葡萄主要种植在独山县。三都县交梨乡的水晶葡萄为当地特有,为葡萄之精品。(4)长顺高钙苹果。长顺高钙苹果为贵州高原特有水果,酸甜适度,钙含量较一般苹果高。(5)贵定盘江酥李。盘江酥李为贵定特产水果,味甜汁多、肉质致密、酥脆香甜、细嫩爽口,果肉品质上乘。(6)福泉金福梨。金福梨为黔南州精品特色水果,肉质雪白细嫩、味甜汁多。(7)龙里刺梨。龙里刺梨是贵州高原的野生特产水果,成熟的刺梨肉质肥厚,味酸甜,富含多种维生素,被称为“维C之王”,产品主要为深加工产品,如刺梨干、刺梨羔、刺梨汁、刺梨酒等。除上述特色水果外,黔南特色水果还有核桃、杨梅、猕猴桃等,主要分布在长顺、三都、荔波、瓮安等县。

依托便利的交通、丰富的水热资源及肥沃的土壤,黔南州特色农业形成了8个主要的蔬菜基地:(1)罗甸早熟蔬菜及无公害蔬菜基地。罗甸县位于贵州省南部边陲红水河畔,属典型的南亚热带季风湿润气候,素有贵州“天然温室”之称。从20世纪80年代起罗甸县就建成贵州南部早熟蔬菜基地,品种主要以早熟黄瓜、白瓜、豇豆、四季豆、辣椒、西红柿为主,被农业部列为无公害蔬菜基地。(2)惠水涟江大坝蔬菜基地。惠水涟江大坝土地肥沃、水源充分、交通便利,是种植蔬菜的最佳地带,产品以瓜、豆、白菜、萝卜、辣椒、西红柿为主。(3)独山基长西红柿基地。该基地主要位于独山县基长镇,该镇地势平坦、土地肥沃、气候温和凉爽、交通方便,所产西红柿个大肉厚,富含维生素C。(4)三都大河、丰乐早熟蔬菜基地。该基地位于都柳江上游沿岸的大河镇和丰乐镇,产品以早熟瓜、豆、辣椒、西红柿为主。(5)贵定定南蔬菜基地。该基地位于贵定县定南乡乐芒村,该村土地肥沃、水源充足,主要品种有西红柿、辣椒、茄子、折耳根、红汗菜等。(6)龙里湾滩蔬菜园区。龙里湾滩农业园区主要位于龙里县羊场乡至贵定县云雾镇一线,主要有豌豆尖、生菜、白菜、甘蓝、辣椒、番茄、棒豆、黄瓜、芦笋、藜蒿等十几个产品。(7)福泉黄丝镇江边蔬菜基地。该基地位于贵新高速公路旁的福泉市黄丝镇江边村,主要品种是豇豆、丝瓜、黄瓜、白菜、甘蓝。(8)瓮安辣椒基地。主要位于雍阳、草塘、平定营等10多个乡(镇)。

按照全省“100个现代高效农业示范园区”相关要求和标准,自2013年起,黔南州主要推进13个现代高效农业示范园区建设,涉及蔬菜、葡萄、苹果、花卉、茶叶、火龙果以及畜牧、渔业等特色农业产业。黔南州区域内2013年现代高效农业示范园区分布见图1.3。

1.3.3 黔东南州特色农业发展现状

黔东南州位于贵州省东南部,与湖南、广西相邻,黔东南州地势自西向东倾斜,地

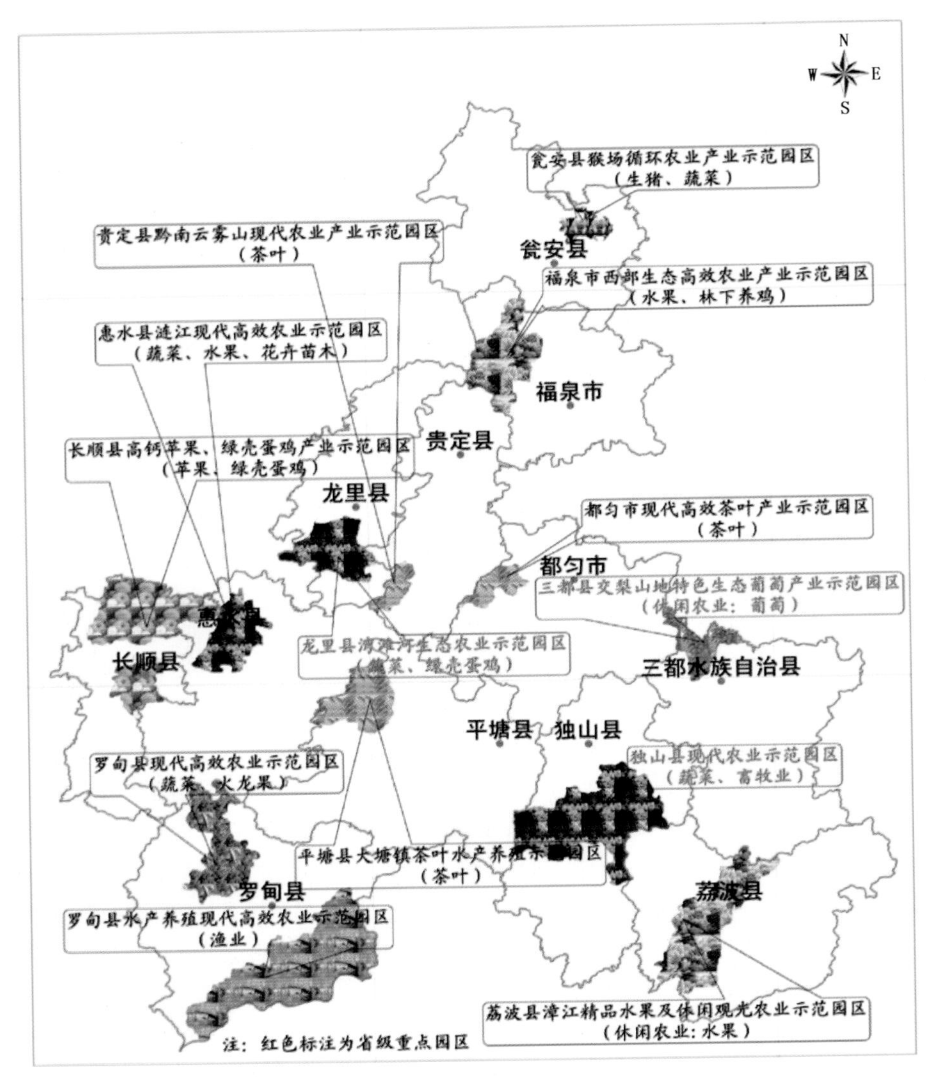

图 1.3　黔南州现代高效农业示范园区示意图

貌西部和西北部主要为丘陵状低中山，向东为低中山、低山和丘陵。黔东南州山地面积占该州土地面积的 72.8%，丘陵面积占 23.3%，山间平坝面积占 3.9%。黔东南州属亚热带温暖湿润季风气候区，气候温和，雨量充沛，年平均气温为 16.8 ℃，年降水量为 1 060～1 506 mm，年平均日照时数为 1 070.6～1 320 h，全年无霜期为 300 d 左右。

黔东南州按照“围绕企业建基地，围绕基地办企业”的要求，大力发展特色优势农产品，培育壮大优势特色产业，蔬菜、果品、优质米、茶叶、中药材、烤烟等特色农业基地建设规模逐年扩大，区域特色经济布局初显轮廓。

优质果品立足生态、优质发展，创建品牌，全州形成了柑橘、梨、蓝莓、猕猴桃、杨梅、葡萄、枇杷、桃等一批山地生态优质果品生产基地。2012年，全州各种果园面积达86.06万亩，挂果面积54.93万亩，果品总产量42.51万t，实现总产值8.37亿元。组建果品协会和农民专业合作社60余家，建立果业企业12家。果品生产基地不断发展，成为部分地区农村经济增长的主导产业，初步形成了四大区域性商品水果生产基地：一是在都柳江、清水江、㵲阳河低海拔河谷区形成了30万亩柑橘基地；二是在苗岭山地建成了以台江、三穗、雷山等地为中心的20万亩梨基地；三是在民族风情旅游浓郁的景区景点兴起了以葡萄、杨梅、桃、枇杷等为主的10万亩时令水果基地；四是在酸性黄壤山地新兴了以麻江为中心并带动丹寨、黄平、凯里、台江、三穗等县(市)发展的3万亩蓝莓基地。全州名优品牌果品不断发展，共注册了“都柳江”、“苗疆”、“清水江”等10余个名品商标。除上述特色水果外，黔东南州特色水果还有核桃、杨梅、猕猴桃、水蜜桃、小香橘等，主要分布在黎平、雷山、三穗、镇远、锦屏等县。

2012年，黔东南州各种蔬菜种植总面积188.87万亩，总产量2 241.28万t，总产值34.16亿元；通过无公害蔬菜产地认定26个，面积14.08万亩，认证产品14个；通过企业外销夏秋蔬菜、地产特菜等的年鲜品量在5万t以上，主销中国的广东、香港、台湾，以及韩国、日本、东盟等地蔬菜市场。主要的蔬菜基地有7个：

(1)榕江县丰源绿色蔬菜有限公司蔬菜基地。该基地建立在车江万亩大坝上，目前种植的学斗、芥蓝、菜心等新鲜蔬菜每月有300 t运往珠三角地区，其中有200 t直接进入香港市民餐桌。

(2)凯里市舟溪无公害蔬菜基地。该基地位于镇区西南部，已通过无公害产地认证，项目建设有以色列双子座联跨标准温室大棚和生产用大棚，种植以色列培育的西红柿、黄瓜、彩椒等品种。

(3)三穗县长吉乡供凯蔬菜基地。该基地依托长吉乡大头菜专业合作社集中种植蔬菜，目前有上海青、芥菜、菜心、白菜、莴笋、芹菜、大头菜、萝卜等鲜菜产品。

(4)天柱蔬菜产业基地。该基地主要位于天柱县凤城镇、社学乡等，种植的蔬菜品种有叶菜、果菜、根菜等四季时鲜蔬菜，也有黄花菜、辣椒、大葱、食用菌等特色蔬菜。

(5)黄平旧州外销蔬菜基地。黄平县注册贵州港信农业有限公司，流转旧州镇寨勇村上千亩土地作为公司核心示范基地，带动周边5万亩外销蔬菜基地建设。

(6)麻江蔬菜基地。在景阳乡、谷硐镇、坝芒乡建成万亩蔬菜产业化基地，主栽品种是反季节有机蔬菜、大葱、魔芋、生姜等。

(7)丹寨番茄生产基地。该基地位于长青乡长青村，基地的厢沟整理规范，地膜覆盖及时，菜苗培育健壮，移栽定植规整。

按照全省“100 个现代高效农业示范园区”相关要求和标准，自 2013 年起，黔东南州主要推进 19 个现代高效农业示范园区建设，主要涉及中药材、蔬菜、油茶、茶叶、畜牧、蓝莓以及核桃、休闲农业等特色农业产业。黔东南州区域内 2013 年现代高效农业示范园区分布见图 1.4。

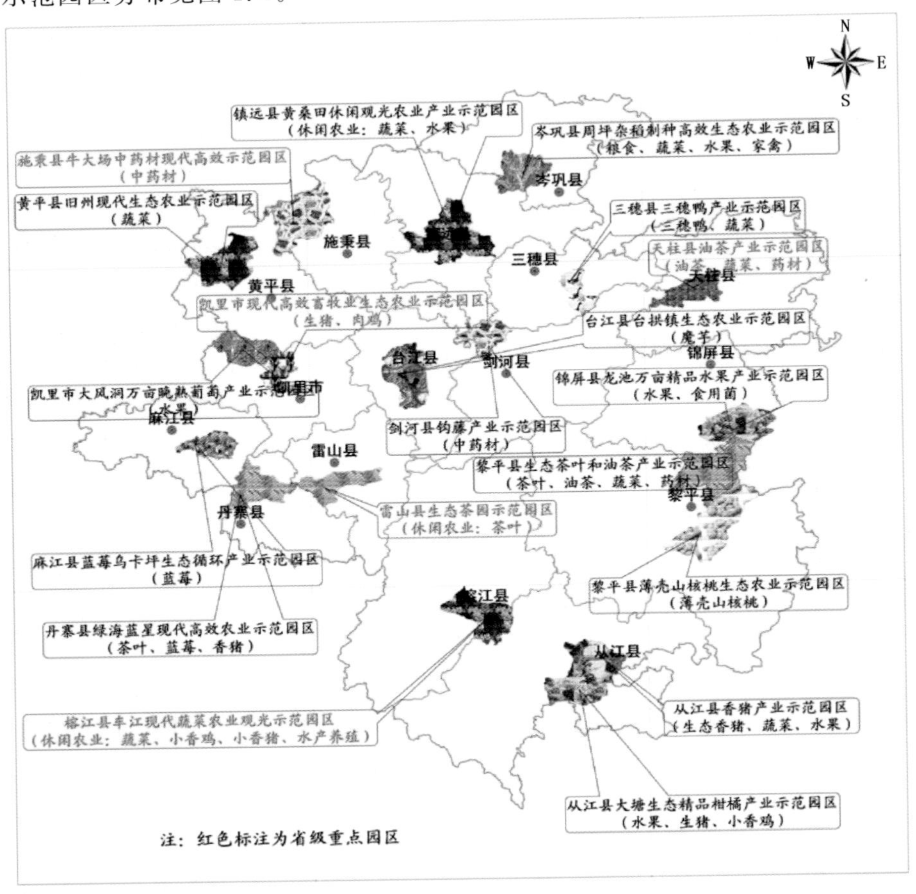

图 1.4　黔东南州现代高效农业示范园区示意图

1.4　气象灾害对特色农业的影响

贵州省位于副热带东亚大陆的季风区，冬、夏季风每年的进退时间、强度和影响范围不同，造成各地气温、降水等气象环境条件的年际变率很大，导致季节性干旱、低温冷害、霜冻、冰雹、阴雨寡照等气象灾害频繁发生。多年来，贵州农业生产一直未能摆脱靠天吃饭的局面，各种农业气象灾害频发，极端天气气候事件突发性强、范围广、强度大、持续时间长、危害重，对贵州省“两高”沿线特色农业生产和发展造成很大影响。

1.4.1　低温冷害

蔬菜冷害指的是温度未到冰点之前即0 ℃以上的低温对蔬菜的危害，主要发生于喜温蔬菜和耐热蔬菜，低温导致蔬菜出现叶斑、黄化、萎蔫、花打顶、畸形花果、早花或落花落果等现象，从而影响蔬菜的成熟、授粉和花芽的正常分化。例如辣椒幼苗期要求有较高的温度，其发芽温度为25 ℃，低于15 ℃则不能发芽，辣椒根系在土温低于10 ℃时停止生长，低温时间过长会影响根系吸收，产生生理干旱，易形成老化苗。黄瓜是冷敏性蔬菜，当黄瓜受冷后，叶面出现水浸状斑点、失绿、萎蔫和边缘坏死并轻微内卷，果实黄化、变软甚至腐烂，冷害发生严重时，叶片或植株死亡，造成黄瓜产量和品质下降（逯明辉，2004）。

果树冷害常发生于早春和晚秋季节，危害主要发生在果树的苗期和果实成熟期，处于开花期的果树遇冷害时会引起大量落花，结实率降低。根据植物对冷害的反应速度，可把冷害分为直接伤害和间接伤害，直接伤害指植物受低温影响数小时，最多在一天内即出现伤斑及坏死，直接破坏了原生质活性；间接伤害指植物受低温危害后，短时间无异常表现，在几天后才出现组织柔软、萎蔫。桃、李、梨、猕猴桃等果树开花期温度达到0 ℃左右时，花器受冻，不能坐果，产量降低。火龙果耐寒性较差，在4～8 ℃时会遭受冷害，幼芽、嫩枝甚至部分成熟枝都可会受低温影响出现斑块。

安全越冬是花卉种植很重要的生产环节，冬季的低温常常给许多喜温花卉带来伤害。如棕竹、苏铁、宝石花、龙舌兰等，这些花卉在0 ℃以上就可以安全越冬；橡皮树、龟背竹、袖珍椰子、吊兰、豆瓣绿等，一般安全越冬需要5 ℃左右的温度；散尾葵、金边富贵竹、绿萝、广东万年青等越冬需要较高的温度，一般安全越冬温度在10 ℃以上。因而，花卉生产中选择合适的花卉种类，并采取有效的防寒措施，提高花卉的越冬抗寒能力。

1.4.2　霜冻

霜冻是影响特色作物种植和生产的重要气象灾害，霜冻是在春秋转换季节，白天气温高于0 ℃，夜间气温短时间降至0 ℃以下的低温危害现象。农业气象学中的霜冻是指土壤表面或者植物株冠附近的气温降至0 ℃以下而造成作物受害的现象。霜冻又分为白霜和黑霜，白霜是指当近地面空气中的水汽含量较多，气温低于0 ℃，水汽直接在地面或地面的物体上凝华，形成一层白色的冰晶现象；黑霜是指有的时候地面温度降到0 ℃以下，但由于近地面空气中水汽含量少，地面没有结霜，这种现象称为黑霜。温度低于0 ℃对特色作物种植的直接危害是作物体内结冰，引起部分细胞死亡或全株死亡。各类特色作物的抗寒能力有所不同，如果环境温度超过了特色作物本身能忍受的极限低温，其生理活动将会受到阻碍，甚至导致植株死亡。一般甘蓝、菠菜、大葱、莴笋、水萝卜、豌豆、芹菜等耐寒与半耐寒蔬菜，可以忍受的最低温度不得低于－5～－3 ℃。高丛蓝莓在遭遇－2～4 ℃的春霜时，会出现花芽死亡的现象，而兔眼蓝莓在芽绽开前能耐－15 ℃低温，而绽开的芽在－1 ℃下就会受冻。

1.4.3 干旱

干旱是因水分供求不平衡造成水分短缺，影响农作物正常生长发育而对农作物造成损害的一种农业气象灾害。特色作物生长期内，由于持续降水量偏少，土壤中水分消耗殆尽，使作物发生凋萎或枯死现象。干旱可造成蔬菜无法播种，或出苗后秧苗生长瘦弱，甚至死亡；还可引起蔬菜植株萎蔫，生长受挫，甚至枯黄死亡，同时高温烈日会灼伤果实和叶片。果树遇干旱时生理活动会发生一系列变化，由于长时间无雨或少雨，果树吸收的水分不敷蒸腾支出，体内水分收支失去平衡，发生水分亏缺。干旱还会引起果树生理性病害，柿、梅、李、枇杷的果实发生灼黑斑病，葡萄产生烂心病，石榴、蜜柑产生裂纹病和日斑病。干旱会使果实出现开裂、凹入、变色、变味、硬化等现象。果树不同生育期的抗旱性有显著差异，通常在开花、结果期对缺水比较敏感。开花前遇旱，常常引起花蕾脱落。如甜橙，在春季遇旱后，花芽和叶片会大量脱落；柑橘类的幼果脱落也与干旱有关；脐橙在坐果期发生干旱会大量落果。

1.4.4 冰雹

冰雹是由强对流天气系统引起的一种剧烈的气象灾害，它出现的范围虽然较小，时间也比较短促，但来势猛、强度大，并常常伴随着狂风、暴雨等其他天气过程，夏季或春夏之交最为常见。在特色作物全生长期，特别是花期和果实成熟期等关键生育期遇冰雹灾害，容易对作物枝叶造成机械损伤。在开花期遇冰雹，容易摧落花朵，对开花数量及质量产生严重不利影响，甚至绝收，产量受到损失。同时，受到机械损伤的植株容易发生病害，严重影响果实的品质。

1.4.5 阴雨寡照

阴雨寡照是对贵州果树影响较大的灾害性天气，阴天果树的光合作用明显降低，在土壤过湿和光照不足的双重影响下，果树生长不良，产量下降。果树根部处于水浸状态，可使果树生长不良、烂根甚至死亡。如蓝莓结果期与果实成熟期，阴雨寡照将会造成部分果实开裂，影响果实产量和品质。葡萄开花期，阴雨天气对葡萄开花授粉影响很大。雨日多，光照少，湿度大又容易诱发葡萄病害，例如白腐病、炭疽病、霜霉病等。葡萄成熟采摘期遇连续阴雨，易造成果实开裂腐烂，影响质量和产量。还有杨梅坐果期遇持续的低温阴雨，会造成果实坐果不稳及落果现象，影响产量。阴雨寡照不利于花卉的生长，易造成花卉病害(如根腐病等)的发生和蔓延。而日照少，将影响花卉的色泽、花型等，尤其是在塑料大棚内，将更加削弱光照，对花卉的生长、发育的影响更大。

气象灾害是导致自然资源环境、生态系统功能、农业生产及社会经济区域差异的重要因素，直接影响着农林牧业结构、产业布局、种植制度、品种选育和生产技术措施。只有正确认识气候规律，掌握山地气象灾害分布的地域差异，利用气候资源优势，合理布局发展生产，才能尽量减少灾害的损失，实现优势资源利用的最大化。在生产的全过程中，及时准确地监测预报“两高”沿线特色农业气象灾害的发生发展情况，定量或定性地对气象灾害影响进行评估，一方面为农业生产防灾减灾决策指挥提供技术支持服务，另一方面为生产者合理避灾防灾提供科学依据，从而最大可能地减轻气象灾害的影响。

第2章 “两高”沿线特色农业气象灾害特征

贵州省地处低纬山区，地势高低悬殊，东、西部之间的海拔高差在2 500 m以上。“两高”沿线区域包括贵州省中部和东南部的6区3县1市，地形复杂，区域内各种气象要素明显不同，气象灾害频繁发生。“两高”沿线对特色农业生产影响较大的农业气象灾害主要包括冰雹、干旱(春旱和夏旱)、低温、洪涝、秋季绵雨、凝冻、倒春寒等。

2.1 春旱

春季在亚洲大陆中高纬地区，气流较为平直，低纬地区副热带高压系统偏强，且东亚大槽偏东，槽底偏北，不利于引导极地冷空气南侵，是造成云贵喀斯特地区严重春旱的主要原因之一(帅忠兰 等,2006)。

2.1.1 定义和指标

春旱指的是春季3月1日—5月31日发生的干旱现象。贵州境内春旱的指标采用许炳南等(1997)制定的标准。

入旱条件：当一次连续降水过程总降水量为5～20 mm时，从过程结束后的第3天起算；过程总降水量为20.1～35 mm时，从过程结束后的第5天起算；过程总降水量在35.1 mm及其以上时，从过程结束后的第7天起算。若降水过程结束次日至起算日之间降水量小于5 mm，则判断春旱发生，把起算日定为春旱入旱日，否则从降水过程结束后第3天起重新判断下一个降水过程。其中，连续降水过程统计最多允许间隔2个无降水日。

春旱解除条件：当春旱等级为轻旱时，从入旱日至累计降水量大于等于10 mm，认为干旱解除；当春旱等级为中旱时，从入旱日至累计降水量大于等于20 mm，认为春旱解除；当春旱等级为重旱时，从入旱日至累计降水量大于等于30 mm，认为春旱解除；当春旱等级为特旱时，从入旱日至累计降水量大于等于50 mm，认为春旱解除。

春旱时段：从一次春旱的入旱日起至该次春旱解除日的前一天之间持续的时段定为一个春旱时段。分级标准：轻旱8～18 d；中旱18～35 d；重旱35～50 d；特旱大于等于51 d。季节中出现的春旱时段的总和为这一个季节的春旱总日数。

2.1.2 春旱总日数的时空分布特征

(1)空间分布特征

图 2.1 为“两高”沿线各站点 50 年年平均春旱总日数的空间分布图。由图 2.1 可见,“两高”沿线年平均春旱总日数基本在 15～50 d,西部和南部罗甸、荔波和从江站春旱总日数在 45 d 以上,东部天柱、锦屏和黎平站总日数较短,约为 15～20 d,中部各县(市)春旱总日数在 30 d 左右。总体分布为东部春旱发生时间短,西部长,尤其以西南部的罗甸站为最长,年平均春旱总日数达到 50 d。这与前人研究表明罗甸是黔南州春旱最为严重的地区之一所一致。其干旱往往是由于春季受副热带高压增强北移影响,或受地面西南热低压发展东移控制,加上罗甸地处贵州南部边缘,冷空气不易侵入,在西南热低压的填塞过程中往往没有产生明显的降水,而后与紧接的热低压东移、发展影响过程相连,就出现长时间晴朗少雨天气,且往往伴有偏南大风,加速土壤水分蒸发和植物蒸腾,形成干旱(左丽芳 等,2010)。

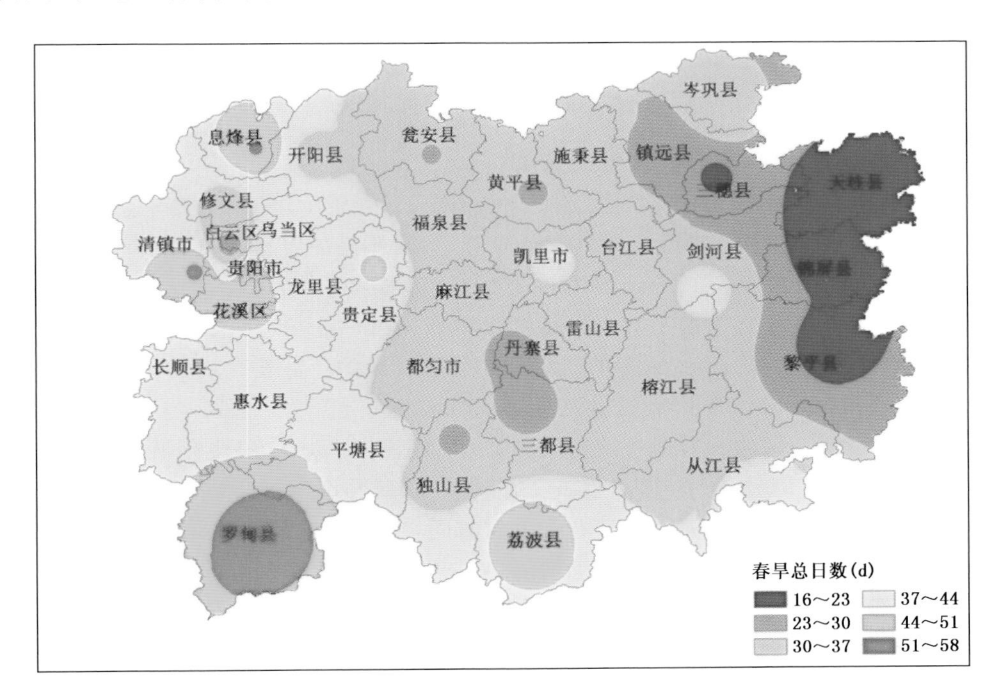

图 2.1 1961—2010 年贵州省“两高”沿线年平均春旱总日数的空间分布

(2)年际变化特征

统计 1961—2010 年“两高”沿线区域内各个站点春旱情况,得到如图 2.2 所示的年际变化曲线。由图 2.2 可见,春旱总日数的年际变化十分显著,春旱总日数具有

15 年左右的振荡周期，分别在 1963，1987，1998 和 2002 年附近出现了春旱总日数的峰值。进入 21 世纪后春旱总时间是增长的，这与图 2.3 中多数站点的变化趋势是一致的。近 50 年该区域春旱事件的年平均总日数在 30 d 左右，增加趋势不明显，长时间尺度的变化主要是年代际的振荡所引起的。

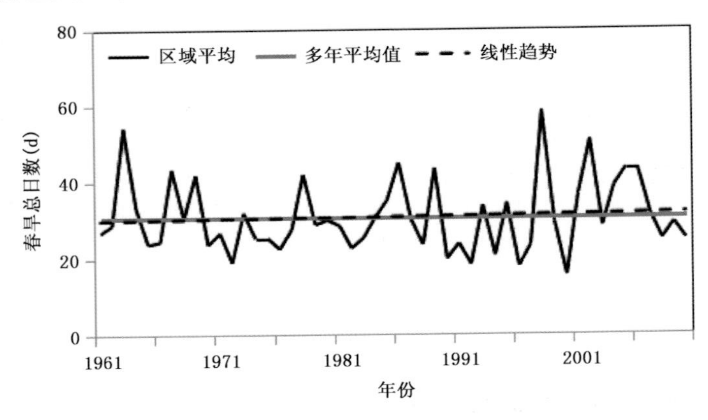

图 2.2 “两高”沿线区域春旱总日数的年际变化特征

图 2.3 列举了“两高”沿线区域部分典型站点 1961—2010 年春旱总日数变化情况，各站基本都表现出 3～5 年的振荡周期。如图 2.3a 所示，贵阳站春旱总日数长期保持较平稳的变化趋势，剔除 5 年以下信号显示，贵阳站的春旱总日数具有小振幅的年代际振荡，周期约 10～15 年。值得注意的是，1985 年前后春旱总日数有一个较为明显的增加，1985 年之前的平均春旱持续时间为 32.6 d，1985 年之后则为 38.3 d，持续时间延长约 6 d。图 2.3b 所示的凯里站春旱总日数的年际变化也具有与贵阳站相近的变化周期，但 1985 年之后持续时间有缩短趋势。都匀站(图 2.3c)变化与贵阳站较为相似，1985 年之后春旱持续时间稍有增加。图 2.3d 开阳站春旱总日数在 20 世纪 70—90 年代间较少，约为 24 d，之后有缓慢的回升，进入 21 世纪以来平均总日数在 30 d 左右。图 2.3e 为榕江站春旱持续时间，1990 年之后该站的振荡频率加快，周期有缩短的趋势，同时持续时间也缩短。图 2.3f 为位于黔东南的天柱站，70 和 90 年代处于春旱总日数的谷值区，2000 年后期开始回升。对各站 50 年春旱总日数平均，可知贵阳春旱持续时间较长，基本为 45 d 左右，天柱站较短，约为 20 d，这与贵州东部春旱发生较少的总体分布相一致。

2.1.3 春旱频率年际变化特征

为了进一步了解不同春旱等级约束下，春旱事件发生频率的年际变化特征，统计了“两高”沿线区域近 50 年春季轻旱、中旱、重旱和特旱四个等级春旱事件的发生频率。

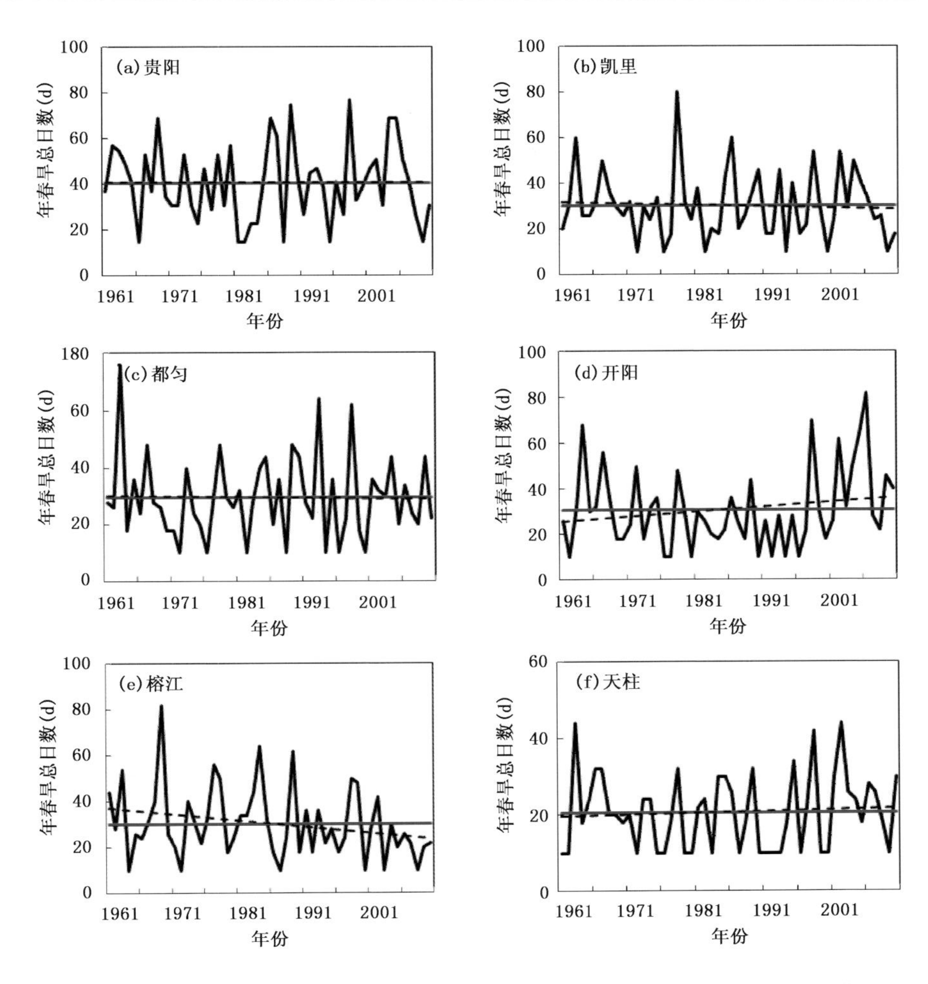

图 2.3 1961—2010 年“两高”沿线区域各代表站年春旱总日数的时间变化

（黑色实线为时间变化线，黑色虚线为趋势线，蓝色实线为多年平均值）

图 2.4 为“两高”沿线区域不同春旱等级发生频率年际变化图。利用该区域内每年春季各等级春旱发生次数与总的春旱发生次数之比，作为衡量区域内各等级春旱事件发生多寡的指标。图 2.4a 为轻旱发生频率，5 年滑动平均处理结果表明，轻旱的年代际变化显著，每年发生频率达到 50%以上。20 世纪 90 年代轻旱发生频率较高，进入 21 世纪后开始下降，但与此同时中旱和重旱发生频率相对增加(见图 2.4b 和图 2.4c)。由于重旱和特旱事件是极端气候背景下形成的，所以“两高”沿线区域轻旱和中旱发生频率约占春旱事件的 90%以上，而极端春旱事件发生次数较少。图 2.4c 和图 2.4d 所示，“两高”沿线区域重旱和特旱事件的发生频率很低，均在 10%以下。

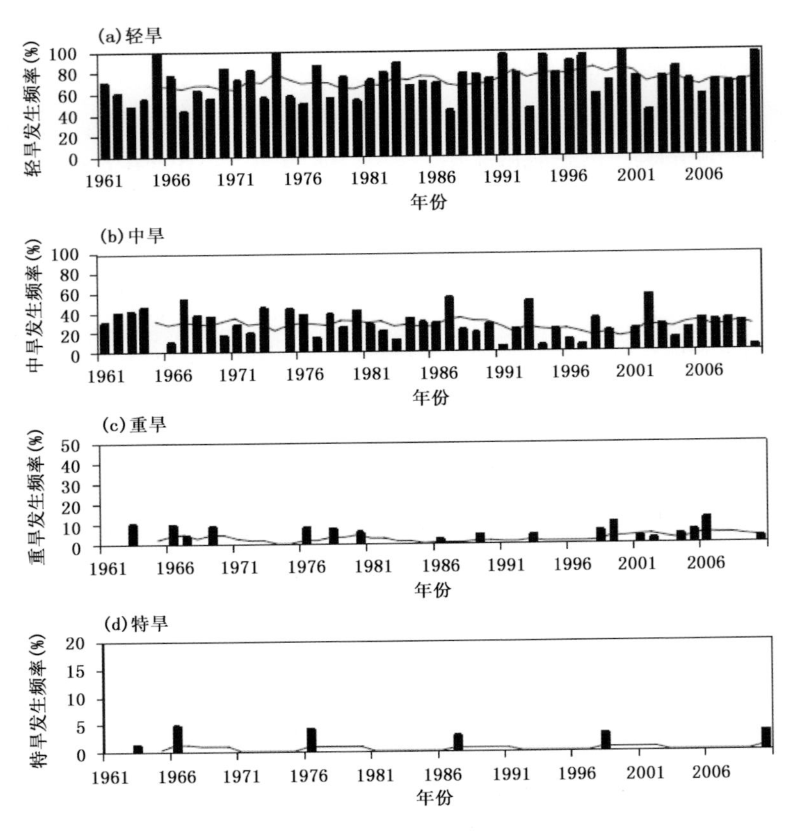

图 2.4 "两高"沿线区域不同春旱等级发生频率的年际变化(黑色柱形图)及5年滑动平均曲线(黑色实线)

2.2 夏旱

2.2.1 定义和指标

夏旱指的是夏季6月1日—8月31日发生的干旱。其中:发生在6月1—30日(初夏)的夏旱为洗手干,特指水稻移栽后不久发生的夏旱;发生在7月1日—8月31日(盛夏)的夏旱称为伏旱。

夏旱入旱条件:当一次连续降水过程总降水量为5～25 mm时,从过程结束后的第3天起算;当过程总降水量为25.1～50 mm时,从过程结束后的第5天起算;当过程总降水量在50.1 mm以上时,从过程结束后的第7天起算。若降水过程结束次日至起算日之间降水量小于5 mm,则判断夏旱发生,把起算日定为夏旱入旱日,否则从降水过程结束后第 3 日起重新判断下一个降水过程。其中,连续降水过程统计最多允许间隔 2 个无降水日。

夏旱解除条件:当夏旱等级为轻旱时,从入旱日至累计降水量大于等于 20 mm,认为夏旱解除;当夏旱等级为中旱时,从入旱日至累计降水量大于等于 25 mm,认为夏旱解除;当夏旱等级为重旱时,从入旱日至累计降水量大于等于 50 mm,认为夏旱解除;当夏旱等级为特旱时,从入旱日至累计降水量大于等于 70 mm,认为夏旱解除(许炳南 等,1997)。

夏旱时段:从一次夏旱的入旱日起至该次夏旱解除日的前一天之间持续的时段定为一个夏旱时段。分级标准:轻旱 8～18 d;中旱 18～35 d;重旱 35～50 d;特旱大于等于 51 d。本书中将季节内出现夏旱时段的总和称为夏旱总日数。

2.2.2　夏旱总日数的时空分布特征

(1)空间分布特征

刘雪梅等(1996,1997)应用夏旱强度指数和修正的帕尔默指数及降雨量等其他指标,对贵州省夏旱的类型、发生频率、持续时间、地区分布进行了研究,总结出贵州省夏旱地区水平分布规律是:东北部重,西南部轻,从东北向西南依次减轻。

图 2.5 为近 50 年年平均夏旱总日数的空间分布图。总体呈现北部和东北部高、西南部低的分布形态,东北部夏旱总日数在 35 d 以上,其中施秉站最高,约为 42 d,

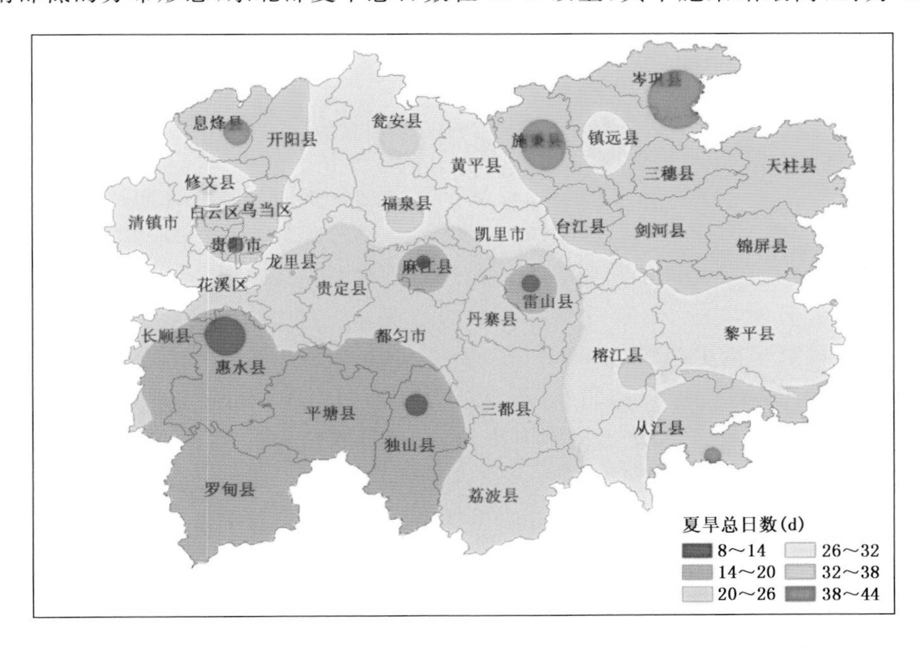

图 2.5　1961—2010 年贵州省“两高”沿线年平均夏旱总日数的空间分布

而西南部地区则为 10～20 d，其中罗甸站总日数约为 12 d。夏旱的这一空间分布型与前人研究的贵州东部、黔东南地区为夏旱的重灾区相一致，而与该区域春旱的西部高、东部低的分布型大体相反。

(2)年际变化特征

1961—2010 年“两高”沿线区域年平均夏旱总日数的年际变化特征如图 2.6 所示。由图 2.6 可看出，年际尺度上夏旱总日数以 3～5 年为变化周期，通过 5 年滑动平均处理发现，夏旱总日数具有 10～20 年左右的振荡周期，分别在 1963，1973，1985 和 2010 年出现夏旱总日数的峰值，这与春旱年代际变化的峰值相近。近 50 年该区域夏旱事件的总日数约为 20 d，比春旱总日数缩短 10 d 左右。

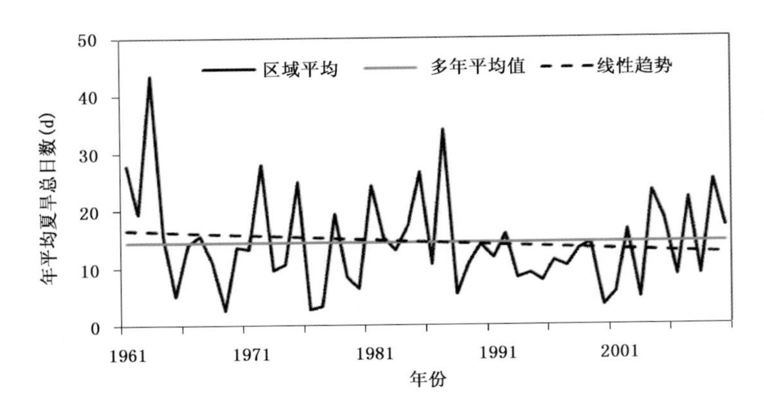

图 2.6 “两高”沿线区域平均夏旱总日数的年际变化特征

图 2.7 为“两高”沿线区域部分站点夏季干旱总日数的年际变化曲线。对比春旱各站点基本情况可见，夏旱发生次数有所降低，多站的部分年份出现夏旱总日数为 0 的情况。由贵阳站(图 2.7a)可见，夏旱总日数的极值点能达到 80 d 以上，年际尺度上波动很大。另外，2000 年后夏旱总日数有所缩短。凯里站(图 2.7b)1961—1991 年间夏旱总日数呈减少趋势，1991 年之后夏旱总日数有所增加，平均总日数约 30 d，其年际变化特征不甚明显。都匀站(图 2.7c)夏旱总日数具有明显的下降趋势，1990 年前平均总日数约为 20 d，之后突然下降，平均总日数约 7 d。综合图 2.7d 至图 2.7f 可见，开阳、榕江、天柱都呈现出 1990 年前后平均夏旱总日数由长到短的变化趋势，2010 年多站出现较长时间的夏旱。5 年滑动平均处理后出现 10～15 年的周期，这与上述站点春旱总日数的变化周期相近。从各站 50 年平均夏旱总日数来看，夏旱总日数普遍比春季短 10 d 左右，但贵阳站夏旱总日数仍然较长。

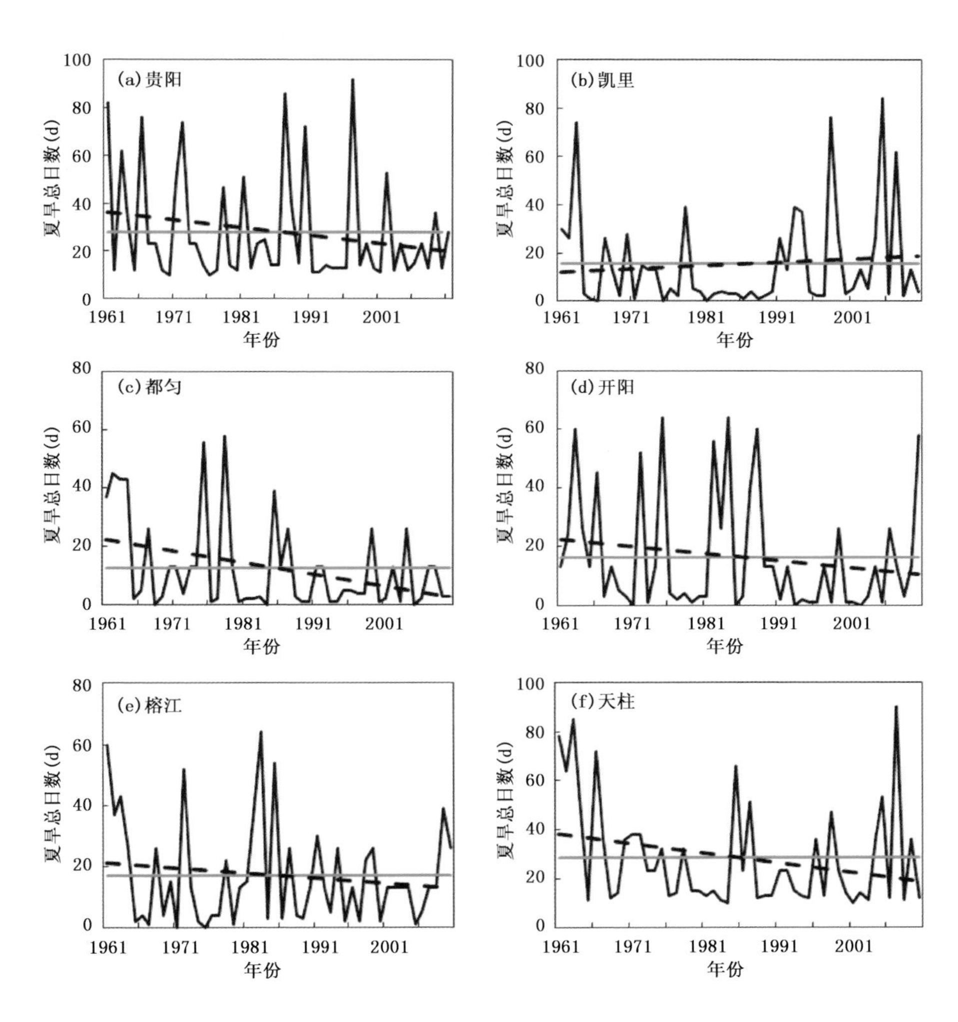

图 2.7 1961—2010 年“两高”沿线区域各代表站年夏旱总日数的时间变化

（黑色实线为时间变化线，黑色虚线为趋势线，蓝色实线为多年平均值）

2.2.3 夏旱频率年际变化特征

图 2.8 为“两高”沿线区域不同夏旱等级发生频率年际变化图。图 2.8a 所示轻旱发生频率在年际尺度上有 2～5 年的变化周期，且年际频率波动很大，这说明该区内各等级夏旱事件交替出现较频繁，单个等级夏旱持续发生的概率较小。对轻旱发生频率做 5 年滑动平均处理，发现 15～20 年周期的年代际变化信号十分显著，1985 年左右和 2000 年之后轻旱发生频率持续较高。中旱发生频率除了 5 年左右的年际

变化周期外，10 年左右的年代际变化也较为明显，但从长期看变化趋势不明显（图 2.8b）。重旱发生频率 70—90 年代较高，结合特旱的年际变化情况来看，二者发生频率较高时段都集中在 70—90 年代之间，之后则主要以轻旱为主。值得注意的是重旱发生频率在 2005 年之后出现回升，2010 年达到峰值，是贵州 2009—2010 年严重干旱的体现。

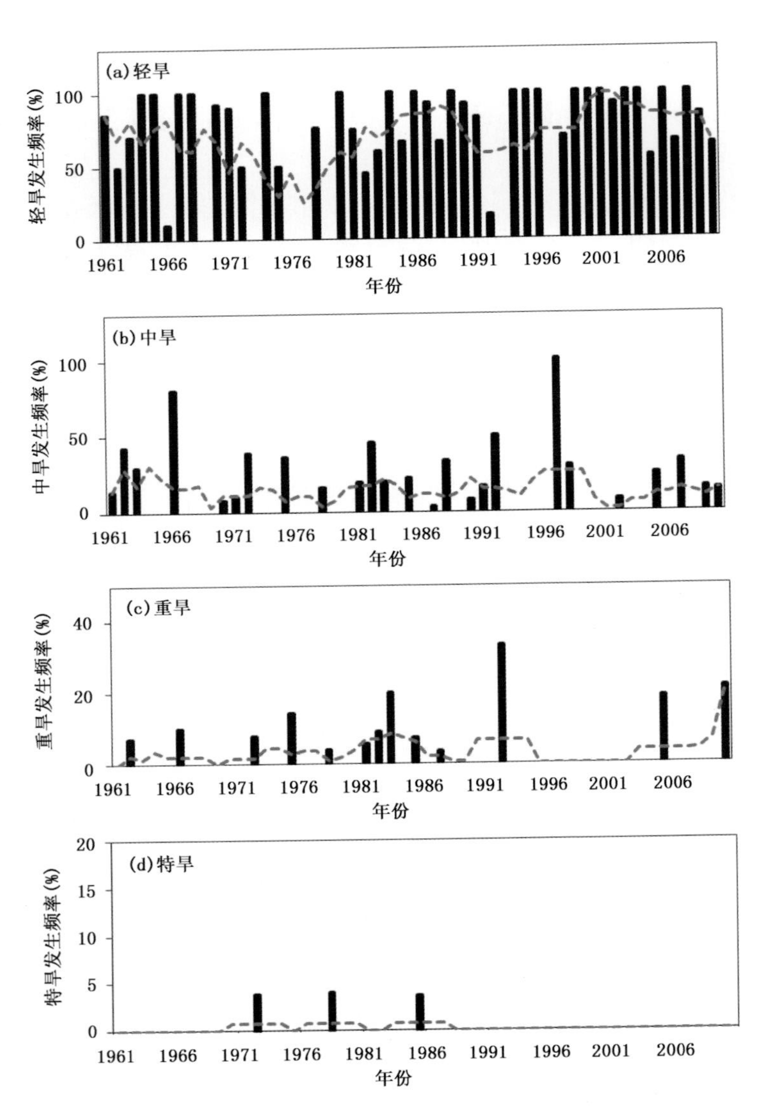

图 2.8 “两高”沿线区域不同夏旱等级发生频率的年际变化（柱状）及 5 年滑动平均曲线（虚线）

综上分析可知,夏季轻旱和中旱发生频率基本达到80%以上,是“两高”沿线区域发生的主要旱级。夏季干旱的平均总日数比春季少10 d左右,且夏季轻旱和重旱发生频率的空间分布型与春季相反,其形成原因是否与春夏季大气环流型转变有关,或者其他影响因素还需进一步研究。

2.3 霜冻

霜冻是一种常见的农业气象灾害,霜冻是在春秋转换季节,白天气温高于0 ℃,夜间气温短时间降至0 ℃以下的低温危害现象。农业气象学中的霜冻是指土壤表面或者植物株冠附近的气温降至0 ℃以下而造成作物受害的现象。“两高”沿线区域地形复杂,海拔高度差异悬殊,每年的春、秋季节冷空气活动频繁,气温变幅大,初霜冻也会对农作物造成不同程度的损害。终霜冻造成的经济损失往往超过初霜冻。初霜冻异常提前或终霜冻异常推迟,对农作物造成的损害尤其严重。

2.3.1 指标

以日地面最低气温≤0 ℃,并在无降水发生的情况下,作为霜冻的标准。春(秋)季日最低气温≤0 ℃的最后一天(第一天)分别定义为终(初)霜冻日。一般初(终)霜冻日期均用从1月1日起的日序表示,1月1日的日序为1,1月2日为2,……,12月31日记为365(闰年366),以此类推来建立所选站点的初(终)霜冻日的数据序列。初霜冻若出现在第二年则用初霜冻日序加上365(闰年366)。无霜冻期为当年终霜冻日的后一天到初霜冻日的前一天之间的日数。

2.3.2 霜冻总日数的时空分布特征

(1)空间分布特征

图2.9为1961—2010年“两高”沿线区域年平均霜冻总日数的空间分布图,可以看出,“两高”沿线区域年平均霜冻总日数的空间分布差异显著,霜冻总日数较多的站主要集中在26°~27°N之间,26.5°N以南地区霜冻总日数较少。霜冻总日数最少的地区为罗甸,年平均霜冻总日数只有3 d。霜冻总日数出现频率较多的在白云、麻江、天柱一带地区,平均每年霜冻总日数分别为16.4,16.8和18.4 d。从霜冻总日数空间分布图来看,除南部边缘外,“两高”沿线区域年平均霜冻总日数均在10 d以上。

(2)年代际变化特征

从年代际变化(见表2.1)来看,1961—2010年近50年“两高”沿线区域在20世纪60,70和80年代* 霜冻距平为正值,1961—1990年的30年中霜冻总日数占50年霜冻总日数的65.5%,是霜冻灾害天气过程的多发时期;20世纪90年代和21世纪

---

* 此处的年代是指每一世纪中从“…一”到“…十”的10年,如1961—1970年是20世纪60年代,下同

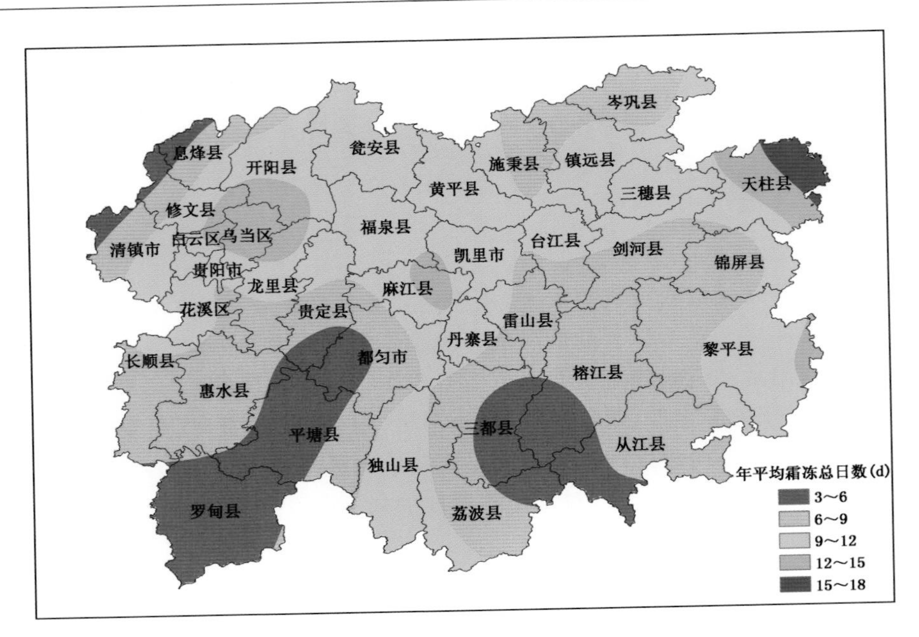

图 2.9 “两高”沿线区域年平均霜冻总日数的空间分布

的近 10 年霜冻距平为负值，是近 50 年中霜冻灾害天气过程的少发期，占总日数的 34.5%。

表 2.1 “两高”沿线区域各年代霜冻日数分布

	1961—1970 年	1971—1980 年	1981—1990 年	1991—2000 年	2001—2010 年
总日数(d)	136	123	127	107	96
年平均日数(d)	13.6	12.3	12.7	10.7	9.6
距平(d)	+1.82	+0.52	+0.92	−1.08	−2.18
比例*(%)	23	21	22	18	16

* 比例值为各个年代的霜冻总日数占 50 年霜冻总日数的百分比

(3)年际变化特征

图 2.10 为 1961—2010 年“两高”沿线区域年平均霜冻总日数的年际变化图。由此图可以看出，近 50 年“两高”沿线区域霜冻总日数呈下降趋势，其气候倾向率大约为−1.08 d/10a，通过了 0.05 水平的显著性检验。20 世纪 60 年代到 70 年代中期、80 年代中期及 90 年代初大部分年份霜冻总日数高于平均值，90 年代中期到 21 世纪的近 10 年霜冻总日数低于平均值，表明霜冻灾害处于较少时期。霜冻总日数相对较多的年份有 1963 和 1993 年，与常年同期相比霜冻总日数多 10 d 以上。霜冻总日数相对较少的年份有 1991，1997 和 2000 年，与常年同期相比霜冻总日数少 6 d 以上。

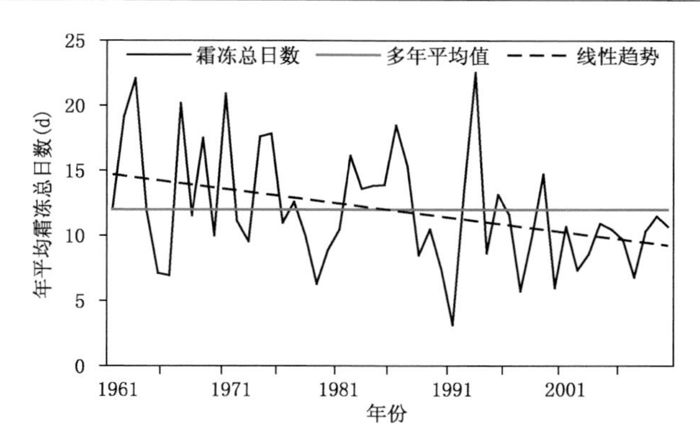

图 2.10 1961—2010 年“两高”沿线区域年平均霜冻总日数的年际变化

从图 2.11 可以看出，每年 11 月到翌年 3 月均有霜冻出现，霜冻日数主要出现在 12,1 和 2 月，分别占年平均霜冻总日数的 33%，38%和 18%，其中：天柱近 50 年发生的霜冻总日数年平均值为 18.3 d，为“两高”沿线区域霜冻总日数最多的代表站点；都匀年平均霜冻总日数为 8.5 d，为霜冻总日数最少的代表站点。

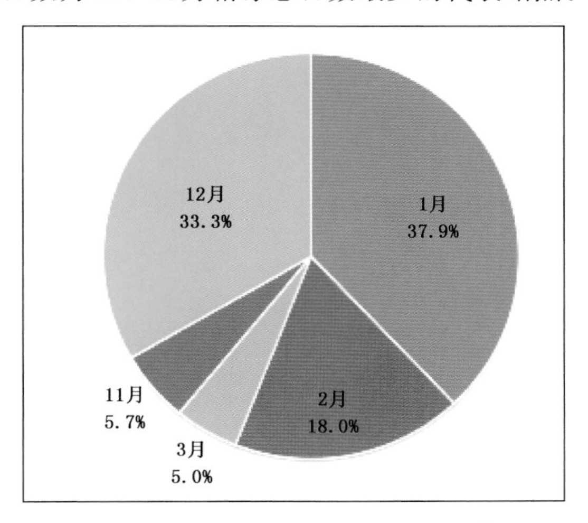

图 2.11 “两高”沿线区域霜冻总日数多年平均值的逐月分布

从图 2.12 中可看出，贵阳近 50 年霜冻日数呈现减少的趋势，气候倾向率大约为 −0.38 d/10a；20 世纪 60 年代、70 年代后期到 80 年代初期、90 年代后期及进入 21 世纪以来霜冻日数相对偏少，20 世纪 70 年前期、80 年代、90 年代中期霜冻日数相对偏多。凯里位于“两高”沿线的中部，近 50 年霜冻日数呈现减少的趋势，其气候倾向率为 −1.74 d/10a，通过了 0.05 水平的显著性检验；20 世纪 80 年代以前霜冻日数较多，80 年代以后霜冻日数相对偏少。都匀近 50 年霜冻日数呈现减少的趋势，其气候倾向率为－1.79 d/10a，通过了0.05水平的显著性检验；20世纪60年代、80年代及进入21世纪以来霜冻日数相对偏多。开阳近50年霜冻日数呈现减少的趋势，其气候倾向率为－1.18 d/10a，通过了0.05水平的显著性检验；20世纪60年代前期、70年代中期到80年代中期及90年代前期霜冻日数相对较多，60年代后期及进入21世纪以来霜冻日数相对偏少。榕江位于两高沿线的东部，近50年霜冻日数呈现显著减少的趋势，其气候倾向率为－57.3 d/10a；20世纪80年代中期以前霜冻日数较多，80年代中期以后霜冻日数明显减少。天柱近50年霜冻日数呈显著减少的趋势，其气候倾向率为－2.2 d/10a；霜冻日数最多的年份为1966年，达到38 d，最少的为1979年仅为7 d。

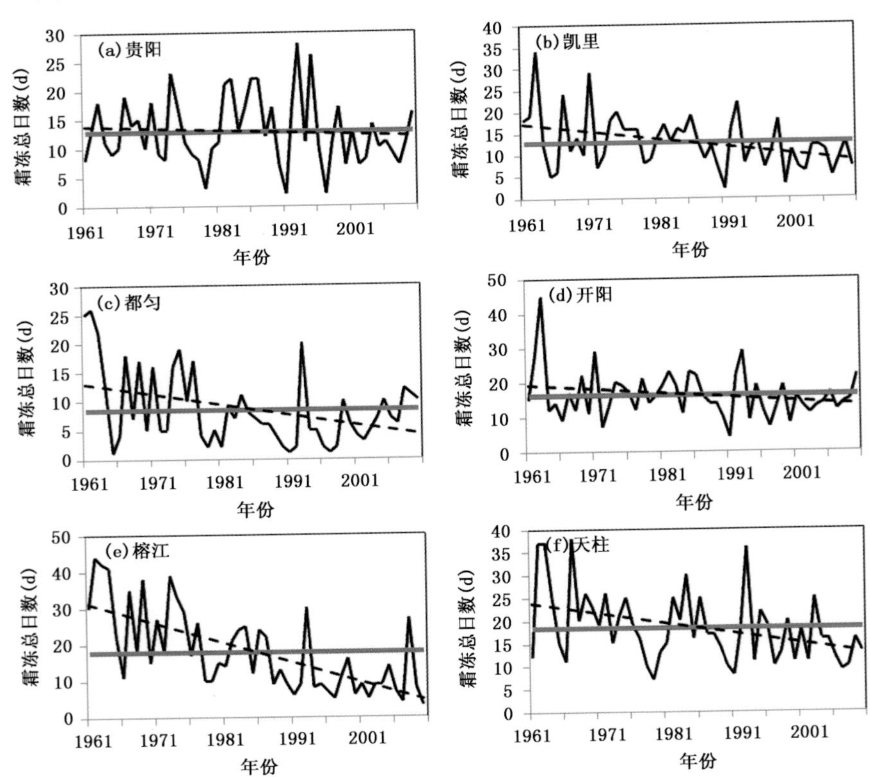

图2.12　1961—2010年“两高”沿线区域各代表站年霜冻总日数的时间变化

（黑色实线为时间变化线，黑色虚线为趋势线，蓝色实线为多年平均值）

2.3.3　初霜冻日的时空分布特征

(1)空间分布特征

图2.13为1961—2010年“两高”沿线区域年平均初霜冻日的空间分布图。从图

2.13 可以看出，“两高”沿线区域初霜冻日空间分布的差异显著，呈现南部出现晚、北部出现早的特点；在“两高”沿线区域的 36 个站中，初霜冻日历年平均出现在 12 月 8 日，平均初霜冻日出现最早的是 11 月 24 日，最晚的是 12 月 20 日。11 月下旬“两高”沿线区域西南部的息烽、修文、贵阳一带开始出现初霜冻；麻江、凯里、天柱一线在 12 月上旬出现初霜冻；在南部罗甸、荔波、榕江、从江南部地区初霜冻出现较晚，一般出现在 12 月中旬。这种分布主要与地形及冷空气入侵路径关系密切，“两高”沿线区域北部海拔高于南部，西部海拔高于东部，冷空气多从东北路径和偏北路径影响“两高”沿线地区。

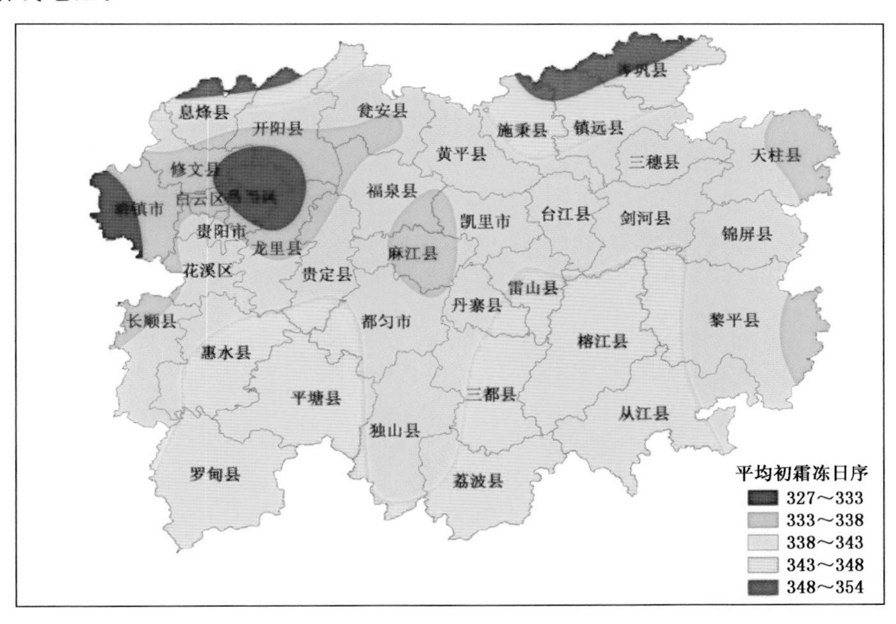

图 2.13 “两高”沿线区域年平均初霜冻日(日序)的空间分布

(2)年代际变化特征

从初霜冻日的年代际变化(见表 2.2)来看，“两高”沿线区域 20 世纪 60 年代到 80 年代初霜冻日出现时间变化不大，20 世纪 90 年代略呈提前趋势，21 世纪以来呈推迟趋势，比 20 世纪 90 年代推迟 4 d。

表 2.2 “两高”沿线区域各年代平均初霜冻日(日序)

年份	1961—1970 年	1971—1980 年	1981—1990 年	1991—2000 年	2001—2010 年
平均初霜冻日序	342	342	341	340	344
距平(d)	0.02	0.02	−0.08	−0.18	0.22

(3)年际变化特征

从图 2.14 可以看出，近 50 年“两高”沿线区域初霜冻日呈提前变化趋势，其气候倾向率为 0.15 d/10a。与常年相比，初霜冻日推迟 10 d 以上的年份有 1965 和 1977 年，提前 5 d 以上的年份主要有 1969，1976，1992 和 2009 年。近 50 年初霜冻日最早出现在 1992 年，最晚出现在 1977 年。

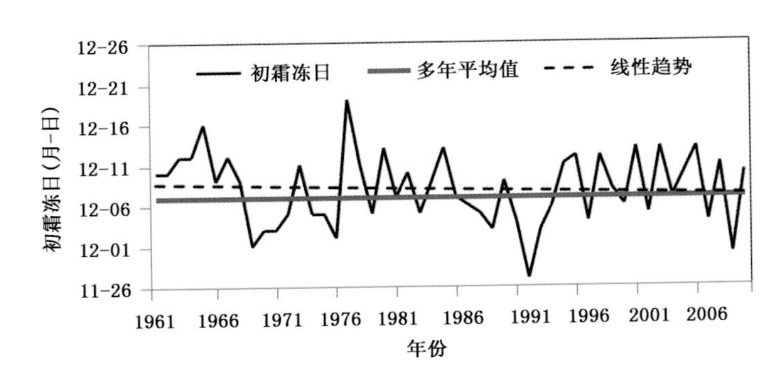

图 2.14 1961—2010 年“两高”沿线区域平均初霜冻日的年际变化

“两高”沿线区域平均初霜冻日出现在 10 月到翌年 1 月，主要集中出现在 11 和 12 月，出现频率最高的为 12 月，占初霜冻总日数的 58.2%；其次是 11 月，占初霜冻总日数的 34.7%；初霜冻日出现较早的 10 月占总日数的 1%；出现在翌年 1 月的较晚的初霜冻日数占总日数的 6.1%，如图 2.15 所示。

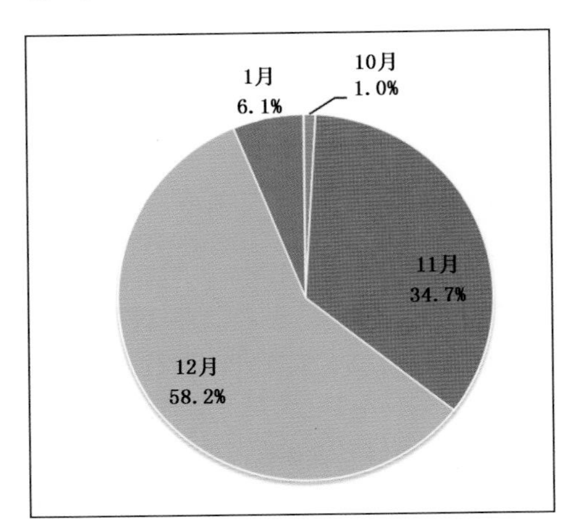

图 2.15 “两高”沿线区域年平均初霜冻日的逐月分布

从图 2.16 可以看出，贵阳的初霜冻日有推迟的趋势，气候倾向率为 2.19 d/10a，开阳、榕江、天柱和都匀的初霜冻日呈提前趋势，开阳、榕江、天柱初霜冻日的提前趋势明显，气候倾向率分别为 3.66，0.91 和 0.39 d/10a。凯里近 50 年来初霜冻日的变化不明显。

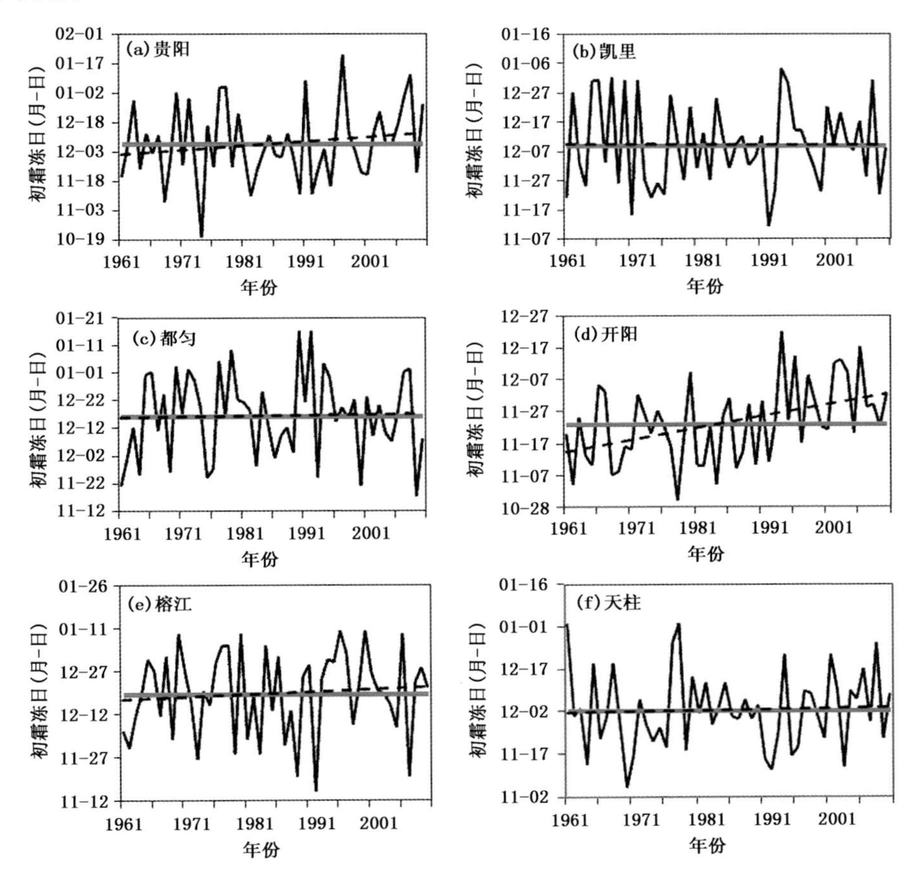

图 2.16 1961—2010 年“两高”沿线区域各代表站初霜冻日的时间变化
（黑色实线为时间变化线，黑色虚线为趋势线，蓝色实线为多年平均值）

贵阳 20 世纪 60 年代到 80 年代初、90 年代后期、21 世纪近几年的初霜冻日推迟；20 世纪 80 年代中期到 90 年代中期及 21 世纪初期初霜冻日明显提前。都匀气候倾向率为 0.28 d/10a，20 世纪 60 年代、80 年代中后期及进入 21 世纪以来初霜冻日呈提早趋势，20 世纪 60 年代后期到 80 年代初期、90 年代中期初霜冻日呈推迟趋势。开阳在 20 世纪 60 年代到 70 年代、90 年代后期到 21 世纪初霜冻日呈推迟趋势；20 世纪 80 年代中期到 90 年代中期初霜冻日呈提前趋势。榕江在 20 世纪 60 年代到 70 年代、90 年代中期到 21 世纪前期初霜冻日呈推迟趋势，20 世纪 80 年代中期到 90 年代中期、进入 21 世纪的近几年初霜冻日呈提前趋势。天柱在 20 世纪 70 年代、90 年代中期初霜冻日呈提前趋势，20 世纪 60 年代中期到 80 年代、进入 21 世纪以来初霜冻日呈推迟趋势。

2.3.4　终霜冻日的时空分布特征

(1)空间分布特征

图 2.17 为 1961—2010 年“两高”沿线区域多年平均终霜日的空间分布图。从图 2.17 可以看出，“两高”沿线区域终霜冻日空间分布的差异显著，终霜冻日呈现北部地区结束晚、南部地区结束早，在北部地区中西部比东部结束早的特点。在“两高”沿线区域终霜冻日历年平均出现在 2 月 21 日，平均终霜冻结束最早的是 1 月 27 日，最晚的是 3 月 15 日。1 月下旬开始南部低海拔地区的罗甸、荔波、从江一带终霜冻相继结束；2 月上、中旬平塘、独山、榕江一线终霜冻结束；2 月下旬“两高”沿线区域的东北部地区终霜冻结束；终霜冻结束较晚的主要集中在贵阳、乌当、开阳等海拔相对较高的高寒地区；3 月上旬“两高”沿线区域终霜冻结束。

图 2.17　“两高”沿线区域多年平均终霜冻日(日序)的空间分布

(2)年代际变化特征

从年代际变化(见表 2.3)来看，“两高”沿线区域 20 世纪 60 年代终霜冻日呈明显推迟的变化趋势，与历年平均相比终霜冻日推迟 9 d，20 世纪 70 年代以来终霜日出现呈提前趋势，与历年平均相比终霜冻日提前 2 d 左右，终霜冻日提前趋势不明显。

表 2.3 “两高”沿线区域各年代平均终霜冻日(日序)

年份	1961—1970 年	1971—1980 年	1981—1990 年	1991—2000 年	2001—2010 年
平均终霜冻日序	61	50	50	49	51
距平(d)	0.88	−0.22	−0.22	−0.32	−0.12

(3)年际变化特征

从图 2.18 可以看出,近 50 年“两高”沿线区域终霜冻日呈提前变化趋势,其气候倾向率为−2.03 d/10a。终霜冻日最早出现在 1973 年,最晚出现在 1986 年。与常年平均相比终霜冻日提前较明显的年份有 1973,1978 和 1997 年,终霜冻日提前 15 d 以上。终霜冻日推迟的年份主要有 1963,1969 和 1986 年。与常年平均相比终霜冻日推迟 20 d 左右。

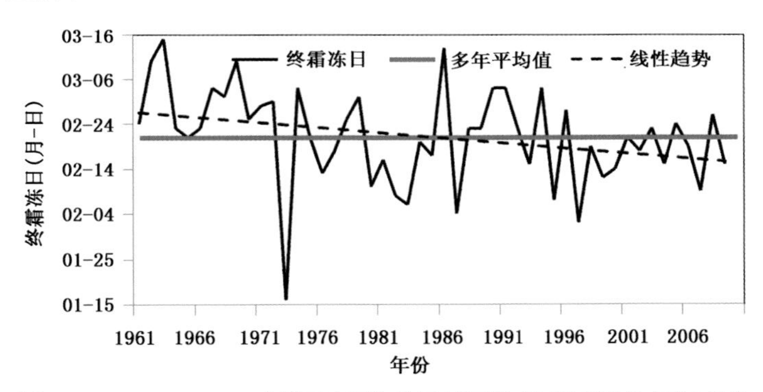

图 2.18 1961—2010 年“两高”沿线区域平均终霜冻日的年际变化

“两高”沿线区域平均终霜冻日出现在 12 月至翌年 4 月,终霜冻结束频率最高的为 2 月,占 37.3%;其次为 3 月,占 32.1%,如图 2.19 所示。

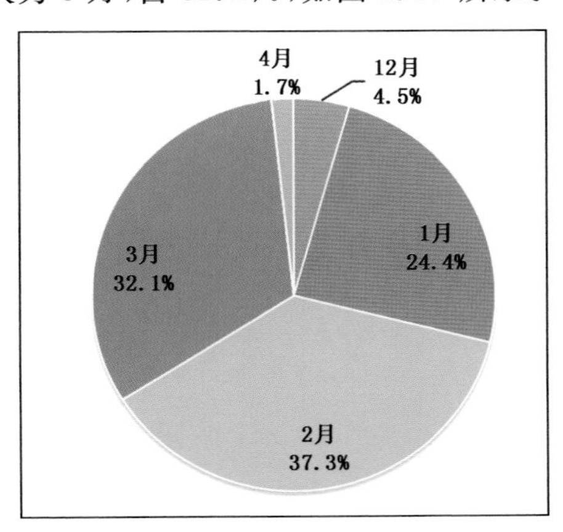

图 2.19 “两高”沿线区域平均终霜冻日的逐月分布

由图 2.20 可知，贵阳近 50 年终霜冻日有明显的提前趋势，其气候倾向率为 −10.7 d/10a。从年际变化来看，贵阳终霜冻日有明显的年代际变化特征，20 世纪 60 年代到 70 年代中期、80 年代中期到 90 年代初期及进入 21 世纪的近 5 年终霜冻日推迟；20 世纪 70 年代后期到 80 年代前期、90 年代大部分年份终霜冻日均明显提前。凯里近 50 年终霜冻日有明显的提前趋势，其气候倾向率大约为 −2.32 d/10a。20 世纪 90 年代之前凯里终霜冻日呈推迟趋势，90 年代中期到 21 世纪前期终霜冻日有提前趋势，21 世纪近几年终霜冻日有推迟的趋势。都匀终霜冻日也具有明显的年代际变化特征，终霜冻日有明显的提前趋势，其气候倾向率大约为 2.58 d/10a。20 世纪 60 年代、90 年代终霜冻日推迟，70 年代、80 年代及进入 21 世纪终霜冻日均呈明显的提前趋势。开阳近 50 年终霜冻日有明显的提前趋势，其气候倾向率为 −3.54 d/10a，20 世纪 60 年代到 70 年代后期及进入 21 世纪以来开阳终霜冻日呈推迟趋

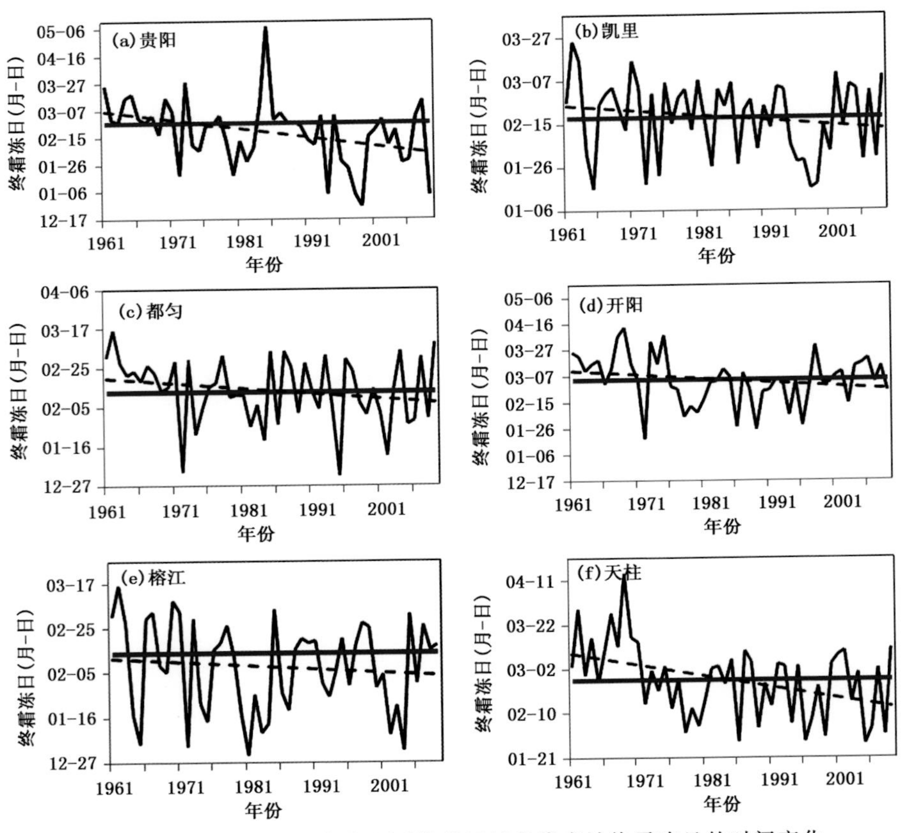

图 2.20 1961—2010 年“两高”沿线区域各代表站终霜冻日的时间变化
(黑色实线为时间变化线，黑色虚线为趋势线，蓝色实线为多年平均值)

势;20世纪80年代到90年代终霜冻日均呈提前趋势。榕江近50年终霜冻日有明显的提前趋势,其气候倾向率为－3.1 d/10a,20世纪70年代后期到80年代中期、进入21世纪以来终霜冻日有推迟的趋势,其余年代变化不是很明显。天柱近50年终霜冻日呈明显的提前变化趋势,其气候倾向率为－5.07 d/10a,从年代际变化来看,20世纪80年代到进入21世纪以来天柱平均终霜冻日有提前趋势。

2.3.5　无霜冻期的时空分布特征

(1)空间分布特征

图2.21为1961—2010年“两高”沿线区域年平均无霜冻期的空间分布图,可以看出“两高”沿线区域无霜冻期南部多、北部少,自北向南随着海拔高度的降低无霜冻期日数增加。贵阳、开阳、麻江一线无霜冻期日数为270～300 d,南部的惠水、罗甸、荔波、榕江一带超过300 d。无霜冻期的空间分布与初、终霜冻的空间分布有关,一般情况下,无霜冻期较短的地区终霜冻结束得早,初霜冻出现得晚;无霜冻期较长的地区初霜冻出现得早,终霜冻结束得晚。

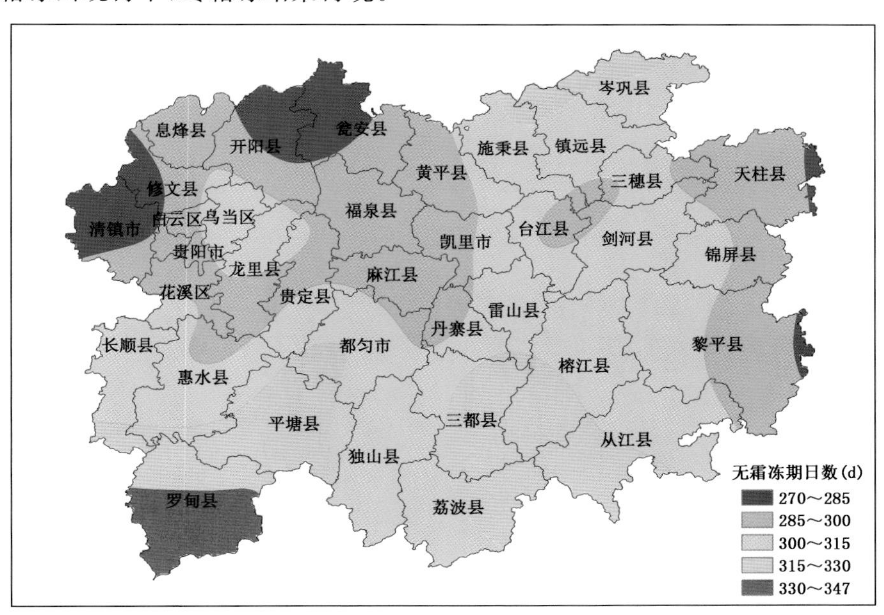

图2.21　1961—2010年“两高”沿线区域年平均无霜冻期日数的空间分布

(2)时间变化特征

近50年“两高”沿线区域平均无霜冻期为318 d,最长为1973年的329 d,最短为1969年的273 d。从图2.22可以看出,近50年无霜冻期有延长趋势,其气候倾向率为1.43 d/10a。

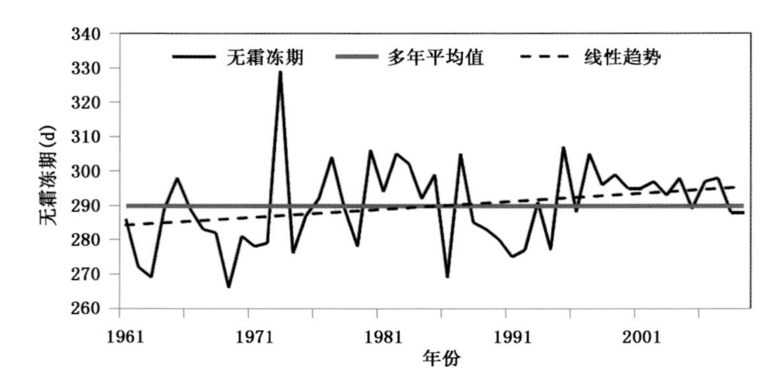

图 2.22　1961—2010 年“两高”沿线区域无霜冻期的时间变化

从图 2.23 可以看出，近 50 年贵阳平均无霜冻期为 294 d，无霜冻期有明显延长

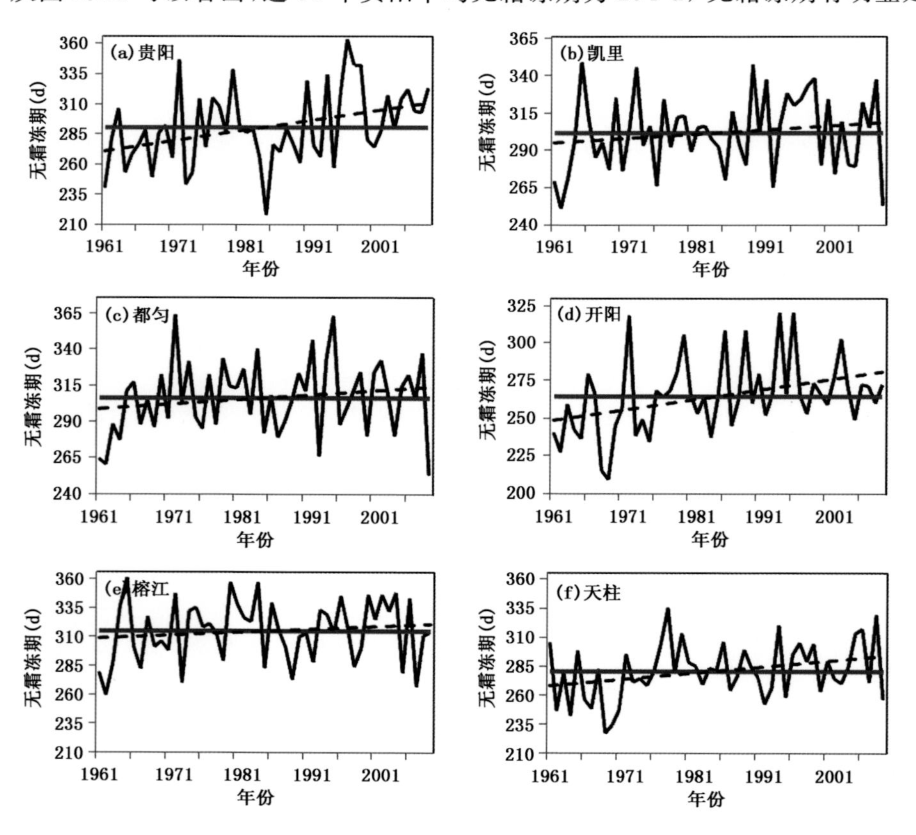

图 2.23　1961—2010 年“两高”沿线区域各代表站无霜冻期的时间变化

（黑色实线为时间变化线，黑色虚线为趋势线，蓝色实线为多年平均值）

趋势，其气候倾向率为 4.04 d/10a；凯里 50 年平均无霜冻期为 295 d，近 50 年无霜冻期有延长趋势，其气候倾向率为 2.27 d/10a；都匀平均无霜冻期为 301 d，无霜冻期有明显延长趋势，其气候倾向率为 2.80 d/10a；开阳平均无霜冻期为 264 d，最短无霜冻期为 1969 年的 216 d，最长无霜冻期为 1973 年的 312 d，近 50 年无霜冻期有显著延长趋势，其气候倾向率为 7.2 d/10a；榕江平均无霜冻期为 317 d，最短无霜冻期为 1992 年的 269 d，最长无霜冻期为 1979 年的 364 d。近 50 年无霜冻期有延长趋势，其气候倾向率为 1.55 d/10a；天柱平均无霜冻期为 281 d，最短无霜冻期为 1970 年的 205 d，最长无霜冻期为 2006 年的 324 d；近 50 年无霜冻期呈延长趋势，其气候倾向率为 5.18 d/10a。

2.4 倒春寒

2.4.1 定义和指标

一般把入春后 3 月 21 日—4 月 30 日，日平均气温小于等于 10 ℃，持续 3 d 或 3 d 以上(其中从第 4 天开始允许有间隔 1 d 的日平均气温大于等于 10.5 ℃)，定义为一次倒春寒天气过程。倒春寒的指标包括次数、总日数、最长持续天数，单站年度倒春寒强度指数的求算公式为：

$$K_i = \frac{N_i}{10} - \frac{T_i}{10} + \frac{H_i}{20} \tag{2.1}$$

式中：i 为年份；K_i 为当年倒春寒强度指数；N_i 为当年最长倒春寒过程的持续天数(d)，该项分母 10 为系数，取特重级倒春寒过程持续天数标准的下限值，若 $N_i > 15$，则只取值为 15；T_i 为当年 3 月 21 日—4 月 20 日期间，任意 10 d 滑动平均气温距平的最低值(℃)；H_i 为当年倒春寒总日数(d)，分母 20 为系数，取特重级倒春寒持续天数标准下限值的两倍，若 $H_i > 20$，则令 $H_i = 20$。为了使用方便，用 100 乘以式(2.1)右边各项之和后取整数表示倒春寒指数值。倒春寒指数综合考虑了全省倒春寒发生的范围和时间等要素，相比持续时间或发生站次这样单一的指标来说，能够更好地评估倒春寒灾害的强度，倒春寒指数越大表明当年倒春寒越严重(许炳南 等，1997)。

2.4.2 倒春寒的时空分布特征

(1)空间分布特征

针对倒春寒在很多情况下发生一次就有可能对农业生产造成沉重打击的特点，首先讨论“两高”沿线区域倒春寒发生的气候概率的地理分布特征。如图 2.24 所示，倒春寒发生的气候概率总体上呈西北高、南部低的分布。西北部高值区包括贵阳和黔东南北部，倒春寒发生的气候概率达到 80%以上，开阳、清镇和瓮安地区能达到 90%以上，说明这些地区倒春寒发生频率非常高，几乎达到“十年九灾”的程度。黔西南南部地区和位于南部一线的荔波、罗甸，倒春寒指数几乎为零。结合“两高”沿线区域的地形地貌特征，得知在海拔相对较高的地区，更容易遭受倒春寒灾害的影响。

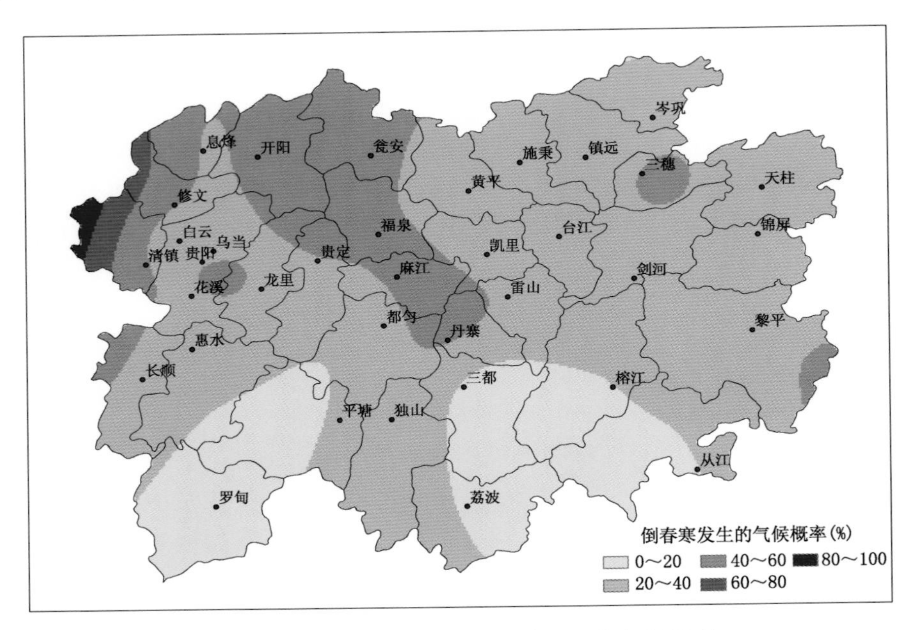

图 2.24 “两高”沿线区域倒春寒发生的气候概率

由图 2.25 可知，倒春寒指数的空间分布与倒春寒发生的气候概率的空间分布具有较高的一致性，不同之处在于倒春寒指数分布的高值区相对集中，大致有两个明显的高值中心，分别位于西北部的贵阳、瓮安和福泉一带及中部麻江所在地区，年平均倒春寒指数最高均达到 6.0 以上。而位于“两高”沿线区域南部的荔波、罗甸、从江和榕江地区的倒春寒指数却几乎为零。因此，倒春寒发生的气候概率较高的地区同样对应着倒春寒指数较高的地区，反之亦然。

(2)时间变化特征

由于倒春寒指数能够较好地反映倒春寒灾害发生的强度，因此我们通过倒春寒指数来讨论“两高”沿线区域平均和代表站的倒春寒的时间变化特征。

图 2.26 为 1961—2010 年“两高”沿线区域累计倒春寒指数的时间变化图，“两高”沿线区域倒春寒指数具有很明显的年代际变化特征，1961—1976 年倒春寒指数基本位于气候平均值以下，尤其是 20 世纪 70 年代前期 5 年的两个倒春寒指标的平均值仅占气候平均值的 25%左右，1976—1999 年，倒春寒指数多数年份都高于气候平均值，是倒春寒灾害强度较强的时段，2000—2010 年，倒春寒指数处于较低的水平，倒春寒灾害强度变弱。因此，“两高”沿线区域倒春寒的年际变化大致经历了

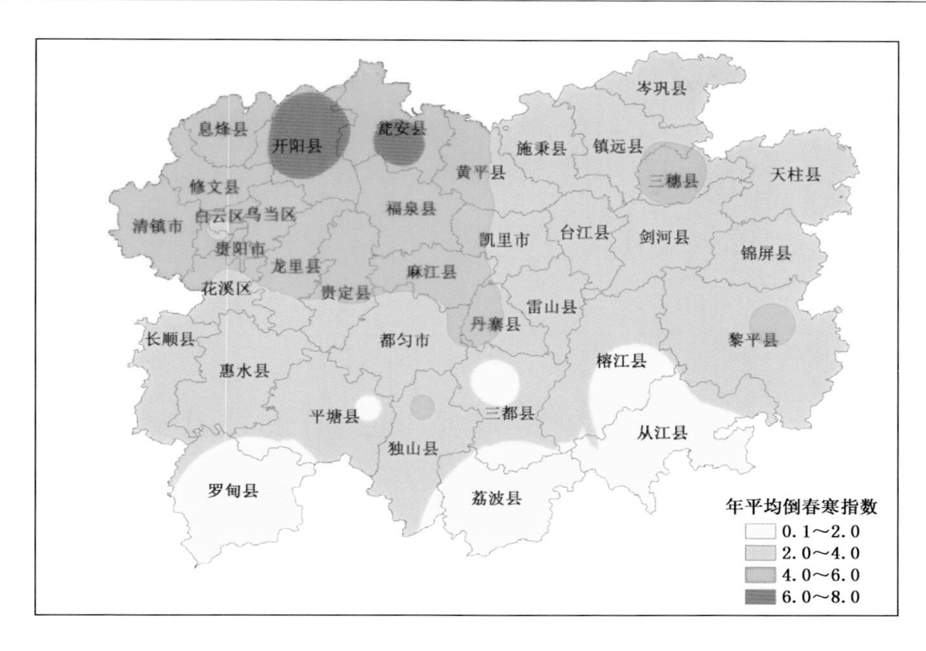

图 2.25 1961—2010 年"两高"沿线区域年平均倒春寒指数的空间分布

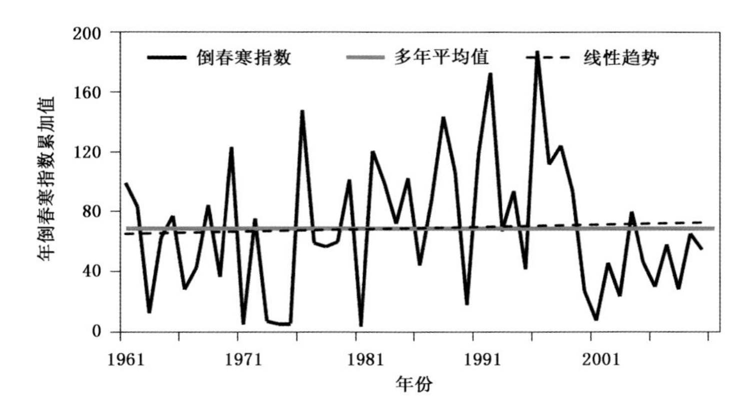

图 2.26 1961—2010 年"两高"沿线区域累计倒春寒指数的时间变化

"弱—强—弱"的演变。

由于倒春寒的地理分布区域差异很大，因此有必要对不同地区各代表站的倒春寒指数做时间演变的分析。如图 2.27 所示，为"两高"沿线区域 6 个代表站(贵阳、凯里、都匀、开阳、榕江、天柱)在 1961—2010 年期间倒春寒指数的时间变化曲线。

由图 2.27 可知，贵阳站倒春寒指数的年代际变化较为明显，总体特征为 20 世纪

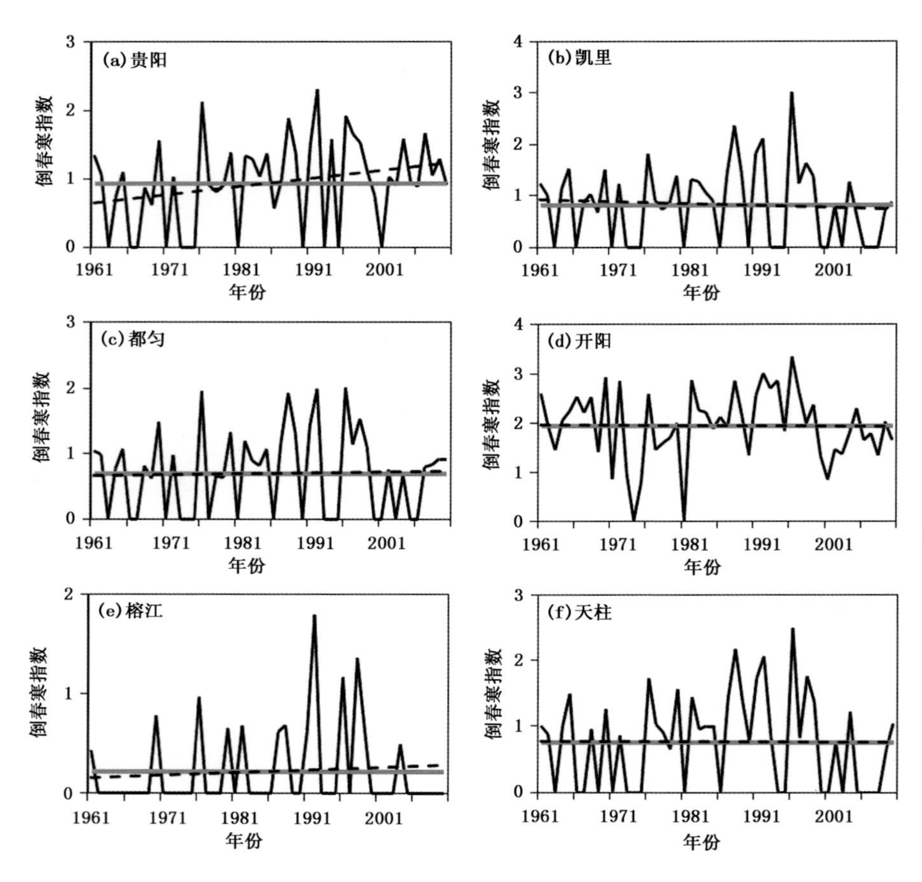

图 2.27　1961—2010 年“两高”沿线区域各代表站倒春寒指数的时间变化
（黑色实线为时间变化线，黑色虚线为趋势线，蓝色实线为气候平均值）

60 年代至 70 年代中期倒春寒指数多数年份低于气候平均值，是贵阳倒春寒较轻时期，20 世纪 70 年代后期至 2010 年期间除 6 年几乎没有发生倒春寒外，其他年份的倒春寒指标都高于历史平均值，是贵阳倒春寒较强的时期。凯里站倒春寒指数的年际演变特征主要表现为倒春寒较强年份和没有发生倒春寒的年份间隔转换的周期尺度较小，20 世纪 60 年代和 2000 年之后倒春寒指数多数年份较低，倒春寒指数在 1996 年达到最高值，是倒春寒灾害最严重的年份。都匀站位于研究区域中部地区，倒春寒的强度基本处于区域平均的水平，都匀地区平均年累计倒春寒时间为 3.8 d，平均倒春寒指数为 0.7，2000 年之后至 2010 年为倒春寒灾害较弱的时期。开阳站位于研究区域西北部的倒春寒多发地区，平均倒春寒指数为 1.9，期间 1974 和 1981 年没有出现倒春寒。从距平值的角度来看，20 世纪 70 年代低于气候平均值的年份较多，说明这一时期的倒春寒相对较弱，20 世纪 60 年代和 80—90 年代倒春寒指数高于气候平均值，是倒春寒发生相对较强的时期，2000 年以后，多数年份倒春寒指数都低于气候平均值，是倒春寒发生相对弱的时期。榕江站位于研究区域东南部倒春寒灾害发生较少的地区，在 50 年间只发生过 11 次倒春寒天气，多数年份倒春寒持续的天数都在 5 d 以下，最强的倒春寒天气发生在 1991 年，年总持续天数为 9 d，倒春寒指数为 1.8。天柱站位于研究区域东部的次高值中心地区，平均倒春寒指数为 0.8，倒春寒在 1980—1990 年期间，特别是 20 世纪 90 年代后期强度较强，1996 年是倒春寒最严重的一年，2000 年后，倒春寒的强度明显减弱。

2.5 凝冻

2.5.1 定义和指标

一般把冬季发生的，日平均气温小于等于 1 ℃、日最低气温小于等于 0 ℃且当日有降水的三个标准同时达到，持续 3 d 或 3 d 以上(其中从第 4 天起允许有间隔 1 d 的日最低气温为 0.1～0.5 ℃或无雨)且至少有一天出现凝冻天气现象的时段，定义为一次冬季凝冻天气过程。凡冬季凝冻天气过程持续 2～3 d，则为轻级凝冻；持续 4～5 d，则为中级凝冻；持续 6～9 d，则为重级凝冻；持续天数大于等于 10 d，则为特重级凝冻。

凝冻指数求算公式为：

$$K_i = \frac{N_i}{9} - \frac{T_i}{10} + \frac{H_i}{18} \tag{2.2}$$

式中：i 为年份；K_i 为冬季凝冻指数；N_i 为当年最长一次冬季凝冻过程的持续天数，该项分母 9 为系数，取特重级凝冻过程持续天数标准的下限值，若 $N_i \geqslant 14$，则只取值为 14；T_i 为当年 12 月 26 日—翌年 2 月 15 日期间，任意 15 d 滑动平均气温距平的最低值(℃)；H_i 为当年各次凝冻过程的总日数，分母 18 为系数，取特重级凝冻过程持续天数标准下限值的两倍，若 $H_i > 18$，则令 $H_i = 18$。为了使用方便，用 100 乘以式(2.2)右边各项之和后取整数表示冬季凝冻指数值。凝冻指数越大表明当年的凝冻灾害越严重(许炳南 等，1997)。

由于由一次凝冻灾害造成的损失是随着灾害持续时间的增加而迅速上升的，而上述凝冻指数又能较好地衡量研究区域每个冬季凝冻灾害的强度，因此，采用凝冻总时间和凝冻指数两个量来对“两高”沿线区域的凝冻灾害的气候特征做分析。

2.5.2 凝冻灾害的时空分布特征

(1)空间分布特征

由于凝冻灾害跨年份，本节所取的资料截至 2010 年 12 月 31 日，因此 2010 年冬季资料缺少 2011 年 1 和 2 月没有统计，总年数应为 49 年。由图 2.28 可以看出，贵阳市和黔东南西部的大片地区都是凝冻灾害发生较为严重的地区，高值区 49 年累计凝冻指数达到了 2.4 以上，特别是“两高”沿线区域的西北部是凝冻灾害最为严重的地区。另外，在研究区域东北部的三穗、东南部的黎平和南部的独山分布着凝冻累计时间较高的小中心，中心凝冻指数达到 1.6 以上。而南部边缘的荔波、罗甸、从江和榕江地区的凝冻指数几乎为零。说明“两高”沿线区域凝冻灾害具有很明显的区域特征。

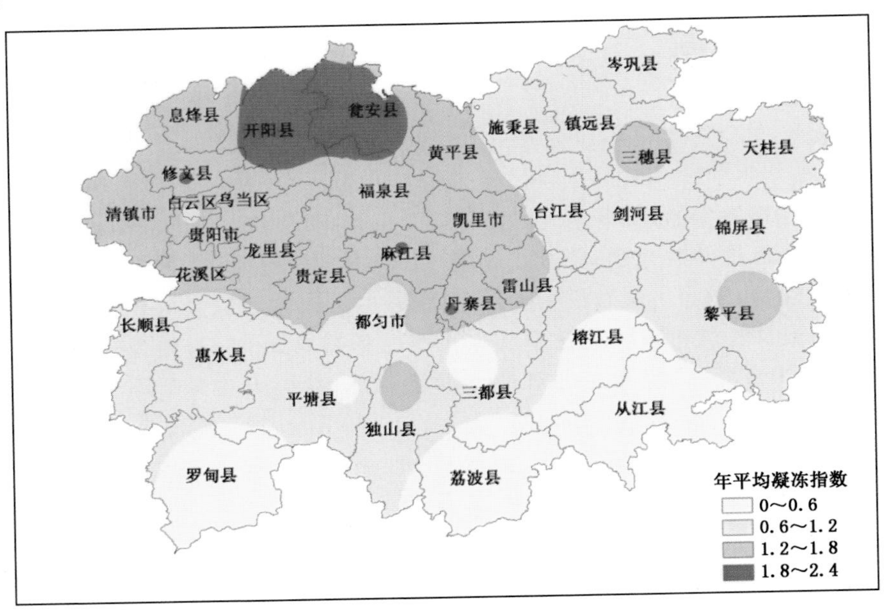

图 2.28 1961—2009 年“两高”沿线区域年平均凝冻指数空间分布特征

(2)时间变化特征

图 2.29 为 1961—2009 年“两高”沿线区域凝冻指数的时间变化图，从年代际的角度来看，20 世纪 60 年代至 80 年代中期，凝冻灾害相对严重，而 20 世纪 90 年代以后则处于气候平均值以下。1990 年以后，除 2007 年底—2008 年初的凝冻灾害特别严重之外，多数年份的凝冻指数相对较低，贵州 49 年来凝冻灾害强度表现为下降趋势，气候倾向率为－7/10a。

由于凝冻灾害的地理分布区域差异很大，因此有必要对不同地区各代表站的凝冻指数做时间演变的分析。图 2.30 为“两高”沿线区域 6 个代表站(贵阳、凯里、都匀、开阳、榕江、天柱)在 1961—2009 年期间凝冻指数的时间变化曲线。

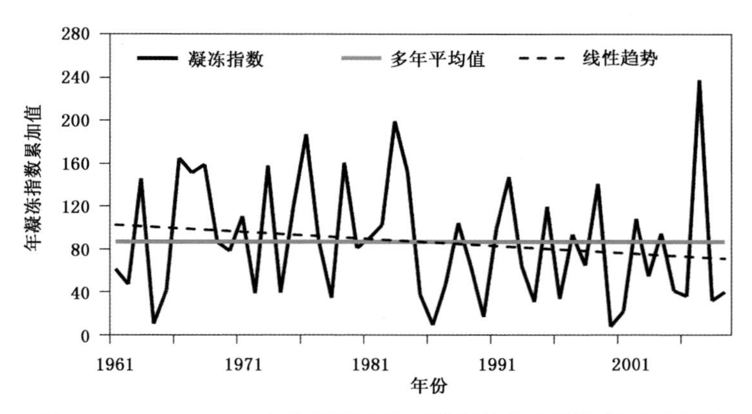

图 2.29 1961—2009 年“两高”沿线区域累计凝冻指数的时间变化

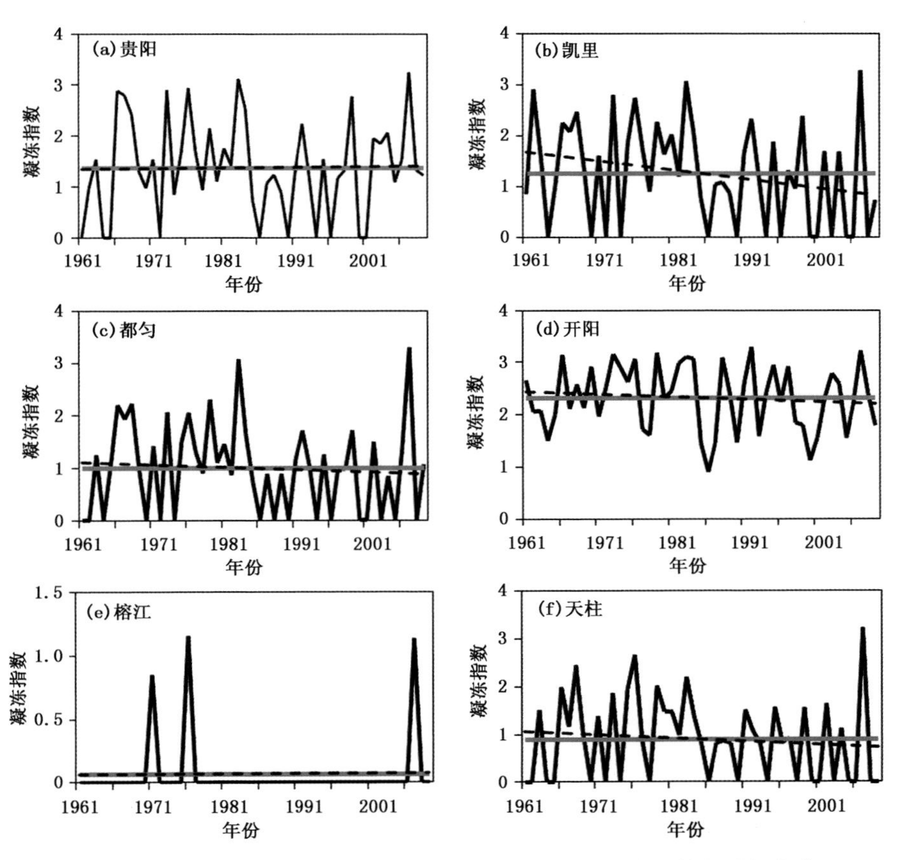

图 2.30 1961—2009 年“两高”沿线区域各代表站凝冻指数的时间变化

(黑色实线为时间变化线，黑色虚线为趋势线，蓝色实线为气候平均值)

贵阳站位于研究区域西部的凝冻多发地区，凝冻指数的年代际的变化较为明显，近49年经过了“强—弱—强”的演变，20世纪60年代末期至80年代中期凝冻指数多数年份均高于气候平均值(平均凝冻指数为1.4)，是贵阳凝冻灾害较为严重的时期；80年代中期至2001年期间多数年份的凝冻指数都低于气候平均值，是贵阳凝冻灾害较弱的时期；2002年以后又进入一个凝冻灾害强度较大的阶段。

凯里站位于研究区域中部的凝冻多发的一个高值中心地区，年际演变特征主要表现为强弱转换的周期尺度较小。另外，与贵阳站的演变特征相似的是20世纪80年代中后期同样是指标持续低于气候平均值的时期。

都匀站凝冻强度基本处于区域平均的水平，20世纪80年代中期以前都高于多年气候平均值(平均年累计凝冻时间为4.6 d，平均凝冻指数为1.0)，之后至2007年以前为凝冻灾害较弱的时期，其中2008年年初的极端强凝冻事件是近49年最严重的一次。

开阳站位于研究区域西北部的凝冻灾害多发地区，凝冻指数总体保持在2.3，期间有个别年份有偏低的现象，包括1978，1986和1990年，由此可以看出，凝冻灾害在开阳地区发生的频率达到“十年九灾”的程度。

榕江站位于研究区域东南部凝冻灾害发生较少的地区，在49年内只发生过3次凝冻天气(1971，1976和2007年)，而且这3次凝冻灾害也是在全省发生了范围大且强度强的重度凝冻灾害的背景下发生的，所以榕江地区很少受到凝冻灾害的威胁。

天柱站位于研究区域东部的次高值中心地区，与区域平均的特征一致，天柱站凝冻灾害在1985年以前大部分时段都高于气候平均值4.6 d，凝冻指数为1.0，1985—2006年期间凝冻灾害持续较弱，平均凝冻指数为0.6。

2.6　冰雹

2.6.1　定义和指标

冰雹一般指直径大于5 mm的固体降水物，呈球、椭球、圆锥和不规则状。冰雹包括霰(软雹)、冰粒和雹。冰雹的局地性强、季节性明显、来势急、持续时间短，常伴有大风、暴雨，给工农业生产、交通运输及通信电力等诸多行业带来很大影响，严重的冰雹还能带来人员伤亡和房屋损坏等惨重影响。

冰雹日数反映的是冰雹天气发生的次数，规定当某测站在某日观测到1次或1次以上冰雹天气现象时，不论其时间长短都定义该测站在该日为1个雹日。

2.6.2　冰雹日数的时空分布特征

(1)空间分布特征

从图2.31可以看出，“两高”沿线区域30年冰雹总日数在6～51 d之间，其中：

30 年累计冰雹总日数大于等于 30 d 的有 22 个测站，最大值出现在贵阳和修文，分别为 51 和 48 d；30 年累计冰雹总日数小于 30 d 的有 16 个测站，最小值出现在丹寨和荔波，分别为 6 和 18 d。从图 2.31 还可看出，30 年累计冰雹总日数呈现出西高东低的特点，总日数较小地区主要分布在“两高”沿线区域的中东部，较大地区主要分布在“两高”沿线区域的西部和东部边缘地带。

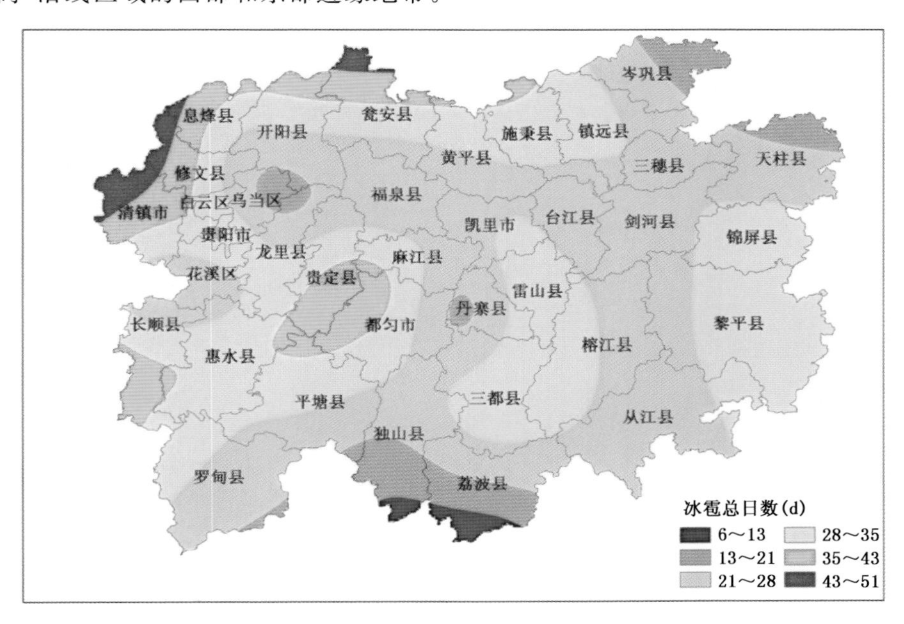

图 2.31 1981—2010 年“两高”沿线区域累计冰雹总日数的空间分布

(2)时间变化特征

分别统计贵阳市、黔东南州、黔南州三个区域 2001—2013 年每年的冰雹日数，在此基础上求三个区域的平均值，得到“两高”沿线区域的平均冰雹日数，如图 2.32 所示。从图 2.32 可以看出，“两高”沿线区域冰雹日数的年际波动较大，最大值出现在

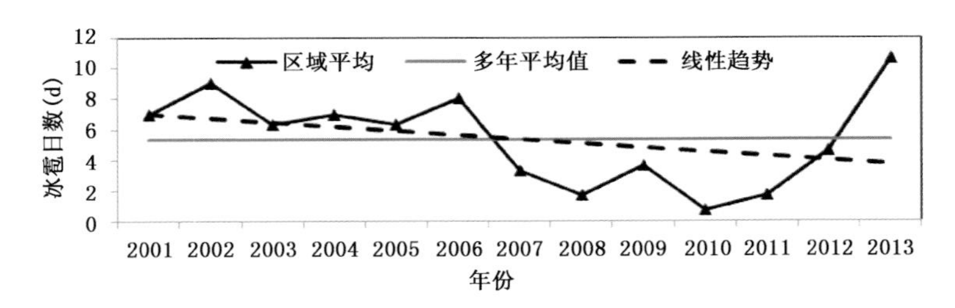

图 2.32 “两高”沿线区域冰雹日数的时间变化

2013 年,最小值出现在 2010 年,分别为 10.7 和 0.7 d。从 5 年滑动平均来看,2001—2013 年,"两高"沿线区域的冰雹日数整体上呈现下降趋势。图 2.32 的线性拟合公式为:$y=-0.26923x+7.2692$,趋势系数说明"两高"沿线区域冰雹日数的变化趋势为逐渐减小。

图 2.33 为"两高"沿线区域 1981—2010 年 30 年平均的累年月冰雹日数 36 个测站之和。从图 2.33 可以看出,冰雹日数具有明显的季节性,冰雹日数最多的是春季,占比达到 66.8%,其余占 33.2%;按月份来看,降雹天气以 3 月份发生频率最大,其次为 4 月,然后依次为 2,5,1,11 月。

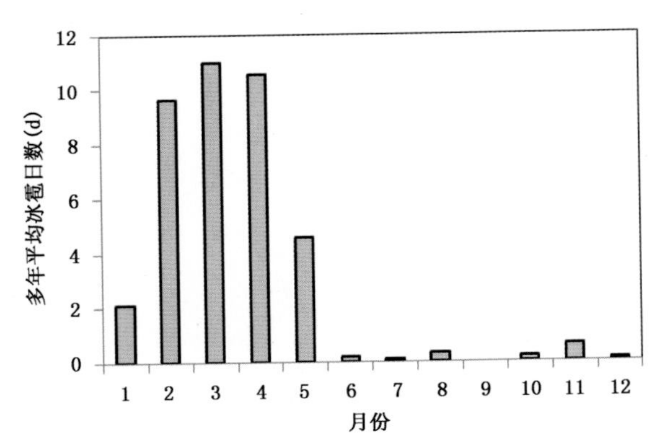

图 2.33 "两高"沿线区域 1981—2010 年 30 年平均累年月冰雹日数(36 个测站累加)

2.6.3 冰雹源地及路径

贵州境内冰雹路径主要从西向东移动,冰雹产生的源地集中在 5 个区域,可总结为:金沙、大方源地;赫章、毕节、大方源地;水城、纳雍、六枝源地;盘县、普安源地;长顺、平塘、独山源地。冰雹在这些源地形成后,向东移动影响"两高"沿线区域,见图 2.34。

2.7 夏季洪涝

旱涝灾害的形成及其严重程度往往是由于各地降水过程在时空尺度上非均匀分布造成的,如果强降水出现频繁且集中在某一地区,则经常会造成洪涝灾害。"两高"沿线区域位于贵州省东南部,季风出现的迟早及强弱常使降水量在时间和地域上分布不均,且"两高"沿线区域属喀斯特地形地貌,地表径流量大,土壤蓄水能力差,所以洪涝灾害发生频率较高。洪涝灾害的发生对农业生产带来极大的危害,下面对"两高"沿线区域 36 个测站的洪涝灾害进行分析。

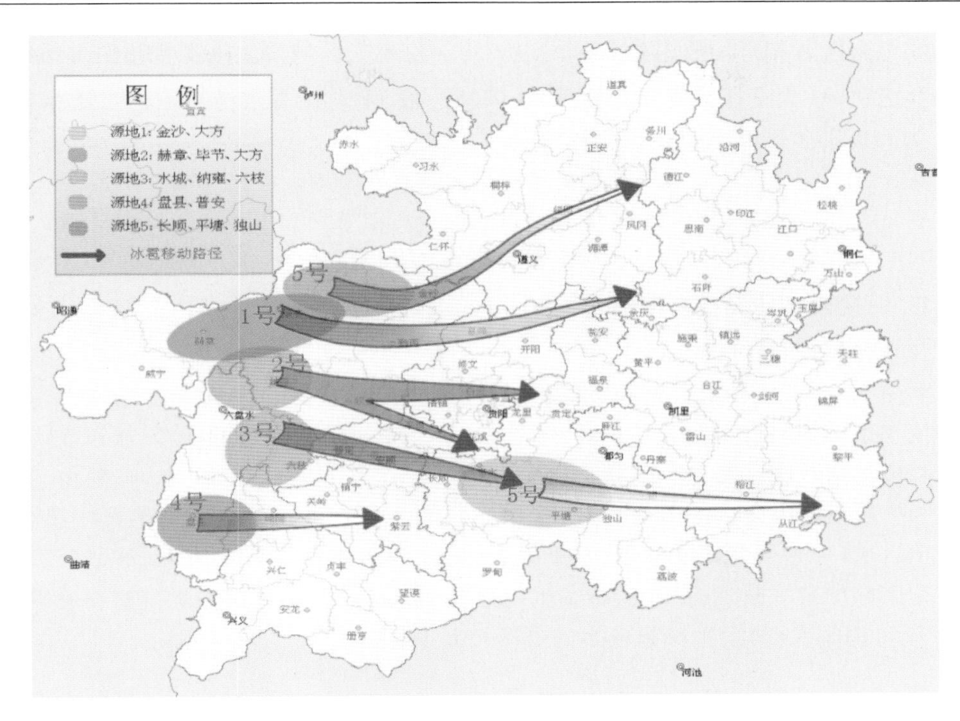

图 2.34 贵州省境内冰雹路径

2.7.1 定义和指标

采用 36 个代表站 1961—2012 年逐日降水资料，按照洪涝降水持续时间可以将洪涝分为单日、两日和三日或以上三种类型，具体指标见表 2.4。

表 2.4 单站洪涝指标

类型等级	单日雨量(mm)	两日雨量(mm)	三日或以上雨量(mm)
一般洪涝	≥100	≥130	≥150
重洪涝	≥150	≥180	≥200
严重洪涝	≥200	≥250	≥300

为了反映全区域年度洪涝的总体发生情况，特定义：

$$NH = 0.7M_1 + 0.8M_2 + 0.9M_3$$

$$QS = \sum NH/M$$

式中：NH 为单站年洪涝指数；M_1，M_2，M_3 分别为单站一般、重和严重洪涝的发生次数；QS 为全区域年平均洪涝指数；$\sum NH$ 为一年中全区域发生洪涝台站的单站年洪涝指数之和；M 为全区域当年台站总数。单站一般、重和严重洪涝对应的洪涝指数分别为 0.7，0.8，0.9。区域洪涝分级指标如下：

一般洪涝年：$0.2 \leqslant QS < 0.4$

较多洪涝年：$0.4 \leqslant QS < 0.6$

多洪涝年：$QS \geqslant 0.6$

2.7.2　一般洪涝的时空分布特征

（1）空间分布特征

从图 2.35 可以看出，“两高”沿线区域一般洪涝总次数自北向南逐渐增多，高值中心位于中部的丹寨、都匀、三都一线，近 50 年一般洪涝总次数都在 50 次以上，其中丹寨一般洪涝次数最多，达 63 次，其次是长顺为 57 次；榕江、剑河、罗甸、独山、荔波一线为一般洪涝发生 30～50 次的次多中心区域。一般洪涝发生的低值区主要分布在三个区域，一是西北部的开阳、龙里附近，另外两个主要分布在施秉、镇远、三穗一带及东南部的黎平附近，一般洪涝发生次数在 14 次以下，出现次数最少的为施秉，近 50 年仅出现 9 次，与发生次数较多的丹寨相差 54 次。

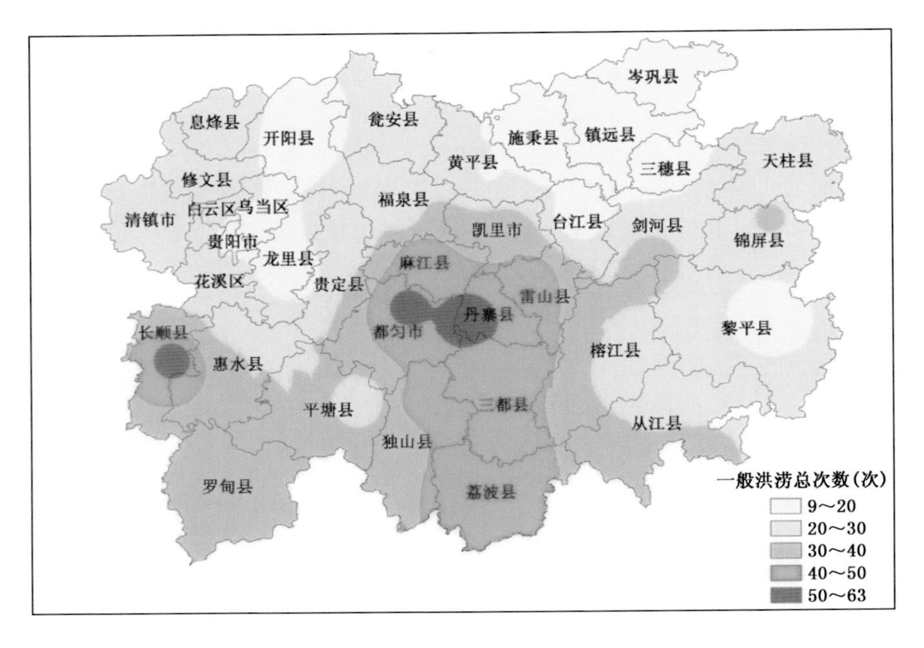

图 2.35　1961—2010 年“两高”沿线区域一般洪涝发生总次数的空间分布

(2)时间变化特征

从图2.36可以看出,近50年“两高”沿线区域一般洪涝次数呈增加趋势,其气候倾向率为2.8次/10a。一般洪涝偏多的年份有1991,1996,2007年,从贵州省全省来看1991和1996年发生了严重的洪涝灾害;一般洪涝偏少的年份是1975年,1981年没有洪涝发生。

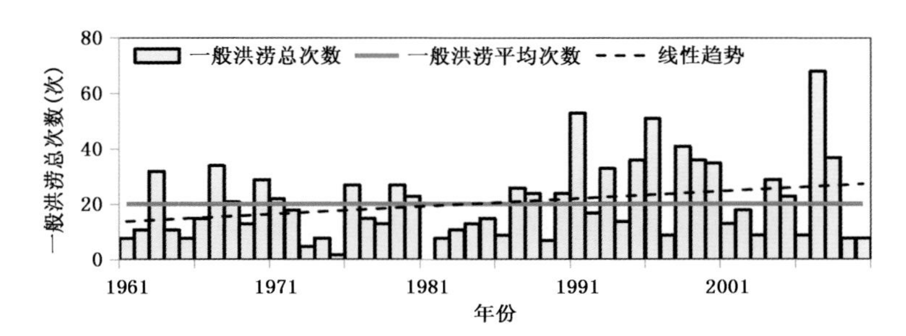

图2.36 1961—2010年“两高”沿线区域一般洪涝总次数的年际变化

从“两高”沿线区域及各代表站各年代一般洪涝次数分布(见表2.5)可以看出,近50年“两高”沿线区域共出现1 026次一般洪涝。20世纪60—80年代一般洪涝相对偏少,最少的为20世纪80年代,仅有137次,占总次数的13%。20世纪90年代及进入21世纪以来一般洪涝明显偏多,一般洪涝出现最多的为20世纪90年代,共有325次,占总次数的32%;其次为21世纪的近10年,有222次,占总次数的22%。

表2.5 “两高”沿线区域及各代表站各年代一般洪涝次数分布 单位:次

年份	1961—1970年	1971—1980年	1981—1990年	1991—2000年	2001—2010年	总次数
“两高”沿线区域	182	160	137	325	222	1 026
贵阳	5	2	0	8	3	18
都匀	10	8	7	26	6	57
开阳	3	7	0	11	8	29
凯里	6	5	4	13	8	36
天柱	4	2	5	3	11	25
榕江	3	5	0	5	9	22

从各代表站的一般洪涝分布可以看出:近50年来都匀出现一般洪涝次数最多,达到57次;其次为凯里,为36次;贵阳出现一般洪涝最少,为18次。开阳、天柱、榕江出现一般洪涝次数分别为29,25,22次。从各个代表站的年代际分布来看,贵阳、都匀、开阳、凯里20世纪90年代一般洪涝次数出现最多,天柱和榕江21世纪以来一般洪涝次数出现最多。除天柱和榕江外,其余代表站20世纪80年代出现一般洪涝

次数偏少，其中开阳和榕江没有出现一般洪涝。

2.7.3 重洪涝的时空分布特征

(1)空间分布特征

从图 2.37 可以看出，“两高”沿线区域重洪涝次数比一般洪涝次数明显减少。重洪涝与一般洪涝发生总次数的空间分布基本一致，重洪涝发生次数的高值中心位于中部的丹寨、都匀、凯里、三都、麻江一带，近 50 年重洪涝次数一般都在 10 次以上，其中丹寨、麻江重洪涝次数最多，均为 15 次；剑河及西南部的罗甸和惠水为重洪涝发生次多中心区域，一般在 8 次左右。重洪涝发生的低值区主要分布在三个区域：西北部的开阳、息烽、修文一带，东北部的施秉、镇远、三穗一带，以及南部的荔波、黎平、榕江一线附近，重洪涝次数都在 5 次以下，近 50 年瓮安、三穗均没有出现过重洪涝。

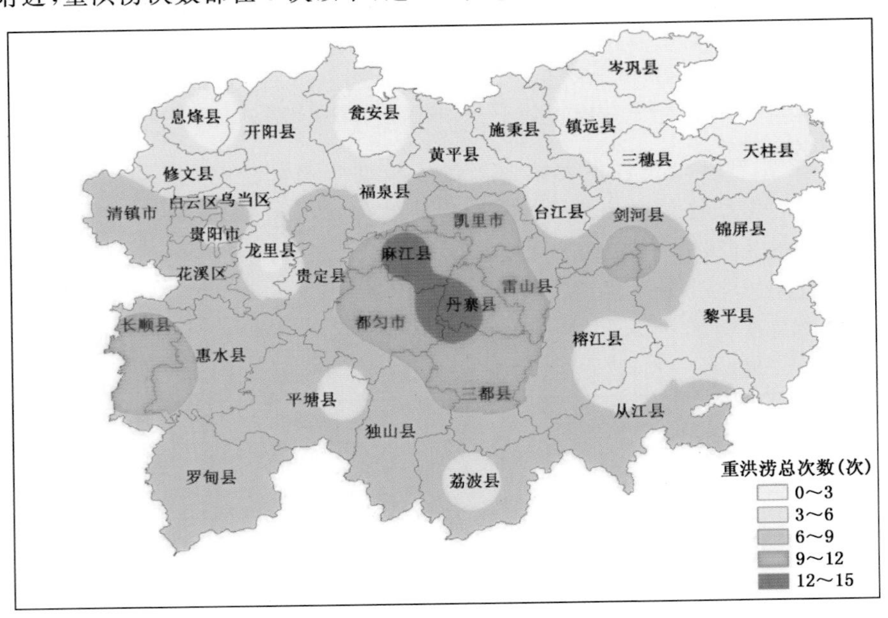

图 2.37　1961—2010 年“两高”沿线区域重洪涝发生总次数的空间分布

(2)时间变化特征

从图 2.38 可以看出，近 50 年“两高”沿线区域重洪涝次数呈增加趋势，其气候倾向率为 0.67 次/10a。重洪涝发生次数最多的为 1996 年，达到 35 次；其次为 1970 年，为 26 次；1961，1965，1973，1974，1975，1981，1984，1989，1997，2009 年共 10 年没有重洪涝发生。

从“两高”沿线区域及各代表站各年代重洪涝次数分布(见表 2.6)可以看出，近 50 年“两高”沿线区域共出现 230 次重洪涝。20 世纪 70 和 80 年代重洪涝偏少，两个

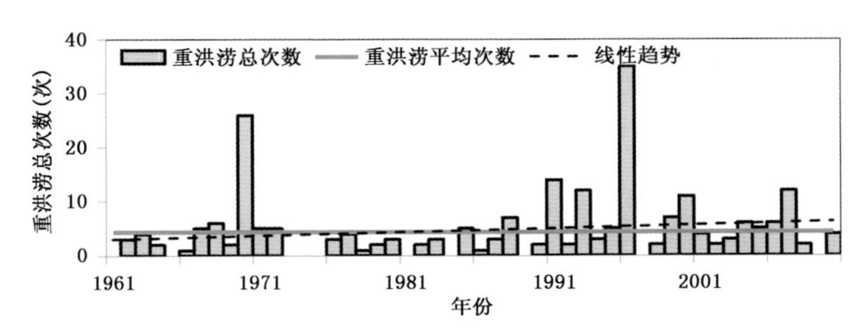

图 2.38 1961—2010 年“两高”沿线区域重洪涝总次数的时间变化

年代均只有 23 次重洪涝出现，占重洪涝总次数的 20%。20 世纪 60 年代及进入 21 世纪以来重洪涝变化不大，近 50 年重洪涝出现最多的为 20 世纪 90 年代，为 91 次，占重洪涝总次数的 40%。

从各代表站的重洪涝分布可以看出：贵阳近 50 年共出现重洪涝 5 次，都出现在 20 世纪 90 年代，其他年代没有重洪涝出现。都匀和凯里近 50 年出现的重洪涝次数最多，均为 12 次。都匀 20 世纪 70 和 80 年代及 21 世纪以来均出现 1 次重洪涝，20 世纪 60 年代出现 3 次，90 年代重洪涝出现次数最多，为 6 次；而凯里 20 世纪 70 和 80 年代没有出现重洪涝，60 年代出现 4 次，90 年代也是重洪涝最多的年代，有 6 次，21 世纪以来出现 2 次重洪涝。开阳、天柱近 50 年仅出现 1 次重洪涝，开阳出现在 20 世纪 90 年代，天柱出现在 21 世纪。

从各代表站的分析可以看出，20 世纪 70 和 80 年代重洪涝偏少，重洪涝主要出现在 20 世纪 60 和 90 年代。

表 2.6 “两高”沿线区域及各代表站各年代重洪涝次数分布 单位：次

年份	1961—1970 年	1971—1980 年	1981—1990 年	1991—2000 年	2001—2010 年	总次数
“两高”沿线区域	49	23	23	91	44	230
贵阳	0	0	0	5	0	5
都匀	3	1	1	6	1	12
开阳	0	0	0	1	0	1
凯里	4	0	0	6	2	12
天柱	0	0	0	0	1	1
榕江	0	0	0	3	0	3

2.7.4 严重洪涝的时空分布特征

(1)空间分布特征

将图 2.35、图 2.37 和图 2.39 三幅图对比发现，“两高”沿线区域严重洪涝次数比一般洪涝和重洪涝次数均明显减少。其空间分布特征也有所不同，严重洪涝发生次数的高值中心一个位于中部的雷山、三都一带，近 50 年严重洪涝次数一般都在 4 次以上；另一个高值中心位于西南部的罗甸附近，近 50 年罗甸的严重洪涝次数达到 6 次；北部的息烽、开阳、镇远一线及东部的天柱、黎平、从江一线近 50 年均没有严重洪涝发生。

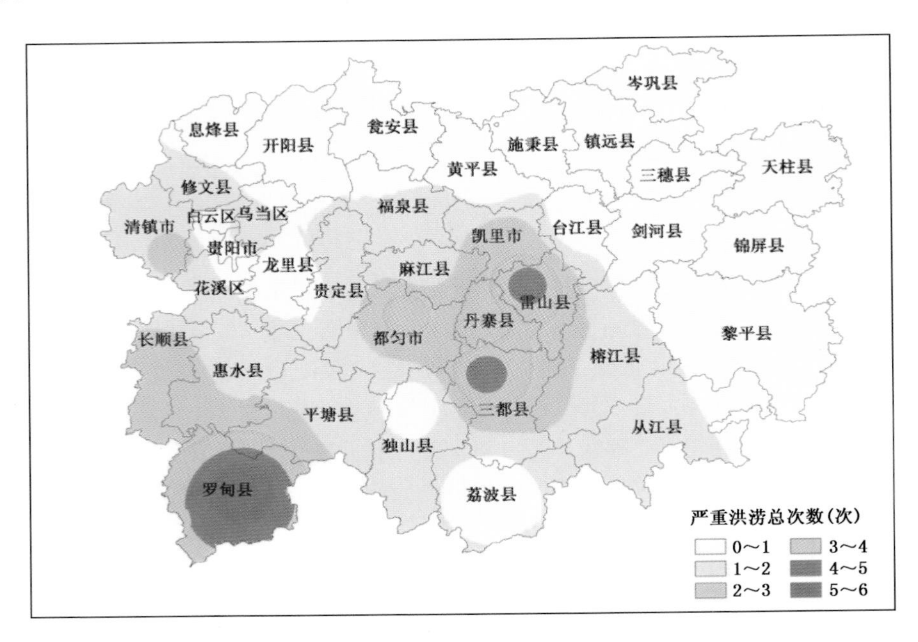

图 2.39　1961—2010 年“两高”沿线区域严重洪涝发生总次数的空间分布

(2)时间变化特征

从图 2.40 可以看出，近 50 年“两高”沿线区域严重洪涝发生年份较少，严重洪涝发生最多的是 1970 年，共出现 10 次；其次是 1996 年，共有 8 次严重洪涝出现；1993，2001 和 2003 年均出现了 1 次严重洪涝；近 50 年中共有 37 年没有严重洪涝出现。

从“两高”沿线区域及各代表站各年代严重洪涝次数分布(见表 2.7)可以看出，近 50 年“两高”沿线区域共出现 45 次严重洪涝。20 世纪 60 和 90 年代严重洪涝偏多，两个年代均有 17 次严重洪涝出现，占严重洪涝总次数的 75%。20 世纪 70 和 80 年代严重洪涝偏少。

从各代表站的严重洪涝分布来看，贵阳、开阳、榕江、天柱近 50 年没有严重洪涝出现。罗甸出现的严重洪涝最多，共有 6 次，20 世纪 60 和 70 年代及 21 世纪分别出现 2，3 和 1 次；都匀出现了 4 次严重洪涝，都出现在 20 世纪 90 年代；从江 20 世纪 90

年代出现 1 次严重洪涝；凯里近 50 年共出现 3 次严重洪涝，20 世纪 60 和 90 年代分别出现了 2 和 1 次。

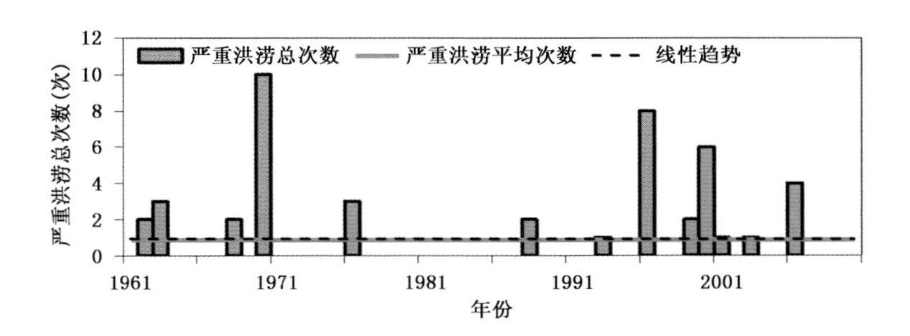

图 2.40 1961—2010 年“两高”沿线区域严重洪涝总次数的时间变化

表 2.7 “两高”沿线区域及各代表站各年代严重洪涝次数分布

年份	1961—1970 年	1971—1980 年	1981—1990 年	1991—2000 年	2001—2010 年	总次数
“两高”沿线区域	17	3	2	17	6	45
都匀	0	0	0	4	0	4
凯里	2	0	0	1	0	3
罗甸	2	3	0	0	1	6
从江	0	0	0	1	0	1

2.8 寡照

2.8.1 寡照的定义和指标

寡照在贵州省可分为冬春寡照和春夏寡照两种类型。冬春寡照的时间界定为上年 12 月—当年 4 月，春夏寡照的时间界定为 5—8 月。冬春寡照的时段平均气温一般在 0 ℃以上，基本无日照或者日照时数异常偏少，日照时数在 1.0 h/d 以下，加剧冻害发生，同时也造成产量降低。春夏寡照主要表现为气温明显偏低伴随日照时数异常偏少，主要影响作物的光合作用，造成作物产量降低和品质下降。

冬春寡照和春夏寡照的灾害等级见表 2.8。冬春寡照统计的小时数为上年 12

表 2.8 寡照等级分布

单位：h

等级	轻级	中级	重级	特级
冬春寡照	250～350	150～250	50～150	＜50
春夏寡照	450～550	350～450	250～350	＜250

月—当年 4 月 5 个月内每日日照时数的累加值。春夏寡照的小时数为 5—8 月 4 个月内每日日照时数的累加值(许炳南 等,1997)。

2.8.2　寡照的空间分布特征

(1)冬春寡照

由图 2.41 看出,轻级冬春寡照总体呈东高西低的分布形势,黔南州北部和黔东南州的大片地区都是轻级寡照灾害发生频率较高的地区,施秉、镇远和三穗所在的高值区冬春轻级寡照累计均达 31 年,气候概率达到了 63%。西南部的罗甸是冬春轻级寡照发生最少的地区,49 年中仅有 9 年是轻级寡照。

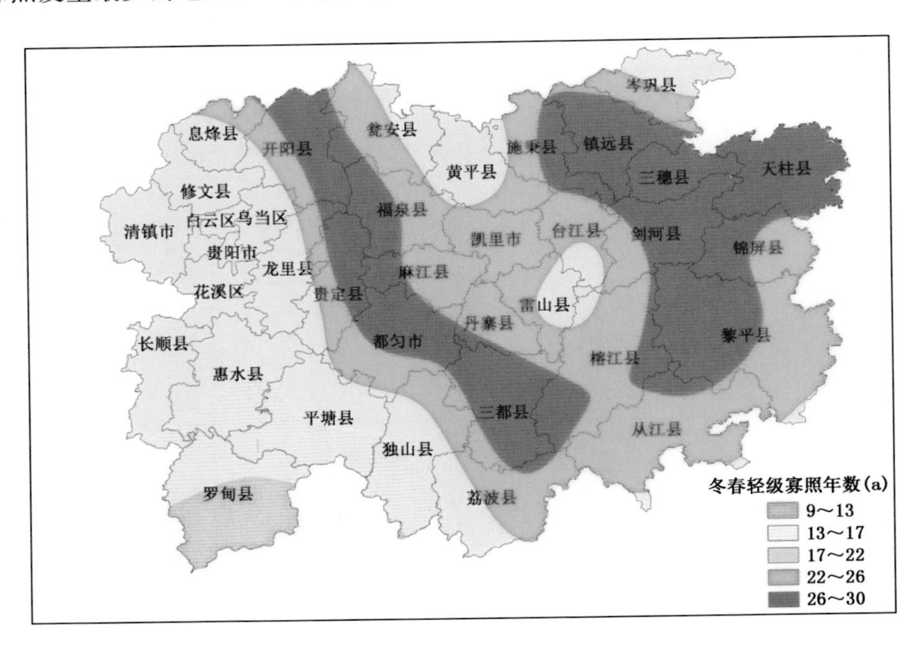

图 2.41　1961—2009 年“两高”沿线区域冬春轻级寡照灾害发生年数空间分布

如图 2.42 是 1961—2009 年 49 年内“两高”沿线区域冬春中级寡照灾害发生年数的空间分布,中部的麻江、北部的瓮安及东部的锦屏三地的中级寡照灾害发生频率较高,49 年内发生的年数达到了 15～16 年,气候概率达到了 30%以上。“两高”沿线区域西北部的贵阳和黔南州的平塘、长顺、惠水和罗甸等地出现冬春中级寡照的次数只有 0～3 年。

(2)春夏寡照

图 2.43 为 1961—2010 年 50 年内“两高”沿线区域春夏轻级寡照灾害发生年数的空间分布,贵阳地区南部,长顺、瓮安、锦屏及都匀地区的春夏轻级寡照发生频率相

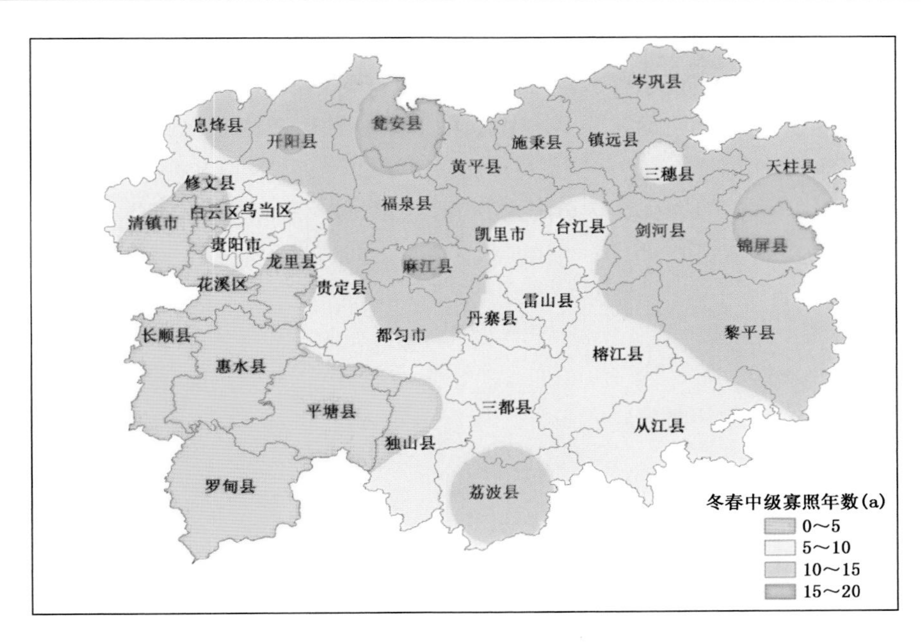

图 2.42 1961—2009 年“两高”沿线区域冬春中级寡照灾害发生年数空间分布

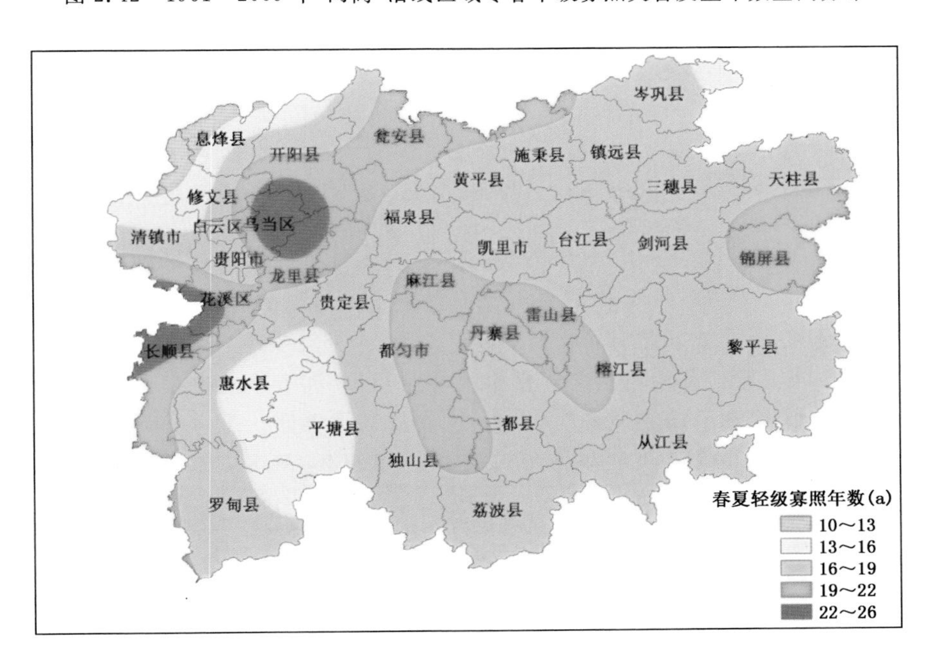

图 2.43 1961—2010 年“两高”沿线区域春夏轻级寡照灾害发生年数空间分布

对较高，达到 23 年以上，气候概率达到了 45%。

图 2.44 为 1961—2010 年 50 年内“两高”沿线区域春夏中级寡照灾害发生年数的空间分布，长顺、贵定、麻江、荔波和剑河四地的春夏中级寡照发生频率较高，50 年发生年数达到 14～16 年，气候概率为 30%左右，开阳、惠水和三都等地区的气候概率为 15%左右，其他地区春夏季发生中级寡照的年份较少，气候概率很低。

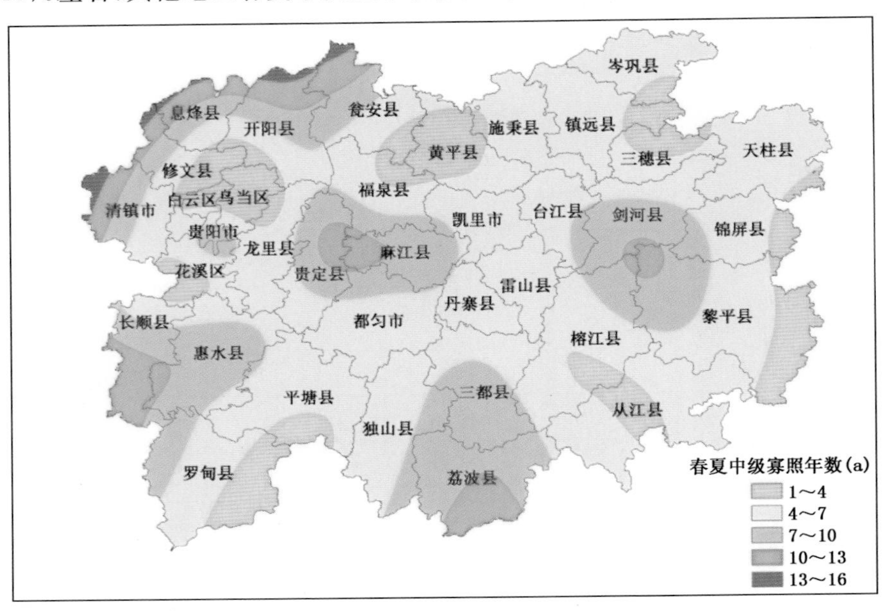

图 2.44　1961—2010 年“两高”沿线区域春夏中级寡照灾害发生年数空间分布

表 2.9 为 1961—2010 年 50 年内“两高”沿线区域特级和重级寡照灾害发生站点的分布。由表 2.9 可知：长顺和平塘两地各发生了一次冬春重级寡照；贵州省 50 年内没有发生过冬春特级寡照灾害；开阳和瓮安等 16 个站发生了春夏重级寡照，其中长顺、三都和荔波三站发生过两次春夏重级寡照，贵阳和贵定发生过三次春夏重级寡照灾害；台江、花溪和平塘三地各发生过一次春夏特级寡照。

表 2.9　1961—2010 年 50 年内“两高”沿线区域特级和重级寡照灾害发生站点的分布

寡照灾害	发生站点（未注明次数的站点默认为 1 次）
春夏重级	开阳，瓮安，贵阳（3 次），长顺（2 次），福泉，贵定（3 次），麻江，丹寨，三穗，剑河，锦屏，惠水，独山，三都（2 次），荔波（2 次），榕江
春夏特级	台江，花溪，平塘

2.8.3 寡照的时间变化特征

(1)春夏寡照

如图2.45所示为1961—2010年50年内“两高”沿线区域春夏各级别寡照的年际变化,可以看出“两高”沿线区域春夏寡照具有较为明显的年际变化,1961—1990年30年内春夏发生覆盖范围超过16站的大范围寡照只出现了10次,而在1990—2010年20年内出现了17次,说明自20世纪90年代后大范围春夏寡照事件概率的显著升高,其中轻级和中级的寡照明显增多,重级寡照在1994年覆盖6站,1993年覆盖9站,1961—1962年和1974年都有一个站出现特级寡照。因此,从总的年际变化上来看,“两高”沿线区域的寡照事件发生频率逐步增强,轻级和中级寡照事件增多,重级和特级寡照事件减少。

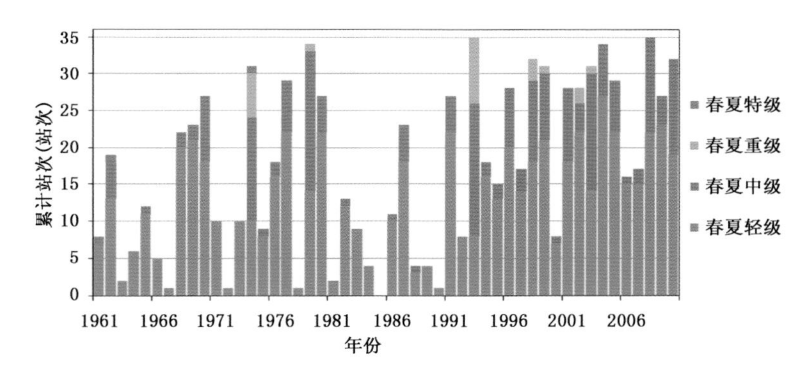

图2.45 1961—2010年50年内“两高”沿线区域春夏各级别寡照的时间变化

(2)冬春寡照

图2.46为1961—2009年49年内“两高”沿线区域冬春各级别寡照的年际变化,

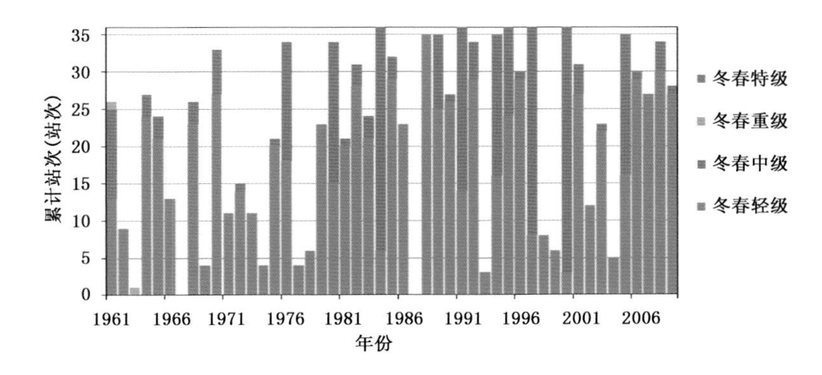

图2.46 1961—2009年49年内“两高”沿线区域冬春各级别寡照的时间变化

可以看出，“两高”沿线区域冬春寡照具有较为明显的年际变化，1961—1978 年 18 年内有 6 次发生 16 站以上大范围冬春寡照，1979—2009 年 31 年内有 20 次发生大范围冬春寡照，其中 1984，1991 和 1997 年中级寡照站数的比例分别达到了 83%，61%和 92%，说明这些年份是冬春寡照发生较为严重的时期。

2.9 高温

2.9.1 定义和指标

我国将日最高气温≥35 ℃、≥38 ℃和≥40 ℃的高温日分别定义为高温、危害性高温和强危害性高温日，由于贵州省危害性高温和强危害性高温日数发生概率非常小，所以研究统计了≥35 ℃的高温日和≥30 ℃的较高温日两个等级的逐年夏季高温日数，对贵州省高温灾害的分布特征做分析。

2.9.2 极端温度及高温日数的时空分布特征

(1)空间分布特征

由图 2.47 可以看出，1961—2010 年“两高”沿线区域极端最高气温极大值中心有 2 个，一个位于黔南的都匀站点，近 50 年最高气温极大值为 47.3 ℃，另一个位于罗甸站点，极端最高气温达 40.3 ℃。除贵阳地区的极端最高气温极大值介于 33～36 ℃外，其他站点的极端最高气温均高于 35 ℃，其中黔东南地区极端最高气温接近 40 ℃。

近 50 年“两高”沿线区域≥30 ℃、≥35 ℃高温日数呈现出黔东南、黔南地区较多的分布特点，最高值分别为 112 和 21 d，而贵阳地区的高温日数较少，多在 26 d 以下，最低值为 16 d。≥30 ℃、≥35 ℃多年平均高温日数的高值中心位于都匀和罗甸附近，高温日数最多，多年平均值分别为 86 和 11 d，其中≥35 ℃的高温日数次中心为从江和榕江，分别为 19 和 20 d。

(2)时间变化特征

图 2.48 给出了 1961—2010 年“两高”沿线区域最高气温年际变化特征，近 50 年其变化趋势呈先减少后增加的趋势：在 1966 年左右，其日最高气温的平均值约为 36.2 ℃；在 1980 年左右，日最高气温的平均值为 32.9 ℃左右；1997 年以后，日最高气温开始缓慢回升，到达 36.0 ℃左右。

从年代际变化(见表 2.10)来看，近 50 年“两高”沿线区域在 20 世纪 60—90 年代高温日数相对平稳，40 年中≥35 ℃高温日数占≥35 ℃高温总日数的 74.0%；21 世纪的近 10 年高温日数增多，是近 50 年中高温灾害天气过程的多发期，≥30 ℃和≥35 ℃高温日数分别占各级高温总日数的 26.0%和 22.0%。

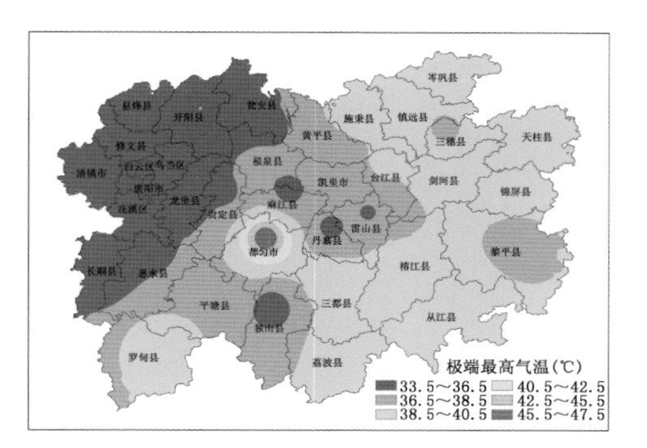

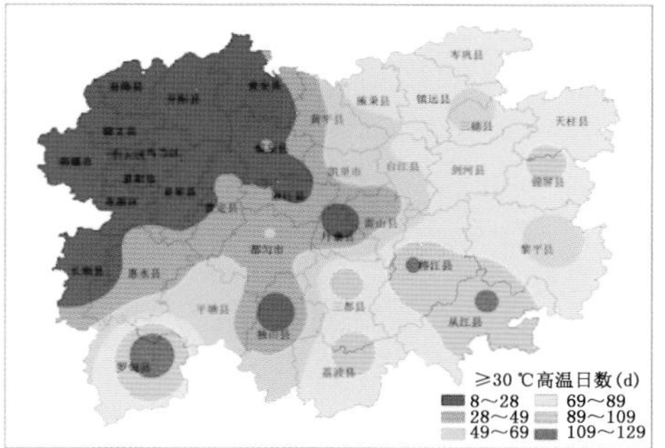

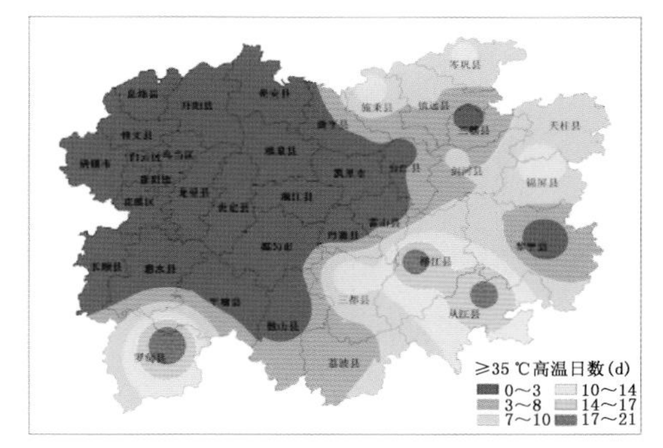

图 2.47　1961—2010 年“两高”沿线区域极端最高气温和高温日数的空间分布

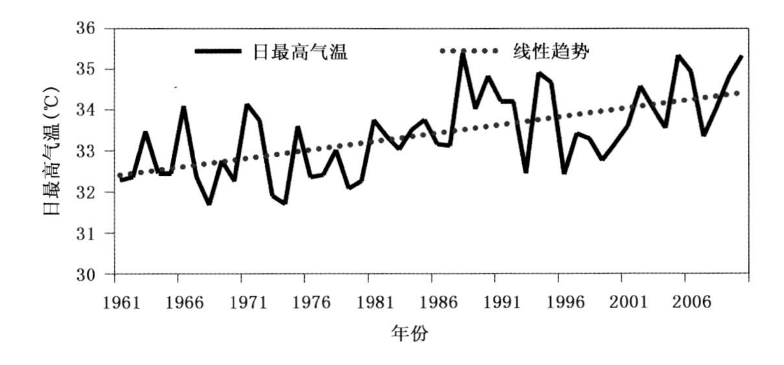

图 2.48　1961—2010 年“两高”沿线区域日最高气温时间变化特征

表 2.10　1961—2010 年“两高”沿线区域各年代≥35 ℃和≥30 ℃高温日数分布

项目	指标	1961—1970 年	1971—1980 年	1981—1990 年	1991—2000 年	2001—2010 年
≥30 ℃	年平均日数(d)	6	5	6	5	8
	占高温总日数的比例(%)	20	17	20	17	26
≥35 ℃	年平均日数(d)	50	47	50	46	54
	占高温总日数的比例(%)	20	19	20	19	22

表 2.11 为“两高”沿线区域高温天气月出现情况。统计分析结果表明：1961—2010 年“两高”沿线区域≥30 ℃高温日共出现 2 539 d，约占 1961—2010 年总天数的 14%，高温日年平均达 50.7 d；高温天气出现在 5—9 月，其中 7 和 8 月出现频率最高，分别达 27.0%和 27.9%，8 月高温天气出现日数多于 7 月。

1961—2010 年“两高”沿线区域≥35 ℃高温日共出现 362 d，约占 1961—2010 年总天数的 1.98%，高温日年平均达 7.24 d；高温天气出现在 5—9 月，其中 7 和 8 月出现频率最高，分别达 29.1%和 38.0%，8 月高温天气出现日数多于 7 月。

表 2.11　1961—2010 年“两高”沿线区域高温天气月出现情况

项目	指标	5 月	6 月	7 月	8 月	9 月
≥30 ℃	出现日数(d)	221	362	686	710	353
	出现频率(%)	8.7	14.3	27.0	27.9	13.9
≥35 ℃	出现日数(d)	12	35	105	137	48
	出现频率(%)	3.5	9.8	29.1	38.0	13.5

如图 2.49 所示为 1961—2010 年“两高”沿线区域高温日数的年际变化特征。由图 2.49 可以看出，“两高”沿线区域≥30 ℃高温日数在 1963 年最多，为 73.4 d，1979 年高温日数最少，为 38.9 d；“两高”沿线区域≥35 ℃高温日数在 1972 年最多，为 13.6 d，2009 年高温日数也达到 12.8 d，≥35 ℃高温日数最小值出现在 1993 年。从长期变化看，近 50 年“两高”沿线区域≥30 ℃和≥35 ℃两个等级高温日数均呈微弱的线性增加趋势，趋势值分别为 0.558 和 0.25 d/10a，但均未通过显著性检验。从高温日数的时间序列还可以看到，“两高”沿线区域≥35 ℃高温日数表现出“多—少—多”的年代际变化特征，而≥30 ℃高温日数无明显的年代际变化特征。

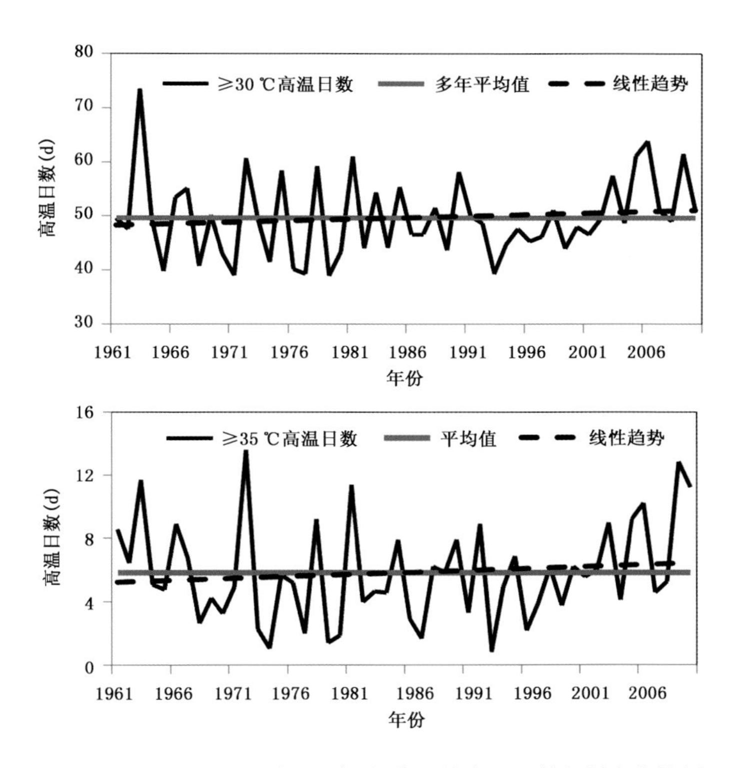

图 2.49 1961—2010 年“两高”沿线区域高温日数年际变化特征

2.10 秋绵雨

2.10.1 定义与指标

每年 9 月 1 日—11 月 30 日期间，凡出现日降水量≥0.1 mm、持续时间达 5 d 或以上的时段(其中从第 6 天开始，允许有间隔 1 d 无降水量)，定义为一次秋绵雨过程。秋季多雨是贵州省的一种高影响天气气候事件，阴雨绵绵是其主要特点，其对农业的危害较大，轻者使水稻、玉米成熟期延长，重者则使秋收作物倒伏、谷粒生芽；秋绵雨影响田间生产活动的进行，导致不能及时收获或已收获的也不能脱粒晾干入库而发生霉烂变质。单站秋绵雨天气总日数分级标准见表 2.12(李玉柱 等，2001)。

表 2.12 单站秋绵雨天气总日数分级标准

秋绵雨等级	轻级	中级	重级	特级
持续时间(d)	5～10	11～15	16～20	≥21

2.10.2 秋绵雨的时空变化特征

(1)空间分布特征

基于秋绵雨的定义对每个站点秋绵雨的持续时间进行计算,对其进行年平均分析,可得出其空间分布特征。

从图 2.50 可以看出,年平均秋绵雨总日数的分布总体上呈现为南部低、西北部和东部边缘一带高的特征。秋绵雨总日数最长的站点为开阳和修文站,年平均秋绵雨总日数分别为 27.8 和 25.6 d;其次,息烽、瓮安、福泉、麻江、丹寨,西部的惠水、长顺、清镇一带,以及东部的黎平秋绵雨总日数较长,年平均总日数大于 20 d,受秋绵雨的影响较大。受秋绵雨影响最小的站点为从江站,年平均秋绵雨日数为 12 d;其次,“两高”沿线区域南部的罗甸、榕江、荔波一带,秋绵雨总日数小于 15 d;北部的施秉、镇远一带年平均秋绵雨总日数也较少。

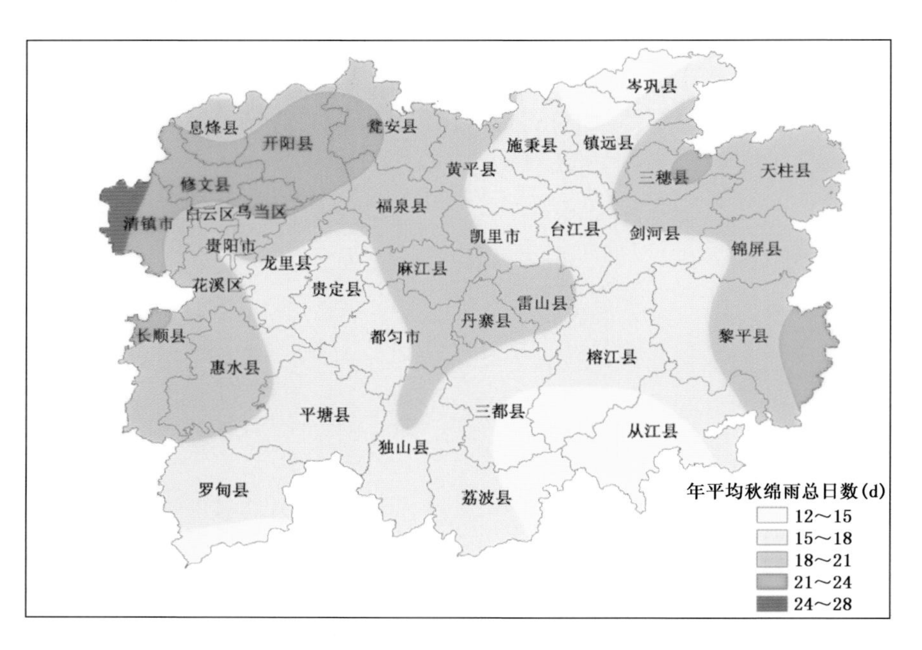

图 2.50 “两高”沿线区域年平均秋绵雨总日数分布图

(2)时间变化特征

从表 2.13 可以看出,在 20 世纪 60 年代“两高”沿线区域平均秋绵雨日数为 23.58 d,70 年代为 19.16 d;80 年代为 22.11 d,相对多年平均值的距平为 3.15 d,略高于 70 年代,低于 60 年代;90 年代的平均秋绵雨日数低于 80 年代,为 16.58 d;21 世纪初的秋绵雨日数继续减少,距平值为−5.56 d,是 5 个年代中平均秋绵雨日数最少的年代。

表2.13 “两高”沿线区域各年代平均秋绵雨日数分布 单位:d

年份	1961—1970年	1971—1980年	1981—1990年	1991—2000年	2001—2010年
平均日数	23.58	19.16	22.11	16.58	13.39
距平	+4.62	+0.21	+3.15	−2.37	−5.56

对“两高”沿线区域36个站点的秋绵雨持续时间进行区域平均,得出1961—2010年期间年平均秋绵雨总日数的时间变化特征,如图2.51所示。“两高”沿线区域内,年平均秋绵雨总日数为18.97 d。年平均秋绵雨总日数大于24 d的年份共有14年,占全部年份的28%;其中秋绵雨最严重的年份为1981年,年平均总日数为40 d。秋绵雨总日数小于10 d的年份共有6年,占全部年份的12%;受秋绵雨影响轻的年份为1980年。从时间序列可以看出,秋绵雨总日数的区域平均值呈现出明显的下降趋势,趋势线表达式为$y=-0.253x+25.4$,拟合相关系数为0.47,通过显著性水平为0.01的相关系数检验,说明“两高”沿线区域内,秋绵雨的影响逐年减弱。

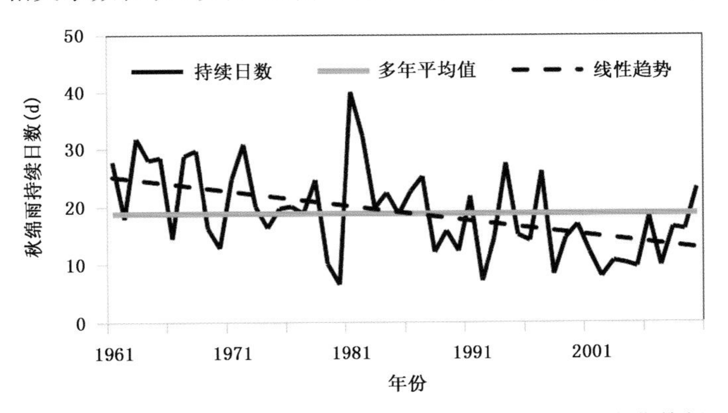

图2.51 “两高”沿线区域年平均秋绵雨总日数的时间变化特征

从所选取的6个代表站点年平均秋绵雨总日数的年际变化中可以得出(见图2.52),年平均秋绵雨总日数均呈现出随时间逐渐减少的趋势。通过显著性检验的站点有榕江、都匀、贵阳、天柱;开阳和凯里站的减弱趋势并不明显。选取的代表站点中,除了开阳站所有年份的秋绵雨灾害均较为严重之外,其他站点自20世纪80年代末期开始年平均秋绵雨总日数开始低于多年平均值。

贵阳站年平均秋绵雨总日数为18.84 d,其中1995,2002和2004年未出现秋绵雨灾害,秋绵雨持续总日数超过24 d的年份共有15年;凯里站年平均秋绵雨总日数为17.24 d,秋绵雨总日数超过24 d的年份共有13年,占全部年份的26%;都匀站年平均秋绵雨总日数为19.16 d,除2000和2007年未出现秋绵雨灾害之外,其他年份

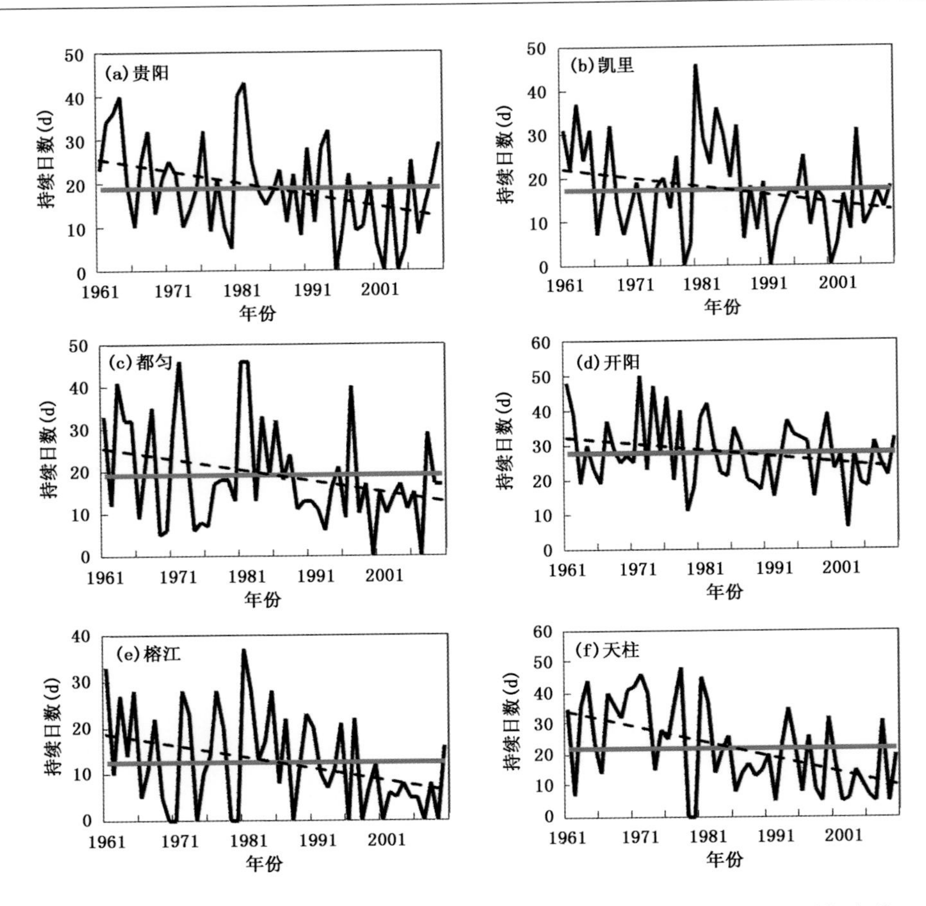

图 2.52 1961—2010 年“两高”沿线区域各代表站年平均秋绵雨总日数的时间变化

(黑色实线为时间变化线,黑色虚线为趋势线,蓝色实线为多年平均值)

均出现了不同程度的秋绵雨灾害,其中总日数超过 24 d 的秋绵雨灾害共有 15 年,占总年份的 30%;开阳站年平均秋绵雨总日数为 27.8 d,是“两高”沿线区域中秋绵雨总日数最长的站点,总日数超过 24 d 的年份有 37 年,说明开阳站秋绵雨频发,受秋绵雨的影响较大;榕江站年平均秋绵雨总日数为 12.56 d,是“两高”沿线区域所选代表站中秋绵雨持续总日数最少的站点,50 年中,共有 11 年未出现秋绵雨灾害;天柱站 50 年的年平均秋绵雨总日数为 22.16 d,其中总日数超过 24 d 的秋绵雨灾害年共有 22 年,占总年份的 44%。

第 3 章　农业气象灾害对特色作物影响机理及特征

在干旱、低温、涝渍、高温、寡照等胁迫条件下，作物的生长发育和生理生化过程均会表现出不同程度的响应。作物自身存在一定的抗逆性，会通过关闭气孔等措施在一定范围内避开或抵御外界环境对其组织和细胞的伤害，但若灾害持续时间过长，超过了作物的承受范围，便会给作物造成不可逆的伤害。气象灾害造成的伤害一般表现为植物生长缓慢、发育受阻，严重时则导致植株死亡，造成不同程度的减产甚至绝收，给农业生产带来损失。例如：蔬菜受低温影响时，轻则生长缓慢、发育受阻，重则烂根、叶焦、枯死；秋茬番茄遇高温热害，花器发育不良而致落花落果；葡萄在水分胁迫条件下直接症状表现为叶片萎蔫、叶缘干枯、叶片脱落等。逆境胁迫条件下，植物的生理生化过程则表现为水分代谢异常，细胞膜透性增大，生物合成酶活性降低，光合作用减弱，呼吸作用也发生变化等。此外，农业气象灾害对作物生长的影响有时并非单一的，如早春冰雹常伴随大风低温天气，加重低温冻害的发生程度；夏季高温少雨天气加剧干旱的发生。

本章将主要从植物生理学的角度阐述干旱、低温等农业气象灾害对贵州省"两高"沿线区域特色农作物的影响机理及受害特征。

3.1　干旱

3.1.1　干旱的影响机理

作物需水分为生理需水和生态需水，生理需水是指作物体内保持水分平衡和正常生理活动所需要的水，生态需水是指作物维持生长发育良好环境条件所需要的水，旱生作物的生态需水量少于水生作物的生态需水量。

不同种类的蔬菜对水分的要求取决于植株根系的吸水能力和植株含水率。凡是根系强大的，能从土壤深处吸收水分的蔬菜，其抗旱能力就强；凡是叶面积大、组织柔嫩、气孔密集、蒸腾旺盛的蔬菜，其抗旱能力就弱。蔬菜、水果中最为耐旱的是南瓜、西瓜等，其根系分布很深，吸水能力强，其叶片缺裂，常有蜡粉和绒毛可减少叶面蒸腾；西葫芦、番茄、辣椒、马铃薯抗旱能力适中，究其原因主要是根系较为发达；而黄瓜、大白菜和各种绿叶蔬菜根系分布较浅，抗旱能力弱。

作物遭受干旱时，伴随着高温，蒸腾作用加强，植株耗水量大于根系吸水量，导致组织内水分缺失，气孔关闭，抑制光合作用和呼吸作用，影响作物的生长发育，严重时则导致作物死亡。此外，干旱还会影响作物正常的生理生化过程，例如破坏原生质膜上脂类双分子层的排列从而改变膜的结构和通透性，引起作物物质、能量代谢紊乱。

干旱对作物的影响主要表现在以下几个方面：

(1)细胞膜透性增加。水分胁迫破坏细胞膜的系统，造成膜结构的破坏：在干旱胁迫条件下，细胞含水量下降，由于脱水削弱了稳定构型的亲水键和疏水键之间的相互作用，核酸、蛋白质及一些极性脂的结构发生改变，使膜透性增加，内容物外渗，导致作物细胞原生质脱水，叶片水势降低。如图 3.1 所示，在干旱胁迫下，随胁迫时间的延长，草莓叶片细胞水势随之下降，说明细胞失水程度随之加重。同时，细胞原生质失水使细胞内酶的空间间隔被破坏，物质能量代谢过程受到影响。作物叶片干旱失水时细胞的相对透性迅速增加，恢复正常供水后，组织含水量迅速恢复，但原生质透性恢复缓慢。受旱越严重，原生质透性恢复越缓慢或者不能恢复而使植物死亡。

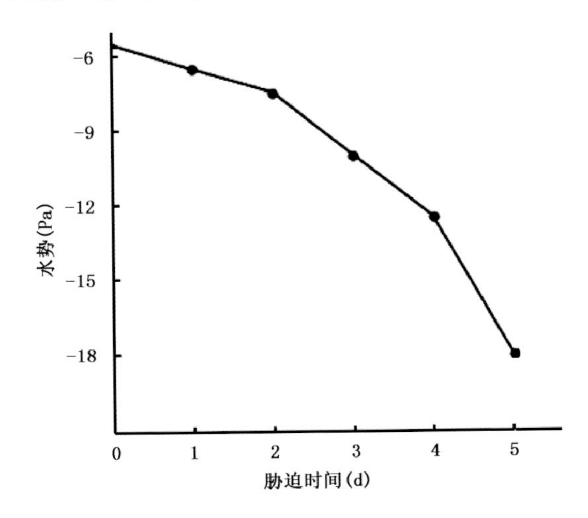

图 3.1　干旱胁迫下草莓叶片水势变化(黄建昌，1998)

(2)光合作用减弱。干旱使作物产量下降的主要原因是水分胁迫导致光合作用减弱。作物缺水时，气孔阻力增大，并随着胁迫程度的加剧导致气孔关闭，明显限制 CO_2 的供应，使光合作用减弱。此外，水分胁迫还会影响叶绿体片层膜系统，进而影响光合作用的电子传递和光合磷酸化，使光合速率降低。范苏鲁等(2011)通过研究不同程度水分胁迫及复水对大丽花叶片光合作用等的影响，对比正常状态下(CK)、轻度胁迫下(LD)、中度胁迫下(MD)及重度胁迫下(SD)叶片净光合速率(P_n)的情况，证实了随着水分胁迫程度的加深和胁迫时间的延长，大丽花叶片的 P_n 也随之下降，如图 3.2 所示。

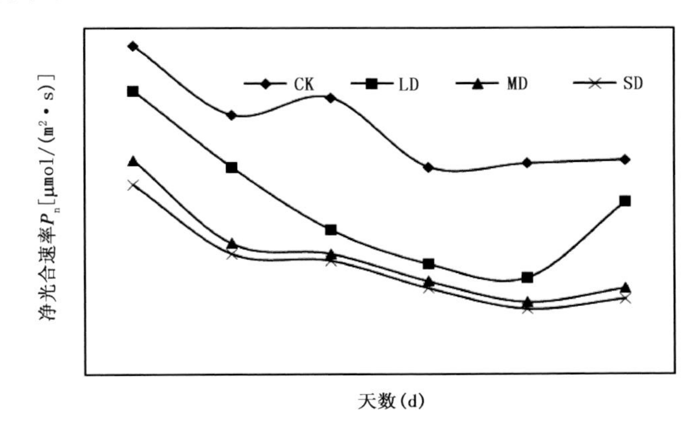

图 3.2 水分胁迫对大丽花净光合速率的影响(范苏鲁 等,2011)

(3)呼吸作用异常。干旱胁迫导致作物同化物输出受阻而在叶片内积累，使叶片的呼吸速率升高，但由于线粒体膜系统破损，影响到呼吸作用电子传递与氧化磷酸化，使得有机物氧化释放的能量未能得到有效利用，而以热量的形式散失，导致呼吸异常。

(4)内源激素发生改变。干旱发生时，作物通过调节内源激素的量来抵抗不利环境。内源激素总的变化趋势是:促进生长的激素减少，诱导休眠、减缓或抑制生长的激素增多以减少生长发育对水分的利用;脱落酸大量增加，以促使气孔关闭，减弱蒸腾对水分的消耗;抑制细胞分裂素在作物根部的合成，加快其在地上部分的化学转化，使其含量迅速降低，以抑制其对气孔开放的促进和维持作用，增加根细胞对水分的透性;刺激作物叶片及幼果释放大量的乙烯，引起落叶落果。从图 3.3 中可以看出，随着土壤含水量的减少，中华芦荟叶和根中的脱落酸(ABA)含量增加，以减少对水分的需求，保护植物体。

(5)影响保护酶系统。干旱条件引起作物体内水解酶活性增强，合成过程减弱，而超氧化物歧化酶、过氧化氢酶、过氧化物酶等保护酶的活性因作物抗旱性的不同表现出了上升和下降两种不同的变化趋势。作物体内活性氧的积累导致脂质过氧化是膜系统受到破坏的重要原因，超氧化物歧化酶活性越高表明清除活性氧的能力越强。耐旱作物在一定程度的干旱条件下超氧化物歧化酶活性通常增高，在严重水分胁迫时降低，而不耐旱作物则会一直呈现下降趋势，过氧化氢酶和过氧化物酶同样如此。

李百凤等(2008)通过盆栽试验，以充分供水植株为对照处理，研究了番茄苗期干旱胁迫对其生长发育和生理特征的影响及复水对其生长形态和产量等的补偿生长效

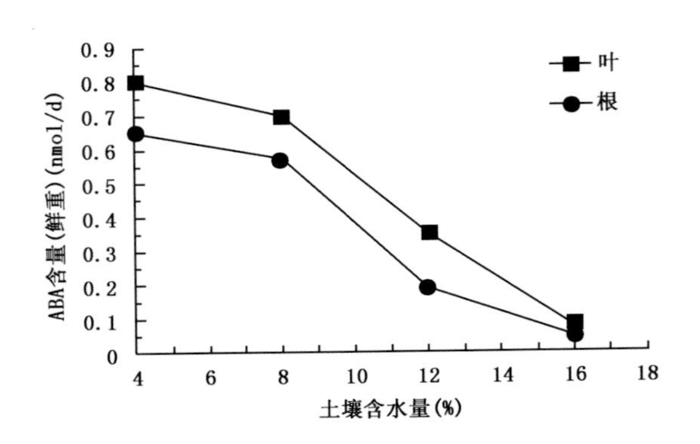

图 3.3　不同土壤含水量条件下中华芦荟叶和根中脱落酸(ABA)含量的变化(兰小中 等,2006)

应。结果表明,番茄苗期遭遇干旱胁迫将导致植株矮化,生长发育受阻,光合速率下降;复水后受旱植株表现出快速增长势头,在短期内赶上并超过对照组,在光合速率、蒸腾速率、干物质积累及产量形成方面均表现出明显的补偿生长效应。即水分胁迫影响并非完全是负效应,在特定发育阶段,有限的水分胁迫后复水对提高产量和品质有利。

王学文等(2010)以普通番茄和樱桃番茄为试验材料,分别在正常供水(土壤相对湿度 75%～80%)和水分胁迫(土壤相对湿度 30%～40%)条件下,研究不同生态型番茄生长指标及光合系统结构的变化。水分胁迫显著抑制了番茄的生长,叶片水势及叶片相对含水量显著下降,普通番茄和樱桃番茄单株总干重分别下降了 59.36%和 51.17%,二者的根冠比分别上升了 37.93%和 29.17%。水分胁迫后叶片净光合速率、气孔导度、蒸腾速率、胞间 CO_2 浓度、PSⅡ光化学量子效率、光化学猝灭系数及光合电子传递速率均下降,非光化学猝灭系数和水分利用效率提高。水分胁迫后叶片气孔密度、气孔大小均有所下降,大部分气孔关闭且深陷;叶绿体变大变圆,基粒片层排列紊乱,淀粉粒减少或消失。

栗燕等(2011)以盆栽 6 个观赏菊品种为试材,测定了不同干旱胁迫强度下(干旱胁迫持续天数分别为 6,12 和 18 d,并以正常浇水作为对照)叶片质膜透性、超氧化物歧化酶(SOD)和过氧化物酶(POD)活性及叶绿素的含量,以研究干旱胁迫下菊花叶片的生理响应,结果如图 3.4 所示。由该图可知,随干旱胁迫强度的增加,菊花叶片质膜透性持续增大,而叶绿素含量持续下降,保护酶活性呈现先升后降的趋势。说明在一定程度干旱下,菊花通过增加保护酶活性,提高适应干旱胁迫的能力,随着干旱胁迫的进一步加剧,超氧自由基的产生速度超过了机体自身的清除能力,保护酶活性降低。

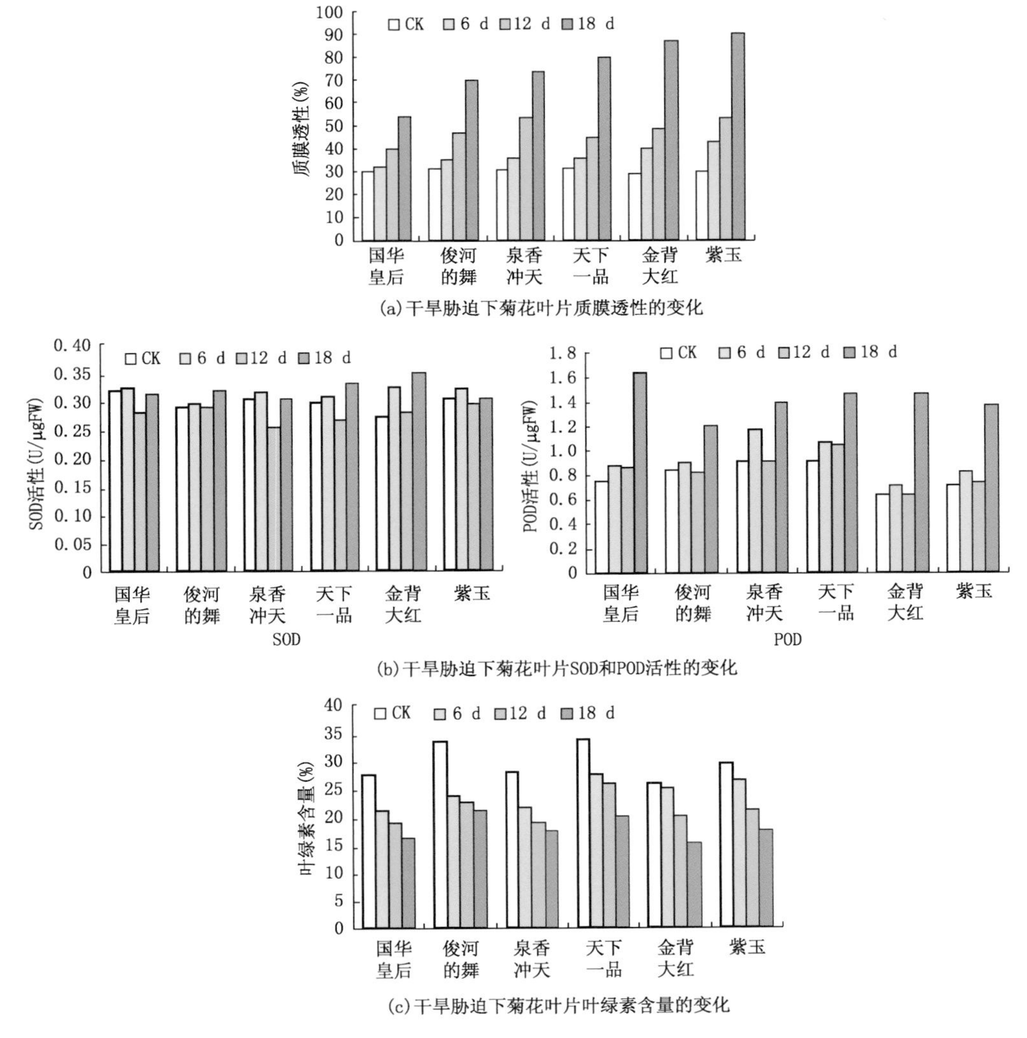

图 3.4　不同干旱胁迫下菊花叶片生理指标的变化

3.1.2　受害特征及指标

(1)受害特征

在贵州省 2006 年发布的《DB 52/T 501—2006 贵州省干旱标准》中，以作物不同生育阶段旱象特征作为评判标准，将作物干旱灾害受灾等级进行了划分(见表 3.1)。

贵州省“两高”沿线区域不同作物抗旱能力及干旱受害特征如下：

表 3.1　作物旱象特征分级标准

等级	标准		
	作物生长初期	作物生长发育中期	作物生长发育后期
轻	出苗缓慢不齐，出苗率低于80%，禾苗中午出现萎蔫，傍晚可恢复	作物上部叶片萎蔫，生长发育受到轻微影响	作物生长发育受阻，产量略有下降
中	出苗率低于60%，叶片萎蔫，凌晨可恢复，或有死苗现象	作物叶片萎蔫扭曲，叶色发灰，生长发育严重受阻	作物快速衰老，产量下降明显
重	不能出苗或禾苗枯萎死亡	作物叶片干枯、生长停滞，多数作物干枯死亡	作物茎叶早枯，产量大幅度下降
特重	禾苗干枯死亡	作物干枯死亡	作物茎叶干枯、绝产

①番茄

番茄对土壤要求不太严格，番茄地上部分茎叶繁茂，蒸腾作用较强，蒸腾系数为800左右，且果实为浆果，结果数多，需水量大。番茄根系十分发达，吸水能力较强，对水分要求具备半耐旱特点，土壤相对湿度为60%～85%即可，空气相对湿度以45%～50%为宜。

番茄生育期内缺少水分，可导致植株发育不良，若在开花结果期前遭受干旱，可致花期推迟。干旱对番茄植株最直观的影响是引起叶片、幼茎萎蔫，老叶早衰，叶面积下降。此外，还会导致落花落果，且易发生病毒类病害。

②蓝莓

蓝莓为浅根系植物，其主根并不发达，而侧根或不定根呈现辐射生长，长度超出主根很多，且根系的大部分集中在土壤表层，其抗旱能力十分脆弱。蓝莓在遭受干旱之后，植株表现为叶片枯黄、萎蔫，生长速度变缓，如果高温持续时间较长，可造成落果甚至植株(特别是蓝莓幼苗)死亡。

③火龙果

火龙果虽具有抗干旱的生理基础，但由于其没有主根，侧根系分布较浅，过长时间的干旱会使浅层土壤的水分消耗殆尽，诱发火龙果植株休眠而停止生长，甚至发生凋萎或枯死的现象。图3.5为2010年贵州省关岭县三家寨村火龙果植株受干旱影响，叶片凋萎、枯黄。

④葡萄

葡萄对水分的适应范围较宽，年降水量350～1 200 mm的地区都能栽培。着色期适当的水分胁迫能延长葡萄的营养生长，但过度干旱会减少碳水化合物的形成。葡萄在水分胁迫条件下直接症状表现为叶片萎蔫、叶缘干枯、叶片脱落等。葡萄在水

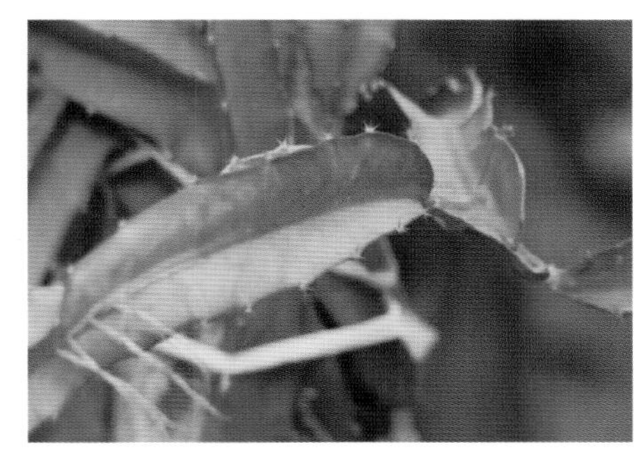

图3.5　火龙果干旱受害特征(罗维,2010)

分胁迫条件下气孔阻力增加、蒸腾作用降低、光合作用下降,叶片中可溶性糖和游离氨基酸等渗透调节物质的含量增加并大量积累。随细胞水势降低出现叶片萎蔫现象,随着原生质脱水,细胞结构和特性受到损害,细胞膜脂过氧化造成细胞生理功能紊乱,严重时导致细胞死亡。随着土壤含水量降低,葡萄叶片净光合速率下降,同化产物积累减少,最终导致生物量降低,产量下降,畸形果增加。葡萄休眠期间,若枝干水分不足,则树体营养消耗多,造成树体营养不良,影响花芽进一步分化,减弱树势;并容易造成萌芽和开花期提前、开花不整齐、坐果率降低等不良后果。

⑤椪柑

椪柑作为常绿果树,生长期较长,需水量较大,只有水分得到充分保证才能正常生长获得高产。"两高"沿线区域地貌破碎、地形坡度较大、灌溉条件差,栽培椪柑常受到春、夏、秋季干旱的影响。春旱发生时(3—5月),正是椪柑春梢、花蕾、幼果形成期,干旱会使春梢抽发细而短,花期因缺水使椪柑花质差,开花不整齐,甚至造成落蕾、落果、花期延长,直接影响坐果率。而夏秋旱发生时(6—9月),正值椪柑果实膨大、秋梢萌发期,此期间椪柑需水量最大,若发生夏秋旱,椪柑严重缺水,造成抽发秋梢的时间推迟,枝梢纤弱短小,叶数少或参差不齐,秋梢发育不良。由于水分不足,叶果争夺水分,使果实内的水分倒流向叶片,阻碍果实正常增长,造成小果明显增多,品质变差,产量下降,不利于销售;此外,也直接影响到了次年的产量和质量。

(2)受害指标

干旱指标的选取对干旱的发生、发展、变化情况及农作物受灾情况的评估起着至关重要的作用。干旱日数、综合干旱指数(简称CI指数)、降水距平百分率、降水与潜在蒸散差作为贵州省干旱判断的几个重要参数,在以往的干旱研究中已经被广泛地应用;同时,又加入了新的干旱指数,即标准化降水指数,主要包括标准化降水指数(简称SPI指数或Z指数)、相对湿润度指数(MI)、土壤相对湿度等。

番茄根系发达,具备半耐旱特点,一般要求土壤相对湿度在60%～85%之间。

番茄在不同发育期对土壤水分要求存在差别。发芽期需水量较大，要求土壤相对湿度在80%以上；幼苗及开花期要求在65%～70%之间；结果期要求在75%以上。火龙果结果期应保持土壤湿润，以土壤相对湿度在50%～80%之间为宜。菊花属于浅根性作物，要求土壤通透性和排水性良好，且具有较好的持肥保水能力，生育期内需水偏多，定植后需保证水分充足，当苗高30 cm左右时，应控制浇水，以保证顺利进入花芽分化时期。

以土壤相对湿度(%)评定作物不同生育期干旱等级指标见表3.2。

表3.2　不同作物不同生育期干旱等级指标

作物	生育期	干旱等级		
		轻	中	重
辣椒	幼苗期	50%～60%	40%～50%	<40%
	开花挂果—成熟期	60%～70%	50%～60%	<50%
番茄	幼苗期	50%～60%	40%～50%	<40%
	开花结果期	60%～70%	50%～60%	<50%
火龙果	开花结果期	50%～60%	40%～50%	<40%
	萌芽—新梢生长期	60%～70%	50%～60%	<50%
葡萄	开花坐果期	60%～70%	50%～60%	<50%
	幼果生长期	50%～60%	40%～50%	<40%
	果实成熟期	50%～60%	40%～50%	<40%

3.2　低温

3.2.1　低温影响机理

作物的生长发育对温度都有一定的要求，作物生命活动过程的最适温度、最低温度和最高温度称为三基点温度，在最低温度以下和最高温度以上发育停止，在最适温度下生长发育速度最快。不同类型蔬菜的三基点温度见表3.3。

表3.3　不同蔬菜的三基点温度

类型	最低温度(℃)	最适温度(℃)	最高温度(℃)
喜温蔬菜	8～14	28～32	35～45
喜凉蔬菜	1～5	20～25	28～32

“两高”沿线区域低温对作物的伤害主要为冻害和冷害。0 ℃以下的低温对作物的伤害为冻害，主要是由于温度降到冰点以下，使植株体内结冰而引起伤害，如霜冻。

0 ℃以上的低温对作物的伤害为冷害，主要是由于低温影响植株正常生理活动而引起的伤害，如倒春寒。

(1)冻害

作物冻害的受害程度主要受降温幅度、持续时间及解冻速度的影响。一般缓慢降温和升温解冻对作物的危害较轻；降温幅度大、持续时间长、骤然降温及解冻对植物的危害较重。

冻害首先导致细胞膜结构的损伤，从而引起酶活性的改变，破坏作物生理生化过程。冻害对作物的伤害主要是结冰伤害，按照植物体内结冰方式，可将冻害分为细胞间隙结冰(又称包间结冰)和细胞内部结冰(又称胞内结冰)两种形式。

①胞间结冰

当外界温度降低，使植物组织内温度降到冰点以下时，细胞间隙的水分开始冻结，即所谓的胞间结冰。胞间结冰使细胞原生质脱水，并带来机械损伤和融冰伤害。由于胞间结冰降低了细胞间隙的水势，使细胞内的水分向胞间移动，随着低温的持续原生质会发生严重脱水现象，造成蛋白质和原生质变性，且原生质的凝固变性是不可逆的。同时，胞间冰晶随着低温的持续不断增大，当其体积大于细胞间隙时就会对周围的细胞产生机械性损伤。此外，若遇温度骤然回升，胞间冰晶迅速融化，细胞壁迅速吸水复原，而原生质吸水速度较慢，会因为原生质来不及吸水膨胀，而被撕裂损伤。胞间结冰不一定引起细胞死亡，当胞间冰晶体积较小、气温回升较为缓慢时，大多数植物经缓慢解冻仍能恢复正常生长。

②胞内结冰

当外界温度迅速下降时，不只引起细胞间隙结冰，细胞内的水分也会结冰，先后在原生质和液泡内部出现冰晶，即胞内结冰。胞内冰晶体积小、数量多，对原生质的伤害主要是机械损伤。原生质具有高度精细的结构，胞内结冰会引起细胞的膜系统、细胞器和衬质的微结构造成不可逆的破坏，使得细胞内原有的区域化结构消失，引起代谢紊乱和细胞死亡。若出现胞内结冰，植株一般很难存活。

在遭受低温时，作物植株含水量下降，呼吸减弱，脱落酸含量增多，生长停滞，保护物质也相应增多。植株对水分的吸收随着温度的下降而减少，细胞内亲水胶体也随之增多，使得束缚水含量相对提高、自由水含量相对减少，植株体内水分不易结冰或蒸发，有利于提高抗寒性。温度下降时，植株体内淀粉含量减少，可溶性糖含量增多，以提高细胞液浓度，使冰点降低，又可对细胞质过度脱水起到缓冲作用，保护细胞质胶体不致凝固。此外，脂质也能通过在细胞质表层集中，使水分不易透过，细胞内不易结冰，也能防止细胞质过度脱水。

(2)冷害

0 ℃以上的低温冷害对植物的伤害，主要表现在膜脂相变、膜透性改变及生理代谢失常,严重时导致植株死亡(见图 3.6)。

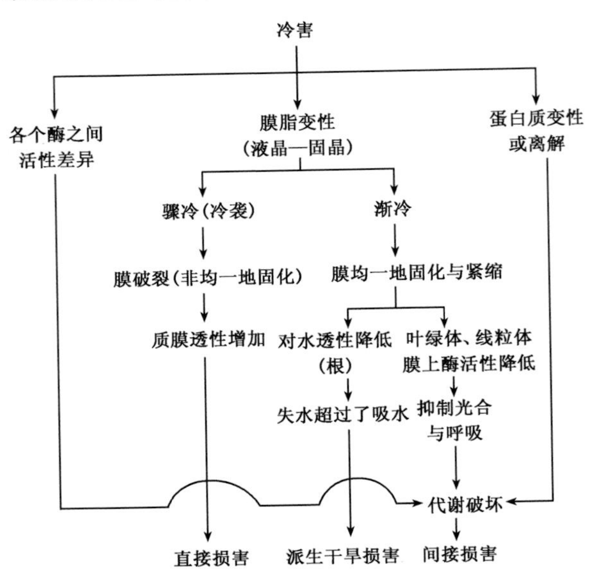

图 3.6 作物冷害机制(李合生 等,2006)

①膜脂相变

膜脂相变是指生物膜脂质发生的物相变化。膜脂在正常情况下以液晶态存在,并具有可流动性,当温度降低到一定程度时,便由液相变为固相。由于膜结构的不对称性,在低温引起膜脂固化的过程中,不同区域膜脂收缩不均而出现龟裂,使膜结构受损,透性增大;同时,膜脂固化引起与膜结合的酶发生解离或使酶蛋白的亚基之间彼此分离,从而使酶失去活性。引发膜脂相变的临界温度称为相变温度,相变温度与脂质中不饱和脂肪酸的含量及脂肪酸链的长短有关,随不饱和脂肪酸所占比例的加大而降低,随脂肪酸链长度的增加而升高。即不饱和脂肪酸成分越多,膜脂的固化温度越低,作物忍受低温的能力也就越强。经过抗寒锻炼的植物对低温的抵抗能力增强,其原因之一就是低温诱导膜脂中不饱和脂肪酸含量增加。

低温造成膜脂相变危害的程度,还与其降温幅度及持续时间有关。在降温幅度小、持续时间短的情况下,膜脂的相变是可逆的,此时待温度恢复正常后,作物也能随之恢复正常生长;若降温幅度大、持续时间长,膜脂的相变即为不可逆相变,即使再转到正常温度下,也不能恢复常态。

②膜透性改变

在温度缓慢降低时,由于膜脂固化使膜结构紧缩,从而导致细胞膜对水分和溶质的透性降低,阻碍了细胞对水分和矿质的吸收,破坏植物体内的水分平衡,影响细胞的正常代谢活动。当寒潮突然袭击时，作物细胞质膜破损，细胞内容物外渗，细胞内膜系统受损引起代谢失常，如呼吸大起大落、光合受阻和水解代谢活动加强等，导致植物死亡。

③生理代谢失常

水分平衡失调是冷害最常见的症状。作物在低温胁迫下脱落酸的合成和运输受到抑制，气孔关闭能力减弱，造成水分流失，加之低温使根系细胞吸水能力急剧降低，导致了植株萎蔫。因此，寒潮过后，常可见受害植株的叶尖、叶片和嫩茎发生萎蔫。

由于低温引起叶绿体膜系统损伤，导致叶绿素含量降低，固定和同化 CO_2 的酶活性降低，有机物运输受阻，影响了叶绿素的生物合成和光合进程，并导致了叶绿素的光氧化及淀粉水解，使得光合速率明显下降。光合作用合成的糖大量减少，呼吸作用减弱，生长减缓（见图 3.7）。

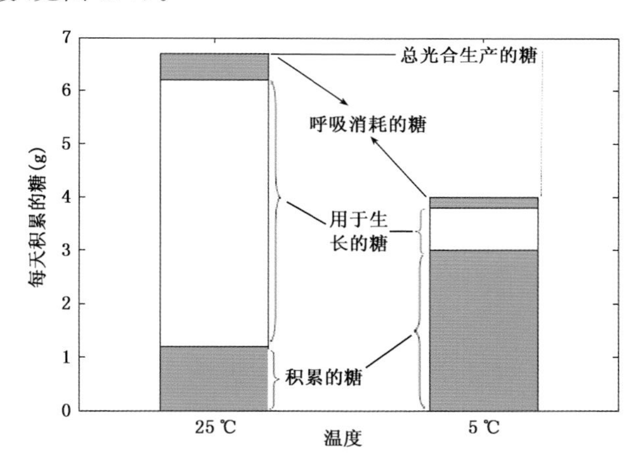

图 3.7　植物体内的糖在低温下的变化(李合生 等，2006)

冷害对喜温作物呼吸作用的影响尤为明显，如番茄植株在冷害初期呼吸加快，随温度继续下降和低温时间的延长，呼吸速率进一步升高。由于低温引起线粒体膜结构受损，氧化磷酸化解偶联，呼吸释放的能量大多以热能形式散失。有机物质的过度消耗，加之光合速率的降低，加剧了植物的饥饿程度，最终引起植物死亡。

杨再强等(2012)通过对番茄叶片不同低温处理下光合色素含量、光合参数、叶绿素荧光参数及抗氧化酶活性的测定，得出低温胁迫对叶片光合特性及抗氧化酶活性的影响。发现随着温度降低，叶片中叶绿素 a 的含量逐渐减少，而叶绿素 b 及类胡萝卜素的含量增多（见表 3.4）。最大光合速率随低温胁迫处理天数的增加而降低，且在 9 和 11 ℃胁迫下经过 5 d 恢复处理后，最大光合速率可基本恢复至正常水平（见图 3.8）。由此得出，低温 5 ℃处理 3 d 或 7 ℃处理 4 d 可作为番茄发生严重冷害的临界指标。番茄植株在进行低温锻炼的过程中，植株体内发生了相应的生理变化以提高其抗逆性——组织含水量降低，束缚水相对含量增高；随着温度的缓慢降低，呼吸作用逐渐减弱，消耗减少，利于糖分等的积累；脱落酸含量增多，形成休眠芽，防止膜脂过氧化；大分子物质趋向于水解，可溶性糖等保护物质积累，提高了细胞原生质保水能力，降低冰点。

表 3.4 低温胁迫对番茄叶片光合色素含量的影响

处理	光合色素			
	叶绿素(mg/gFW)	叶绿素(mg/gFW)	类胡萝卜素(mg/gFW)	叶绿素 a/叶绿素 b
对照	8.55±0.76a	2.43±0.18d	0.72±0.05c	3.51±0.34a
5 ℃	5.81±0.91d	2.99±0.24a	0.89±0.06a	1.94±0.42c
7 ℃	6.38±0.78c	2.82±0.21b	0.86±0.07a	2.26±0.22c
9 ℃	7.86±0.62b	2.62±0.26c	0.80±0.07b	3.00±0.33b
11 ℃	8.47±0.58a	2.57±0.41c	0.79±0.06b	3.30±0.32b

注：小写字母表示组间差异通过了 0.05 水平的显著性检验

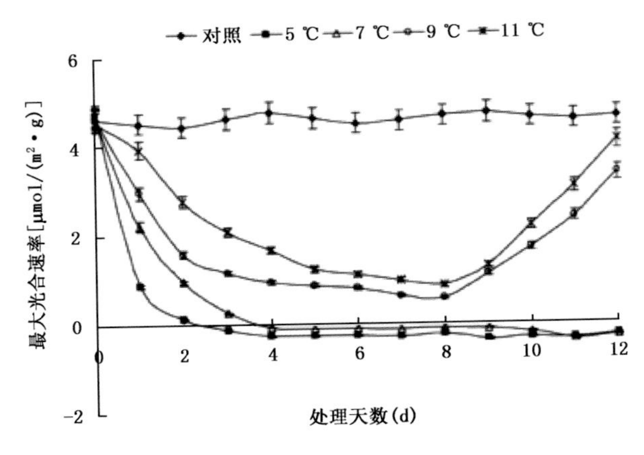

图 3.8 低温胁迫及恢复处理对番茄最大光合速率的影响

袁小康等(2014)通过恒定低温胁迫试验，得出结论如下：长时间的持续低温会导致火龙果枝条的相对电导率、超氧化物歧化酶(SOD)活性、丙二醛(MDA)和可溶性蛋白含量增高(多)，破坏其生理调节机制，造成冷害。低温级别越强，持续时间越长，造成冷害越重。

火龙果枝条相对电导率随处理温度的降低而持续上升，但不同温度区间上升幅度不同。幼苗从 2 ℃至 0 ℃，相对电导率小幅上升，与对照组相比分别增加 11.6%和 37.3%；成龄树从 2 ℃至 0 ℃，相对电导率小幅上升，与对照组相比分别增加

18.0%和32.0%:表明细胞膜透性开始受到低温的影响。幼苗从−2 ℃至−4 ℃,相对电导率大幅上升,与对照组相比分别上升了71.7%和93.2%;成龄树从−2 ℃至−4 ℃,相对电导率大幅上升,与对照组相比分别上升了58.0%和107.8%:说明该强度的低温使细胞膜透性大幅增大,电解质大量外渗,以致相对电导率大幅增加。幼苗及成龄树枝条从−4 ℃至−6 ℃,相对电导率增幅放缓,但维持在较高的水平,接近100%,电解质几乎完全渗漏,说明高强度的低温使细胞膜的选择透过性机制丧失,细胞膜几乎变成全透性。

从2 ℃至−6 ℃,随着温度的降低,火龙果枝条的丙二醛(MDA)含量小幅增加,幼苗内的MDA含量在−4 ℃下大幅增加,−4 ℃以下趋于平稳;成龄树内的MDA含量在−2和−4 ℃下大幅增加,尤其是经−4 ℃处理后,MDA含量与对照组相比增加46.3%,经−6 ℃处理后MDA含量趋于平稳。原因是低温使细胞发生膜脂过氧化作用,MDA含量增加,但是由于植株自身的保护机制的作用,在一定低温范围内膜脂过氧化作用的强度受到抑制,所以不会立即大幅增加。而当低温强度超过了植株的忍受范围时,其自身的保护机制失效,膜脂过氧化作用强烈,MDA含量大增。

从2 ℃至−2 ℃,火龙果枝条超氧化物歧化酶(SOD)活性随着温度的降低而持续增加,特别是幼苗在0和−2 ℃处理、成龄树在−2 ℃处理后,SOD活性与对照组相比分别增加24.6%,37.3%和17.0%,说明低温强烈刺激了细胞中的SOD活性以清除过多的活性氧和自由基。经−2 ℃以下温度处理后,SOD活性大幅降低,尤其是经−6 ℃处理后,幼苗及成龄树SOD活性仅为对照的80.0%和89.2%,原因是此时的低温强度已超过植株的忍受范围,酶系统损伤严重。

从2 ℃至−4 ℃,随着温度的降低,火龙果的可溶性蛋白含量逐渐增加,特别是经−4 ℃处理后,幼苗及成龄树可溶性蛋白含量与对照组相比分别增加了63.2%和28.2%,说明低温迫使植株启动自身调节机制,提高可溶性蛋白含量以抵御低温对自身的伤害。经−6 ℃处理后,可溶性蛋白含量大幅下降,说明此时的低温强度超过了植株的忍受范围,植株已受到严重伤害。

许瑛等(2008)对菊花8个品种的低温半致死温度及其抗寒适应性进行了研究,结果表明:在自然降温过程中,8个菊花品种的低温半致死温度均随气温的下降而不断降低,但下降幅度因品种而异,为4~9.4 ℃不等;11月底菊花脚芽恢复生长试验与当月半致死温度测定结果基本一致,当温度降到−14 ℃时,供试品种的脚芽均不能恢复生长,表明半致死温度可作为菊花抗寒性评价的一个可靠指标;同时说明,菊花在经历了逐渐下降的自然低温锻炼之后,低温半致死温度随着低温锻炼而不断降低,但品种间的抗寒性强弱会随低温锻炼发生变化,这种变化在进入冬季低温前尤其显著,可能是因为植物抗寒能力具有潜在的遗传特性。低温能诱导这种潜能的表达和发挥植物的最大抗寒能力。

研究表明，低温锻炼也可以增强葡萄根系的抗寒性，在抗寒锻炼过程中，植株细胞膜的稳定性增强，与抗寒性呈正相关的脯氨酸、可溶性糖和可溶性蛋白含量升高。

3.2.2　受害特征及指标

（1）受害特征

①蔬菜

大棚蔬菜在持续低温下生长发育缓慢或停止，其中：叶菜、根菜、茎菜类产量低；果菜类易落花落果、坐果少；部分蔬菜轻微冻害，病害加重。冻害严重时植株生长点遭危害，顶芽冻死，生长停止；受冻叶片发黄或发白，甚至干枯；根系受到冻害时，生长停止，并逐渐变黄甚至死亡。

由图 3.9 可见，白菜遭受冻害后，外层叶片已干枯死亡，中间层叶片呈浸水状，最内层叶片受外层包裹保护，未出现明显冻害特征。

图 3.9　白菜冻害特征

番茄遭受低温则生长迟缓，叶缘干枯，叶片扭曲，若低温持续时间长，则茎叶失水缩小，严重时可致植株死亡，一般初呈浸水状，后干枯死亡（见图 3.10a）。开花结果期低温影响授粉，易造成落花落果，或导致花器官发育不正常，花瓣萼片、心室数目增多，形成畸形花。结果期低温还会影响番茄红素的形成，使果实着色不良，并有可能导致裂果（见图 3.10b）。地温过低时还会引发番茄青枯病等细菌性病害，若植株在长时间低温寡照情况下又遇暴晒，则易失水卷叶。

②蓝莓

蓝莓的抗寒能力较强，但冻害也时常发生。冻害发生与否和发生程度取决于冬季低温的程度及发生时间的长短和早晚。

(a)

(b)

图 3.10　低温导致番茄叶片干枯卷曲(a)、裂果(b)

高丛蓝莓枝条硬化的时间较长，9—10 月硬化速度最快，第二年 1 月末达到最大硬化度，故 9—10 月的低温天气比 1 月份的低温更容易使高丛蓝莓遭受冻害。

蓝莓的不同种类抗寒能力不同，矮丛蓝莓最抗寒，高丛蓝莓次之，兔眼蓝莓抗寒力最差。高丛蓝莓的枝条在－34 ℃时发生冻害，芽在－29 ℃时发生冻害，兔眼蓝莓在－26 ℃低温时花芽便会死亡。

同一种类的不同品种抗寒性也不同。高丛蓝莓中的“蓝丰”、“蓝线”抗寒力强，而“迪克西”抗寒力差；兔眼蓝莓中“梯芙蓝”抗寒力最强；矮丛蓝莓品种除了其本身抗寒能力较强外，另一个重要因素是由于其树体矮小，在北方栽培时冬季积雪可完全将其覆盖，使其安全越冬，当冬季积雪不足时，往往造成雪层外枝条受冻害。

贵州所引进的蓝莓品种，在叶芽萌动期与花期时，其抗寒能力较弱。一般来说高丛蓝莓在遭遇－2～－4 ℃的春霜冻时，有出现花芽死亡的现象，而兔眼蓝莓在芽绽开前能耐－15 ℃低温，而绽开的芽在－1 ℃下就会受冻，造成落花，影响授粉，从而对蓝莓果实的产量造成一定的影响。其冻害特征有：枝条受冻的表皮为褐色或黑褐色，轻者仅表皮变色，皮层和形成层仍为绿色，随着枝条生长表皮出现爆裂；重者韧皮部和形成层变成黑色，呈不规则形状；如果韧皮部和形成层全部冻坏，则上部枝条容易枯死。此外，蓝莓在盛花期遭受霜冻害，雌蕊和子房会在低温持续一定时间后变黑，花的各器官组织变暗棕色，会影响花内各器官发育，造成坐果不良，果实发育受阻。

③火龙果

火龙果耐寒性较差，易发生寒害，根据国内外研究和大田实践观察得知，在气温低于 4 ℃时会有冻伤。4 ℃以下的持续低温能导致火龙果发生寒害，幼芽、嫩枝、部分成熟枝均可能被冻伤或冻死并出现冻斑，枝条出现红褐色铁锈状斑块或者黄色斑块或者呈黄色水浸状。王代谷等(2011)针对贵州 2011 年低温灾害对火龙果的影响，对低温的早期危害进行了调查研究。结果显示：遭遇低温后，火龙果 1～2 年生茎蔓出现了铁锈状斑点，并随着低温天气持续时间的延长而蔓延扩大；在天气转晴、气温回升后，受害症状更加明显，受害茎蔓几天内迅速黄化，逐渐腐烂，其中，1 年生茎蔓叶肉几乎全部黄化腐烂（王代谷 等，2011）。

④葡萄

葡萄在萌芽至新梢生长期遇低温天气，芽叶因受冻使萌芽及生长受到影响，植株长势弱，病害容易发生和蔓延；开花期遇低温使授粉、受精不良，落花落果严重；果实成熟期遇低温，果实着色不良，糖分积累困难，糖少酸多，香味不浓，品质降低。枝条受冻后木质部和韧皮部出现褐化现象，失水后表皮发生皱缩，严重时干枯死亡。根系受冻后，韧皮部与木质部分离，随后逐渐腐烂。

⑤椪柑

椪柑受冻害后，即便树体还能恢复正常生长，也会导致当年结果少、产量下降，果实含酸高、含糖低，皮厚，果小，品质差等。

(2)受害指标

①蔬菜

番茄在温度 10 ℃以上即能生长，13 ℃以上能正常坐果，生产上白天温度达到 24～26 ℃，夜间 13 ℃可充分发育。当气温低于 13 ℃时，植株生长发育迟缓，易形成畸形花及落花落果；当气温低于 10 ℃时茎叶生长停滞；气温长时间低于 6 ℃即能引起植株低温危害；−1～−3 ℃低温可致植株受冻害死亡，如植株长势较弱或养分消耗过多，2 ℃时也会受冻害。

在《作物霜冻害等级》(QX/T 88—2008)中，番茄等蔬菜不同生育阶段霜冻害等级指标见表 3.5。

表 3.5　蔬菜不同生育阶段霜冻害等级指标

生育期	霜冻害								
	番茄			大白菜			辣椒		
	轻	中	重	轻	中	重	轻	中	重
幼苗期	0～1	0～−1	−2～−3	−1～−2	−2～−3	−3～−4	1～2	1～−1	−1～−2
开花期	0～1	0～−1	−2～−3	—	—	—	—	—	—
成熟期	0～1	0～−1.5	−2～−3	−3～−4	−4～−6	<−7	0～1	−0.5～−1.5	<−2

②蓝莓

蓝莓花芽在发育的不同阶段对霜冻害的抵御能力不同(见表 3.6)。花芽膨大期可抗−6 ℃低温，花芽鳞片脱落后遇−4 ℃低温即可致死，花瓣露出尚未开放时遇−2 ℃低温可致死，完全开放的花在 0 ℃即可引起严重伤害。不同品种的蓝莓由于花期不同，对霜冻的抵抗能力也不同，开花早的品种容易受害。南高丛蓝莓开花早，早春霜冻害严重，而兔眼蓝莓中的顶峰和布莱特开花晚，霜冻害轻（李亚东，2001）。

表 3.6　不同蓝莓品种花芽在不同低温下的死亡率

低温（℃）	品种	死亡率（%）	品种	死亡率（%）	品种	死亡率（%）
−6	卡伯特（Cabot）	28	卢贝尔（Rubel）	13	蓝卡斯（Rancocas）	22
	先锋（Pioneer）	44				
−8.5	蓝线（Blueray）	10	达柔（Darrow）	7	蓝丰（Bluecrop）	1
	晚蓝（Lateblue）	1	泽西（Jersey）	0		
−9	顶峰（Chmax）	53	布莱特（Briteblue）	56	南陆（Southland）	63
	梯芙蓝（Tifblue）	63	巨丰（Dellite）	98	乌达德（Woodard）	85

③火龙果

根据不同低温胁迫下火龙果幼苗枝条的相对电导率、MDA含量、SOD活性和可溶性蛋白含量，同时结合冷害症状，可以得出：低温使火龙果幼苗受到伤害，且温度越低，受害越严重，随着温度的降低，幼苗在0 ℃开始受到伤害，半致死温度为−1.7 ℃，致死温度为−4 ℃左右；成龄树苗在−2 ℃开始受到伤害，半致死温度为−2.2 ℃，致死温度为−4 ℃左右。此外，日最低气温越低，持续时间越长，火龙果受害越严重，将日最低气温和持续时间作为临界点来划分火龙果的冷害等级（见表3.7）。

表 3.7　火龙果冷害指标

等级	冷害指标	
	幼苗	成龄树
轻	日最低气温为2～4 ℃，持续时间≥1 d	日最低气温为2～4 ℃，持续时间≥3 d；或者日最低气温为0～2 ℃，持续时间为1～3 d
中	日最低气温为0～2 ℃，持续时间为1～2 d	日最低气温为0～2 ℃，持续时间≥4 d；或者日最低气温为−2～0 ℃，持续时间为1～3 d
重	日最低气温为0～2 ℃，持续时间≥3 d；或者日最低气温为−2～0 ℃，持续时间为1～3 d	日最低气温为−2～0 ℃，持续时间≥4 d
特重	日最低气温为−2～0 ℃，持续时间≥4 d；或者日最低气温低于−2 ℃，持续时间≥1 d	日最低气温低于−2 ℃，持续时间≥1 d

④葡萄

葡萄不同生长时期不同部位受冻指标不同：新梢生长期温度低于−1 ℃时，嫩梢和幼叶即发生冻害，低于−4 ℃时，新芽发生冻害；开花坐果期温度低于0 ℃时花序即发生冻害，低于−0.6 ℃时植株发生冻害，低于−6 ℃时花蕾发生冻害；冬季休眠期部分葡萄品种能耐−20～−18 ℃的低温，但如果枝条成熟度较差，进入休眠期的时间短，温度为−15～−10 ℃时，树芽就会受冻。若冬季−18 ℃的低温持续3～5 d，不仅芽眼受冻，枝条也会受冻。葡萄主要生育期低温冻害指标见表3.8。

表3.8 葡萄主要生育期低温冻害指标 单位：℃

生育期	低温冻害等级		
	轻	中	重
萌芽—新梢生长期	−2～1	−3～−4	<−4
开花坐果期	−1～0	−2～−6	<−6
休眠期	−15～−10	−16～−20	<−20

⑤椪柑

椪柑最适宜温度在15～33 ℃之间，当温度低于14 ℃时，植株生长发育迟缓，长时间温度为−1～−3 ℃时，椪柑将会停止生长，连续5 d低于−4 ℃，椪柑器官即遭受冻害，甚至死亡。

3.3 冰雹

冰雹对作物造成的伤害主要是机械损伤。冰雹灾害发生时常伴随大风天气，会打伤打断植株枝条、茎叶或者花果，造成落花落果，影响品质。此外，温室大棚等基础农业设施也会由于冰雹大风而遭到破坏（见图3.11）。

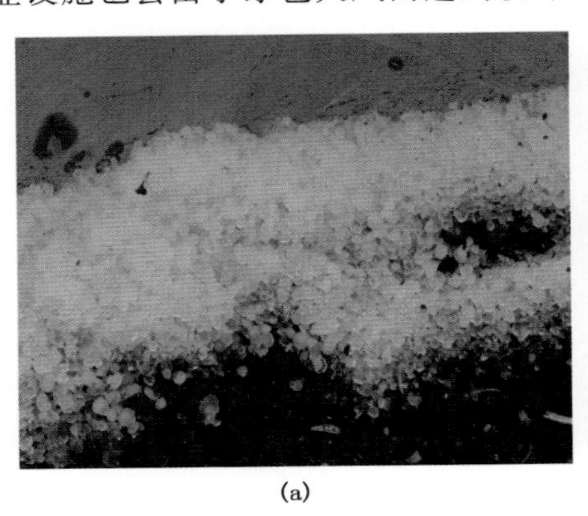

(a)

(b)

图3.11 冰雹(a)及降雹对西葫芦造成的机械损伤(b)(宋芳,2013)

冰雹灾害出现在不同月份，对蓝莓的影响也是不同的：如果是3月出现，则会造成落花现象，同时冰雹伴随的强降雨与低温天气，对蓝莓花的授粉造成一定的影响；如果正值落花期，则会造成花朵腐烂，并与其他正开放的花朵发生粘连，从而导致其他花朵的腐烂，造成坐果率的大幅度下降；如果出现在4—5月，此时为贵州蓝莓的初果期至盛果期，颗粒直径较大的冰雹会打伤果实，造成溃烂，从而引发病虫害。

早春葡萄遭受冰雹后，嫩梢被冰雹粒子打断，树体营养损耗较多，葡萄的伤口较多，易遭病虫害。通过实施灾后恢复生产关键技术后，当年夏果的平均果穗数和平均单穗重会低于正常值，但由于葡萄的平均果穗数降低较多，葡萄的果粒吸收和转化的营养物质较多，可溶性固形物含量会有所增加。

综合考虑与冰雹灾害相关的因子，如冰雹直径、冰雹堆积厚度、持续时间等，得出某区域内冰雹灾害等级指标（见表3.9）。

表3.9　冰雹灾害等级指标

等级	指　　标
轻微	冰雹直径＜5 mm，持续时间＜10 min，冰雹堆积厚度＜5 cm
轻	5 mm≤冰雹直径＜10 mm，10 min≤持续时间＜30 min，5 cm≤冰雹堆积厚度＜10 cm
中	10 mm≤冰雹直径＜30 mm，30 min≤持续时间＜45 min，10 cm≤冰雹堆积厚度＜30 cm
重	30 mm≤冰雹直径＜60 mm，45 min≤持续时间＜60 min，30 cm≤冰雹堆积厚度＜60 cm
特重	冰雹直径≥60 mm，持续时间≥60 min，冰雹堆积厚度≥60 cm

3.4　暴雨

3.4.1　暴雨影响机理

夏季暴雨除了对作物造成冲击等机械损伤外，还易引发农田渍涝对作物造成伤害。植株受涝后生长明显受到抑制，植株矮小，叶片发黄，根系不发达，根尖变黑，叶片偏上生长，如果淹水时间过长，会引起植物死亡（见图3.12）。

涝害主要是使植物生长在缺氧的环境中，抑制有氧呼吸，促进无氧呼吸，使有机物的合成受抑制，无氧呼吸累积的有毒物质易使植物中毒。过多的水分造成土壤缺氧，使根的呼吸作用受阻，作物生长因缺氧受到抑制；淹水影响 CO_2 扩散，光合产物运输受阻，糖酵解作用加强，积累了大量无氧呼吸产物，淹水降低根系对离子的吸收活性，产生大量 CO_2 和还原性有害物质，阻碍根系吸收和养分的释放，使根系中毒、腐烂，导致作物死亡。

涝害还会引起植物营养失调，这是由于土壤缺氧降低了根对水分和矿质离子的主动吸收，同时缺氧还会降低土壤氧化还原电势，使土壤累积一些对植物根系有毒害的还原性物质，如硫化氢使根部中毒变黑，进一步减弱根系的吸收功能；此外，淹水抑制了有益微生物如硝化细菌、氰化细菌的活动，使厌氧性细菌如反硝化细菌和丁酸细菌生命活跃，增加了土壤酸度，不利于根部生长和吸收矿质营养。涝害还会使细胞分裂素和赤霉素的合成受阻，乙烯释放增多，以致加速叶片衰老。

图 3.12　暴雨导致玉米田被淹

3.4.2　受害特征及指标

(1)受害特征

①蔬菜

若越夏蔬菜生长和秋菜播种出苗的关键时期遭受暴雨袭击，会造成蔬菜产量和品质大幅降低。若蔬菜播种后尚未出苗，在暴雨冲刷后，种芽有的裸露地表，有的被流水冲走，导致缺苗断垄；生长幼小的菜苗，经过暴雨冲刷，幼根暴露在土壤外，经太阳暴晒便出现萎蔫枯死；即便是植株较大的蔬菜，暴雨过后也会发生倒伏和茎叶受到损伤。番茄吸水过多，可能出现吐水现象，容易徒长或倒伏，还会因缺氧出现叶片变小、根尖变黑、叶柄偏上生长的状态。

②火龙果

暴雨造成低洼地区淹没积水，致使火龙果根部长期积水，造成茎肉腐烂，易感染病菌等危害。因此，在开垦火龙果基地时，排水排涝渠道应一并修建，特别是低洼、易积水平地必不可少。排水排涝水沟可因地制宜，可沿基地四周及中央挖掘互通小沟，沟深以能排尽积水为宜。

③菊花

一般定植过密、土质较为黏重、在温暖多湿季节菊花易发生锈病，特别是在空气湿度大(相对湿度超过 90%)、光照不足、通风不良、昼夜温差大的条件下最容易发生。主要表现为叶片受害时在叶片边缘出现褐色病斑，叶柄和花柄先软化，然后外皮腐烂。夏季高温多雨的季节易发生叶枯病，且通过雨水传染很快。

④椪柑

椪柑根系吸收功能弱，遇暴雨天气时容易出现烂根，引起叶片和花果脱落，严重时将会使植株死去。如果在花期至第二次生理落果结束前，遇到强降水，将会影响授粉，降低坐果率；同时，暴雨容易引起山体滑坡，冲垮果园和冲刷园地表土，严重影响植株的生长。持续降水造成低温寡照天气，对椪柑生长、发育，特别是果实膨大影响较大，甚至还会出现严重的落果。此外，暴雨还会损伤叶片，伤口容易引起病菌感染，使炭疽病、疮痂病加重。暴雨还会伴随迁飞害虫迁入，加上洪涝带来的环境污染，会导致病虫害的加剧。若雨量过多会使枝梢生长过旺，打破营养生长的平衡，造成落花、落果严重。

(2)受害指标

①番茄、菊花

番茄不耐涝，田间积水达 24 h 易使根部缺氧，窒息死亡。菊花地下根茎耐旱，最忌积涝，在暴雨洪涝的影响下，菊花容易倒伏、徒长、烂根并导致根部或花朵腐烂。番茄和菊花的渍害指标见表 3.10。

表 3.10　番茄、菊花渍害指标

作物	渍害等级		
	轻级	中级	重级
番茄	持续雨日≥7 d，或下暴雨使田间积水≥5 h	持续雨日≥10 d，或下暴雨使田间积水≥12 h	持续雨日≥15 d，或下暴雨使田间积水≥15 h
菊花	持续雨日≥1 d，或下暴雨使田间积水≥5 h	持续雨日≥3 d，或下暴雨使田间积水≥7 h	持续雨日≥5 d，或下暴雨使田间积水≥10 h

②蓝莓

不同品种蓝莓耐涝性有所不同，高丛蓝莓比兔眼蓝莓对田间积水反应敏感，而笃斯蓝莓常年生长在积水中仍可正常生长结果。利用笃斯蓝莓和高丛蓝莓杂交育成的品种“艾朗”具有很强的抗水淹能力，生长季田间积水达 28 d 仍能成活且解除胁迫后很快恢复正常。此外，蓝莓在休眠期耐涝性很强。兔眼蓝莓在生长季田间积水达 58 d 仍能成活，但植株会受到严重伤害。“乌达德”品种在田间积水 15～25 d 后，枝条生长量、坐果率、产量明显下降。高丛蓝莓和兔眼蓝莓田间积水达 4 d，气孔阻力和蒸腾速率明显下降，CO_2 吸收速率在 9 d 内持续下降，9 d 以后达到负值，解除胁迫后至少需要 18 d 才能恢复到淹水前的气孔特征。

③火龙果

火龙果适合生长在土质疏松、透气、排水良好的土壤，一般土壤相对含水量在

70%～80%之间才能正常生长，耐涝性较差，如根部长期积水，易感染病菌造成烂根导致减产或死亡。

3.5　寡照

3.5.1　寡照影响机理

寡照引起的弱光阴害多发生在冬春时节。若番茄生长期光照不足，则生育缓慢，落花增多，产量下降。若此时正处于开花期，则会导致花粉量少，花粉发芽率降低，雌蕊的花柱发育不良，受精能力下降，未受精花会脱落，果实的发育受到抑制，单果重量减轻，空洞果增多，且易出现果腐病。在缺乏光照的情况下，作物发芽数减少，发芽所需天数增加(见图 3.13)。

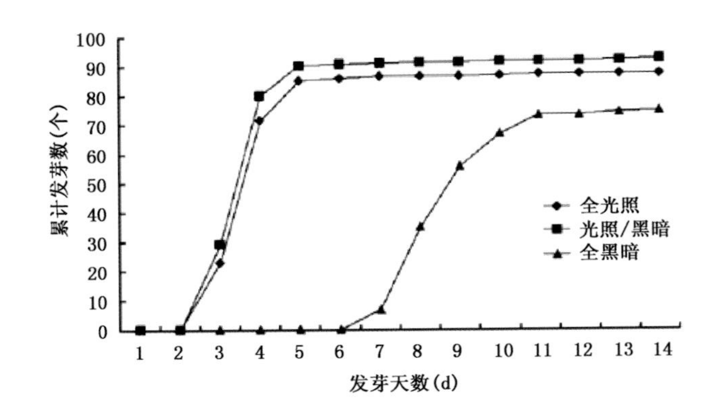

图 3.13　光照对发芽进程的影响(王玉芳 等，2009)

图 3.14a 为广西百色市番茄受 2013 年 11 月多低温寡照天气影响，生长发育缓慢，12 月仍处在开花—坐果期，且单株花数较少，致其不能按原计划上市；与之对比的图 3.14b 为正常年份(2012 年)番茄同期生长情况，12 月番茄已处于成熟期。

朱延姝等(2006)以性状稳定的 4 个番茄品系为试验材料，通过模拟弱光环境研究弱光对番茄生长发育及产量的影响。结果表明，弱光使植株株高/茎粗增加，干质量、比叶重、叶片数、坐果率、单果质量和单株产量降低。番茄产量降低的幅度与弱光下植株各个生育期的生长特性有一定的相关性。株高/茎粗、总干质量、叶干质量、比叶重在不同生育期的变化趋势相似，但不同品系的变化程度不同。弱光下番茄的总叶片数有所减少，开花数变化很小，各品系间叶片数、开花数的变化几乎无差异。弱光下植株株高/茎粗增加，该生长趋势随着植株发育越发明显，导致生殖生长量相对减少，生物产量的积累受到抑制，进而导致产量降低。

(a)

(b)

图3.14　寡照导致番茄生长缓慢、生育期推迟

3.5.2　受害特征及指标

(1)受害特征

①蔬菜

辣椒为中光性蔬菜作物,光质对其幼苗形态建成和生理特性的影响比较显著。在连续寡照下,辣椒光合作用很弱,容易造成幼苗植株处于"饥饿"状态,从而抑制秧苗的正常生长发育。

番茄是喜光短日照作物,但大多数品种对日照要求并不严格,不需要特定的光周期,只要温度适宜,全年可以栽培,但充足的光照能促进花芽分化和开花坐果,生育期内日照条件宜前期少后期多。冬春季大棚番茄,常因光照轻、强度弱,营养水平低,出现茎叶细弱、落花落果、果实着色不良等植株徒长现象,影响品质和产量。

②菊花

菊花是喜阳植物,光照充足时生长健壮,节间较短,叶片肥厚,花色鲜艳光亮;光照不足容易使菊花徒长,导致花茎过细,影响品质。

③椪柑

寡照影响椪柑花期的正常发育,导致花的质量差;树体光合作用弱,造成椪柑树体生长不良,新梢抽发晚、少且老熟慢,导致坐果率低。

(2)受害指标

魏瑞江等(2013)通过分析日光温室试验观测资料及日光温室对蔬菜生长的影响,得出:冬季连续阴天并伴有寒潮出现时,对于保暖性较差的温室,只要日照时数小于3 h,温室内温度就会下降;连续3 d日照时数小于3 h,温室内温度可能会降至5 ℃左右,导致蔬菜受冻。并在此基础上确定出了冬季日光温室寡照灾害等级指标(见表3.11)。

表 3.11 日光温室冬季寡照灾害等级指标

灾害等级	寡照指标
轻	连续 3 d 无日照，或连续 4 d 中有 3 d 无日照，另一天日照时数小于 3 h
中	连续 4～7 d 无日照，或逐日日照时数小于 3 h 连续 7 d 以上
重	连续 8 d 及以上无日照，或逐日日照时数小于 3 h 连续 10 d 以上

菊花对日照长短的反应因种类和品种而异，夏菊为中日照植物，而秋菊和冬菊则是典型的短日照植物，对日照长度比较敏感。秋菊的临界日照时数为 14.5 h，日照时数短于 14.5 h 花芽开始分化。已分化的花芽，在日照时数缩短至 13.5 h 以内才能继续发育，同时温度应低于 15 ℃，昼夜温差为 10 ℃，这样才有利于花芽正常发育。当日照时数为 12.5 h，温度降至 10 ℃时花蕾形成。秋菊在花原基形成以后，任何日长条件下都能开花，一般所需短日照诱导开花的日数为 30 d 左右。

3.6 高温

3.6.1 高温热害影响机理

高温热害对植物的致灾机理主要是导致生物膜系统类脂分子相变，产生氧化胁迫、渗透胁迫，抑制光合作用，影响氮代谢、激素代谢等，对作物果实的生长发育有显著影响。而光合作用是最先受到高温抑制的生理活动，在其他高温诱导的伤害症状出现之前，光合作用已经受到高温抑制。高温同时影响光合作用的光反应和暗反应，影响光反应阶段的电子传递及其反应中心结构的变化、暗反应的 CO_2 羧化效率、叶绿素合成中间产物的形成并导致其生成量减少。

高温逆境对作物的危害从植物生理学的角度可分为间接伤害和直接伤害。间接伤害是指高温引起细胞失水，进而导致一系列代谢失常，使作物逐渐受害，过程相对缓慢，持续时间越长，作物受害越严重。直接伤害是指高温影响细胞的结构和功能，短期高温后即可出现热害症状，如水渍状斑块或组织坏死。

(1)间接伤害

①饥饿

作物光合作用的最适温度一般都低于呼吸作用的最适温度。将呼吸速率与光合速率相等时的温度称为温度补偿点。作物在处于补偿点以上温度时，呼吸速率就会大于光合速率，消耗储存的养分，若持续时间过长，植株就会呈现饥饿甚至死亡。

②蛋白质破坏

高温使得膜结构受损，膜结合酶与游离酶失活，加之高温下氧化磷酸化解偶联，影响蛋白质合成所需能量提供，导致高温条件下蛋白质合成减慢，水解加快。

③有毒物质积累

高温破坏了作物正常的呼吸机制，使无氧呼吸增强，乙醇、乙醛等有害物质在植株体内积累。同时，高温抑制了氮化物的合成，使得氨在细胞内过多积累。肉质植物抗热性强是因为有机酸代谢旺盛，有机酸与氨结合生成酰胺可解除氨对植株细胞的毒害。

(2)直接伤害

①蛋白质变性

高温打断了维持蛋白质空间结构的氢键，使得蛋白质的分子空间结构遭到破坏，失去了原有的生物活性。高温对蛋白质的这一影响在受害初期是可逆的，但随着高温的持续影响，就会转变为不可逆凝聚，即：

$$\text{自然状态}\underset{\text{正常温度}}{\overset{\text{高温}}{\rightleftharpoons}}\text{变性状态}\xrightarrow{\text{持续高温}}\text{凝聚状态}$$

②膜结构破坏

生物膜脂质和蛋白质的疏水键被高温打断，使得脂质从固相中游离出来，形成一些液化的小囊泡，从而破坏了细胞膜的结构，使膜失去了选择透性和主动吸收能力。

高温对番茄生长发育的影响有：抑制根系及植株生长，并且诱发病虫害，导致产量低、品质差；晴天中午高温强光灼伤植株，导致叶片萎蔫，光合能力降低；夏季雨后转晴暴晒，土壤表面温度急剧上升，水分汽化热烫伤叶片，造成落花落果等。张富存等(2011)通过设计人工气候箱环境控制试验，分析了高温胁迫对设施番茄光合作用特性的影响。该研究系统分析了30～36 ℃高温对番茄坐果期叶片光合作用特性的影响，以25 ℃作为对照，进行试验，结果见表3.12及图3.15。试验结果表明，在30～36 ℃高温范围内，随着温度的升高，番茄的光能初始利用效率、最大光合速率、蒸腾速率逐渐降低，且远远低于对照组。相关分析也表明，30～36 ℃范围内番茄的光合速率与光合有效辐射、气孔导度、蒸腾速率、相对湿度呈极显著正相关，与气温呈显著负相关。30～36 ℃高温持续24 h会严重影响番茄的光合、蒸腾等生理活动。

表3.12　不同温度下番茄各光响应曲线特征参数值

处理	光能初始利用效率	最大光合速率[μmol/(m^2·s)]	平均光合速率[μmol/(m^2·s)]
30 ℃	0.010 5	4.09	2.54
32 ℃	0.008 8	3.43	1.94
34 ℃	0.006 9	2.59	1.63
36 ℃	0.004 1	1.91	0.84
对照(25 ℃)	0.038 8	20.30	11.38

引自：张富存 等，2011

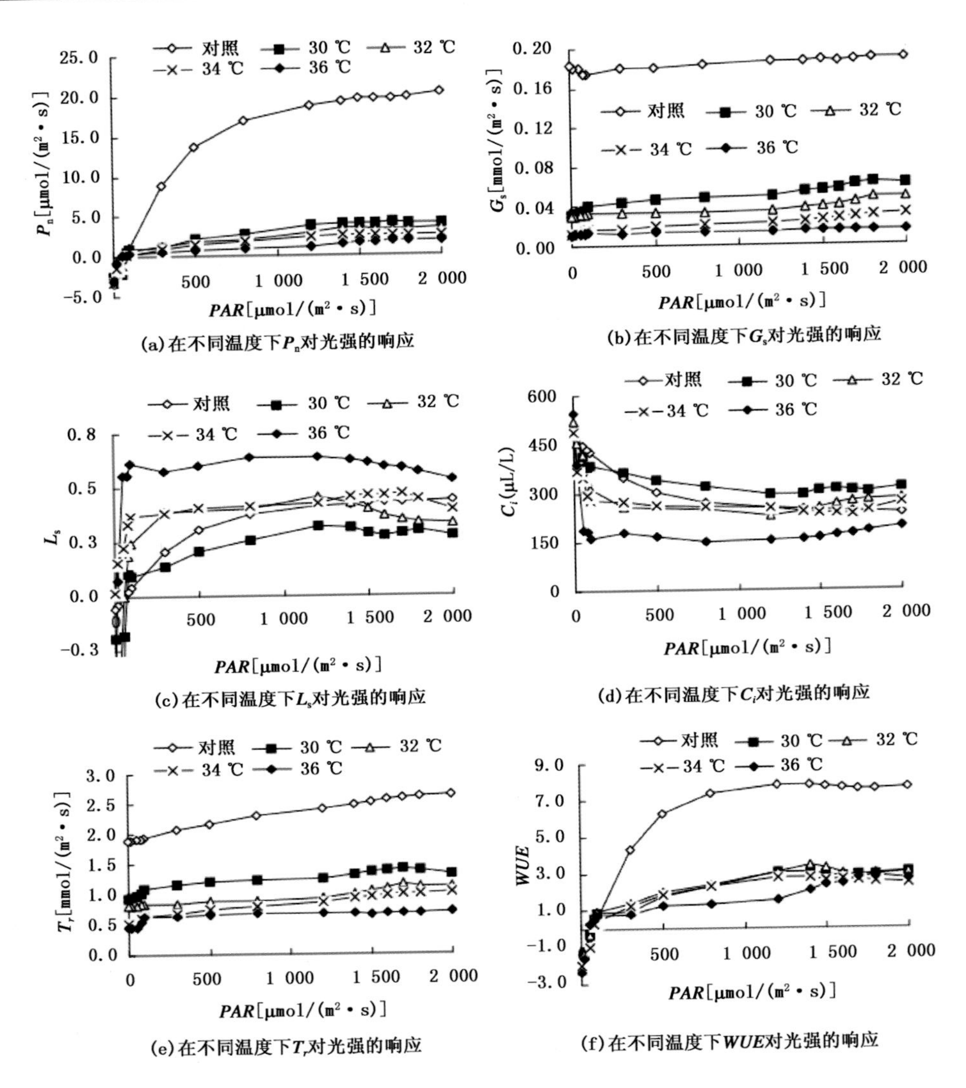

(a) 在不同温度下P_n对光强的响应
(b) 在不同温度下G_s对光强的响应
(c) 在不同温度下L_s对光强的响应
(d) 在不同温度下C_i对光强的响应
(e) 在不同温度下T_r对光强的响应
(f) 在不同温度下WUE对光强的响应

图 3.15 不同温度下番茄光合速率(P_n)、气孔导度(G_s)、气孔限制值(L_s)、胞间 CO_2 浓度(C_i)、蒸腾速率(T_r)、叶片水分利用率(WUE)对光强的响应(张富存 等,2011)

李晓梅(2010)采用基质培养的方法,设计了 4 个温度处理,分别为:①白天 20 ℃,夜间 10 ℃;②白天 24 ℃,夜间 14 ℃;③白天 28 ℃,夜间 18 ℃;④白天 32 ℃,夜间 22 ℃;以处理①为对照(CK)。得出高温胁迫下不结球白菜幼苗光合作用受到抑制,叶绿素 a、叶绿素 b 和净光合速率随温度升高而降低(见图 3.16),细胞间 CO_2 浓度及蒸腾速率随着温度升高呈上升趋势,气孔导度随温度升高的变化不明显。

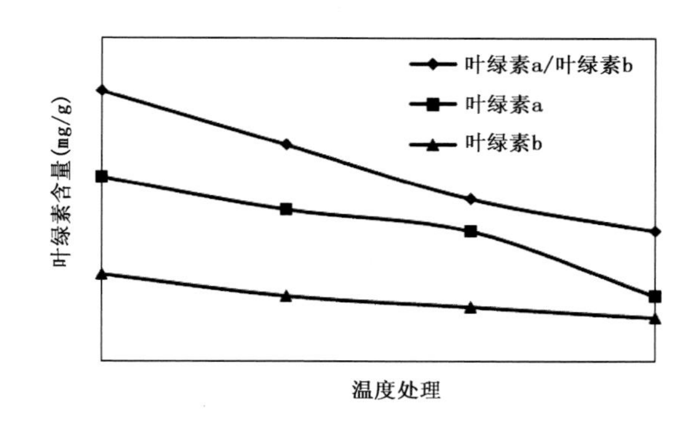

图3.16　温度对不结球白菜幼苗叶片叶绿素含量的影响(李晓梅,2010)

3.6.2　受害特征及指标

(1)受害特征

春茬番茄后期和秋茬番茄早期,遭受高温热害初期表现为由于叶片中叶绿素减少,叶片的一部分或整个叶片褪绿,后变黄枯死;叶片表面出现不规则的白色或灰白色块状斑点,并随灾情加重逐步扩大,叶片扭曲;叶缘被灼伤,严重者半叶至整叶被灼伤,直至永久性萎蔫枯死。秋茬番茄遇高温热害还会影响花芽分化,使花器发育不良或受精不良而致落花落果。

高温可使葡萄萌芽过快,不能保证花序继续良好分化和地上部与地下部生长协调一致;严重的可造成花芽退化,促使新梢徒长,影响花序各器官的分化质量,进而影响以后的开花坐果,影响后期产量。

当日最高气温≥35 ℃持续5 d及以上时,葡萄即遭受高温热害,可使叶片枯黄脱落,枝梢叶片全部或局部被灼伤,在叶缘处呈连片枯焦火烧状。果实成熟期在高温下光合同化物输送到果穗的能力下降,酶的活性降低,致使浆果生长不良。此外,高温还会导致浆果出现日灼病,表现出有斑点、缩果等症状。开花后1个月左右的浆果,受高温伤害时出现多个芝麻状大小的黑褐色小斑点,称污斑,影响果实外观,降低表皮光洁度。在浆果的中后期至着色期容易发生缩果病,初为表皮出现淡褐色或暗灰色大小不等的烫伤状色斑,后干缩下陷呈深褐或紫黑色斑,并伴发真菌性病害如炭疽病等,影响品质。阳光直接照射下的果穗向阳部位易发生日灼病,果实表面先皱缩后逐渐凹陷,出现软化褐变,似被开水浸烫状或像火燎伤一样,先从果粒基部呈淡褐色病变,随后迅速扩大至整个果粒呈红褐色至暗红色,最终大多成为僵果(见图3.17)。卷须、新梢尚未木质化的顶端幼嫩部位也可遭受日灼伤害,致使梢尖或嫩叶萎蔫变褐。

椪柑花期到稳果期出现30 ℃及以上的高温异常天气,可能会导致异常落花落

图 3.17 葡萄日灼病(贺文丽,2012)

果。无核比有核、早熟比中晚熟落果严重。

(2)受害指标

当白天温度超过 30 ℃,夜间温度超过 25 ℃时,番茄植株生长迟缓并会影响结果;当温度超过 40 ℃时生长停顿;超过 45 ℃时茎叶即会被灼伤;若遇干旱则会加重。番茄高温热害受害指标为:当日平均气温≥30 ℃,或持续 5 d 以上最高气温≥35 ℃时番茄即受害。

当白天温度超过 35 ℃,夜间温度超过 30 ℃时,菊花幼苗生长迟缓;持续高温会严重影响菊花生长发育,从而影响菊花观赏价值,持续 5 d 以上 35 ℃ 高温会造成轻微热伤害,植物存活率在 84%以上,但 40 ℃高温持续 8～16 h 后,明显出现不同程度的热害现象。45 ℃高温将对植株造成不可逆的伤害,甚至导致全部死亡。

当日最高气温≥35 ℃持续 5 d 及以上时,葡萄即遭受高温热害。

当日最高气温≥37 ℃持续 7 d 及以上时,椪柑果实易产生日灼病。

3.7 秋绵雨

秋绵雨天气多伴随低温寡照,导致蔬菜窒息缺氧、光合作用差,造成植株长势差、抗病性下降,高湿型病害易发生,产量下降甚至死苗。

雨水过多或水涝后排水不良,会使土壤水分长时间地持续处于饱和状态,造成土壤缺氧,使作物的生理活动受到抑制,进而影响水肥吸收,导致根系衰亡(见图 3.18)。同时,绵雨天气由于光照不足,作物呼吸消耗大,造成长势衰弱,出现落花落果现象，并可诱发多种病害。

图 3.18　连阴雨天气田间排水不良，土壤水分饱和并出现积水

在比较严重的连阴雨过后，如果紧接着遇晴热天气，作物容易“脱水”，叶片落黄，严重的会出现死苗。雨水过多造成耕作层含水量过高，耕作层水分饱和，氧气缺乏，根系长期处于缺氧状态，呼吸受抑，活力衰退，吸收水、肥能力下降，且土壤中有机物质在厌氧条件下，产生还原性有毒物质毒害根系，使根系生长不良，根量减少。这时植株体内的氮素代谢下降，功能叶内氮素含量明显减少，造成叶片落黄。

大部分蔬菜遭水淹数日甚至一日就可造成严重伤害。瓜类蔬菜根系呼吸强度大、需氧多，在积水的条件下易缺氧而烂根；茄果类、叶菜类及豆类蔬菜在积水时根系也容易死亡，并感染多种病害，白粉病、叶霉病、灰霉病等病害在雨后均易高发。

结果期至果实成熟期的持续低温阴雨天气会影响蓝莓果实中糖分的积累。研究表明，持续的低温阴雨天气会使果实增重（不开裂的前提下），但果实中的可溶性固形物含量将会下降 24%，从而严重影响果实的品质。此外，阴雨天气常常会导致空气湿度增加，土壤湿度大、通气性较差，会导致蓝莓果实发霉、开裂，因蓝莓品种而异，果实开裂程度也有所不同。

第4章　“两高”沿线农业气象灾害监测网络

长期以来，贵州省气象观测网络建设重点主要集中在针对大范围、大背景、大尺度天气系统的气象观测预报服务方面，目前基本具备了全省大范围天气系统监测预测预警能力。

贵州省“两高”沿线区域针对该区域的天气、气候和气象灾害特点，重点发展了天气雷达、区域气象站加密观测和土壤水分自动观测站等站网建设，初步形成了优势互补的一体化综合观测网络，气象灾害观测能力得到了大幅度提升。各类气象观测资料在气象预报预测、气象防灾减灾等工作中发挥着重要作用。

“两高”沿线区域农业气象灾害监测网主要包括国家级气象观测台站、天气雷达站、区域自动气象站及土壤水分自动观测站等，其观测资料主要满足区域内精细化天气预报、灾害性天气监测、区域特色气象服务等需要。建设内容包括硬件和软件两部分，其中硬件包括气象监测站网及信息传输设备、接收设备、存储设备等，软件包括基于气象监测数据、监测模型构建的系列软件等。

4.1　国家级气象观测站网

4.1.1　站网组成

贵州省“两高”沿线区域国家级气象观测站网由2个国家基准气候站、10个国家基本气象站、24个国家一般气象站、3个国家级无人值守站组成，如图4.1所示是“两高”沿线区域国家级气象台站分布图。

(1)国家基准气候站(简称基准站)，是根据国家气候区划以及全球气候观测系统的要求，为获取具有充分代表性的长期、连续气候资料而设置的气候观测站，是国家气候站网的骨干，必要时可承担观测业务试验任务。贵州“两高”沿线区域国家基准气候站包括贵阳国家基准气候站、三穗国家基准气候站。

(2)国家基本气象站(简称基本站)，是根据全国气候分析和天气预报的需要所设置的气象观测站，大多担负区域或国家气象情报交换任务，是国家天气站网中的主体。

贵州“两高”沿线区域国家基本气象站包括:息烽、都匀、凯里、惠水、罗甸、独山、荔波、榕江、黎平、天柱等,共 10 个国家基本气象站。

(3)国家一般气象站(简称一般站),是按省(区、市)行政区划设置的地面气象观测站,获取的观测资料主要用于本省(区、市)和当地的气象服务,也是国家天气站网观测资料的补充。

贵州“两高”沿线区域国家一般气象站包括:开阳、贵定、雷山、从江等,共 24 个国家一般气象站。

(4)无人值守气象站(简称无人站),是在不便于建立人工观测站的地方,利用自动气象站建立的无人气象观测站,用于国家天气站网的空间加密,观测项目和发报时次可根据需要而设定。

贵州“两高”沿线区域无人值守气象站包括:惠水摆榜站、榕江朗洞站、雷山雷公山站等共 3 个无人值守气象站。

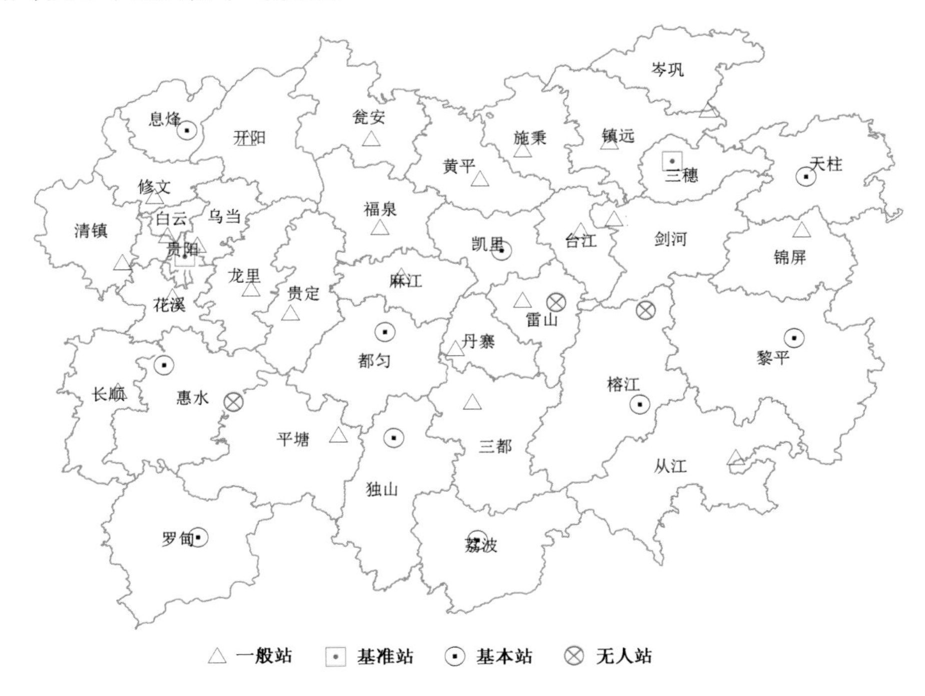

图 4.1 “两高”沿线区域国家级气象台站分布图

4.1.2 观测项目

国家基准气候站观测基本气象要素(气温、相对湿度、气压、风向、风速、降水、地温)和日照、辐射、蒸发、冻土、积雪、电线积冰、地面状态等器测项目,以及云、能见度、天气现象等人工观测项目，同时还承担城市酸雨观测项目，其中，除日照、冻土、积雪、电线积冰、云和天气现象外，其他项目均实现了自动化观测。

国家基本气象站观测气温、相对湿度、气压、风向、风速、降水、地温、日照、蒸发、积雪、电线积冰、云、能见度、天气现象等项目，其中，都匀、凯里增加了酸雨观测项目，都匀还增加了辐射观测项目。

国家一般气象站观测气温、相对湿度、气压、风向、风速、降水、地温、日照、蒸发、积雪、电线积冰、云、能见度、天气现象等项目，其中，从江开展了太阳辐射观测。

无人值守气象站观测气温、相对湿度、气压、风向、风速、降水等六要素。

4.1.3 数据采集模式

均采用自动气象站作为主要气象数据采集手段，实现了气温、湿度、气压、风向、风速、降水、地温、蒸发、能见度等器测项目的自动化观测，逐分钟实时采集气象要素数据，云、天气现象、电线积冰和积雪等项目由人工定时观测。其中，贵阳、三穗 2 个国家基准气候站，都匀、凯里等 10 个国家基本气象站，以及贵定、福泉等 7 个国家一般站已安装了新型自动气象站，实现了能见度仪、大型蒸发和固体降水等新型传感器实时采集气象要素数据（见图 4.2）。

(a) (b) (c)

图 4.2 能见度(a)、大型蒸发(b)、称重式固体降水(c)传感器

自动气象站数据采集模式流程包括初始化设备和参数、采样过滤、原始数据转换、瞬时值计算、人工观测值交互和业务数据处理（见图 4.3）。

初始化：初始化是一个准备所有的存储器和设备的所有的业务参数、启动应用软件的过程。为了能够正常运行，软件首先必须配置大量的专业参数，例如，与气象站有关的那些参数（区站号、海拔高度、经度和纬度）、日期和时间、传感器在数据采集部分的物理位置、传感器加工模块的型号和特点、传感器输出信号转换成气象变量的转换常数和线性化常数、用于质量控制的变化绝对量和变化率、数据缓冲文件的位置等。

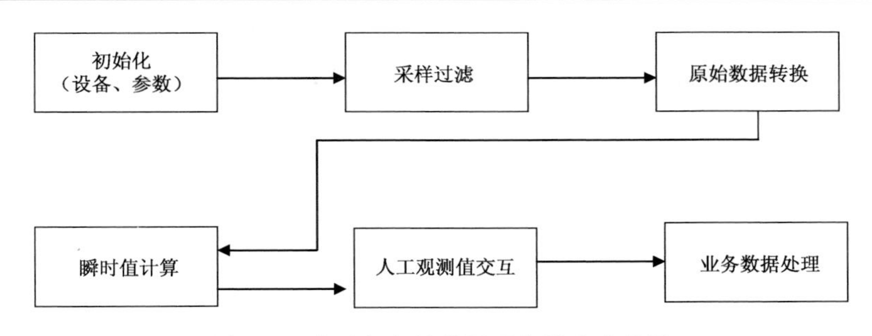

图 4.3 自动气象站数据采集模式流程图

采样过滤：采样是以适当的间隔获取某变量测量值序列的过程。用于计算平均值的样本的取样过程中，应使用相同的取样时间间隔。

原始数据转换：传感器原始数据转换指传感器或信号加工模块的电信号输出转换成气象参数。转换过程包含了转换算法的应用，而转换算法使用了校准过程中导出的常数和关系式。

瞬时值计算：平均值在大多数业务应用中被看作是气象变量“瞬时”值。传感器的输出采样是每秒钟至少计算 1～4 次的 3 秒钟的滑动平均。

人工观测值交互：交互式终端程序允许观测员输入和编辑目测资料或主观观测资料，因为气象站没有提供这些资料的自动观测传感器。较典型的这类资料有：现在和过去天气现象、地面状况及其他特殊现象。

业务数据处理：例如从原始相对湿度或露点测量值中计算湿度值，以及把气压值换算成海平面气压值。统计数据包括：一个或多个时段内的极值资料（如温度）、专门时段（从分钟到日）内的总量（如雨量）、不同时段内的平均值及累计量（如日照）。日常业务技术要求：开展每日 20 时不同自动气象站之间的对比观测，当数据差值较大时（气压≥0.8 hPa、气温≥1.0 ℃、风速≥1.0 m/s、过程降水量≥4%、地面温度日极值≥2.0 ℃、浅层地温≥1.5 ℃、深层地温≥0.5 ℃）作为疑误数据进行故障原因检查。自动气象站数据实时显示系统界面见图 4.4 和图 4.5。

4.1.4 仪器设备性能

目前贵州省“两高”沿线区域国家级自动站中的基准站、基本站已经全部安装新型自动气象站，并同时与原自动气象站双套互为备份业务运行，其余国家一般站和无人值守站也将逐步完成安装新型自动站并业务运行。新型自动气象站的仪器设备性能满足中国气象局 2012 年发布的《新型自动气象（气候）站功能规格书（业务试用版）》，具体如下：

（1）数据采集功能。主采集器、分采集器分别对自身挂接的传感器按预定的采样频率进行扫描，并将获得的电信号转换成嵌入式微控制器可读信号。

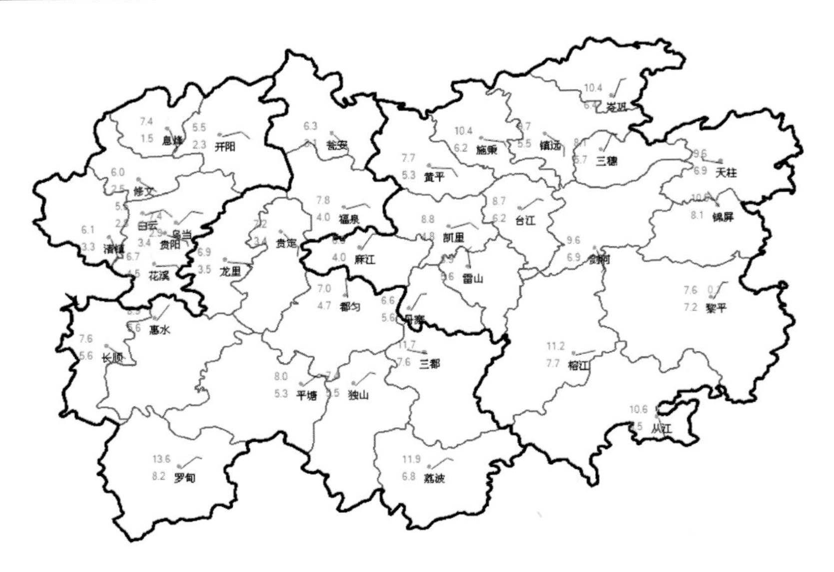

图 4.4　自动气象站实时显示系统界面

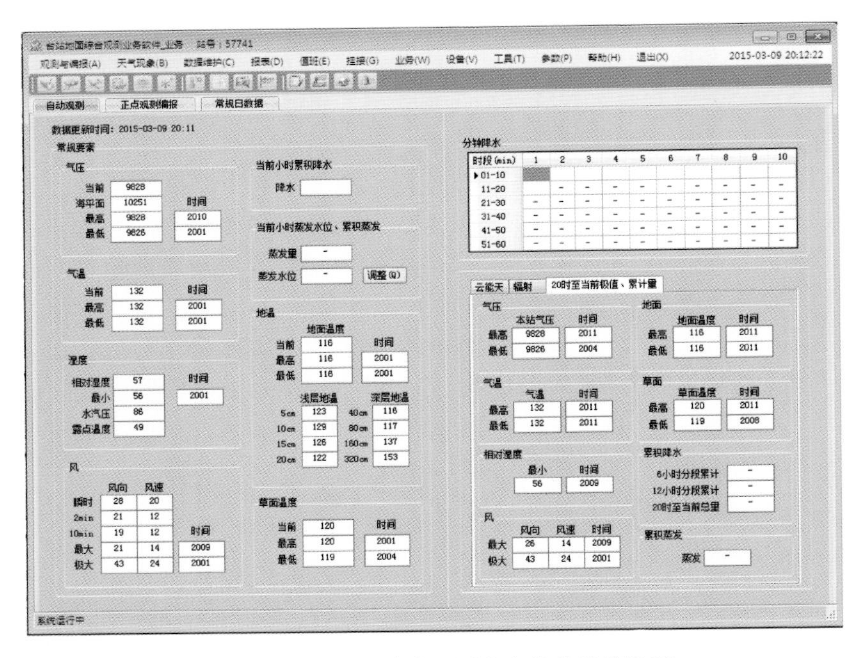

图 4.5　台站地面综合观测业务软件显示界面

(2)自动气象站数据处理功能。由主采集器、分采集器的嵌入式微控制器分别实现。微控制器运行采集软件,控制采集器的输入和输出,并对进入采集器的资料进行适当处理。例如，获取大气变量测量值序列后，①对大气变量测量值进行转换，使传感器的电信号转换成气象单位量(采样瞬时值)；②计算出瞬时气象值，又称气象变量瞬时值；③在瞬时气象值的基础上导出气象业务需要的其他气象变量瞬时值；④计算出气象业务需要的统计量等。

(3)数据存储功能。有自动气象站采集器内部的数据存储和采集器外围设备的数据存储。采集器内部的数据由存储器存储，一般选用金属氧化物半导体存储器。主采集器存储 1 小时的采样瞬时值、7 天的瞬时(分钟)值、1 个月的正点值及相应的导出量和统计量等。分采集器的存储要求以满足主采集器的存储要求为准，也可以把采集的数据实时传送给主采集器，而不设专门的数据存储器。

(4)数据传输功能。主采集器把数据及时传输到[终端]微机。自动气象站的 RJ-45 标准口用于组网，但采集软件应支持 TCP/IP 协议。RS-232 是备用的串口，用于现场测试和软件升级，或接各种通信模块传送数据。

4.2 区域气象观测网

4.2.1 站网组成

贵州省“两高”沿线区域自动气象站已达 972 个，其空间分布见图 4.6。区域气象观测网主要用于区域性的天气和气候观测及服务观测，同时最大限度地兼顾对中小尺度天气系统的实时监测。

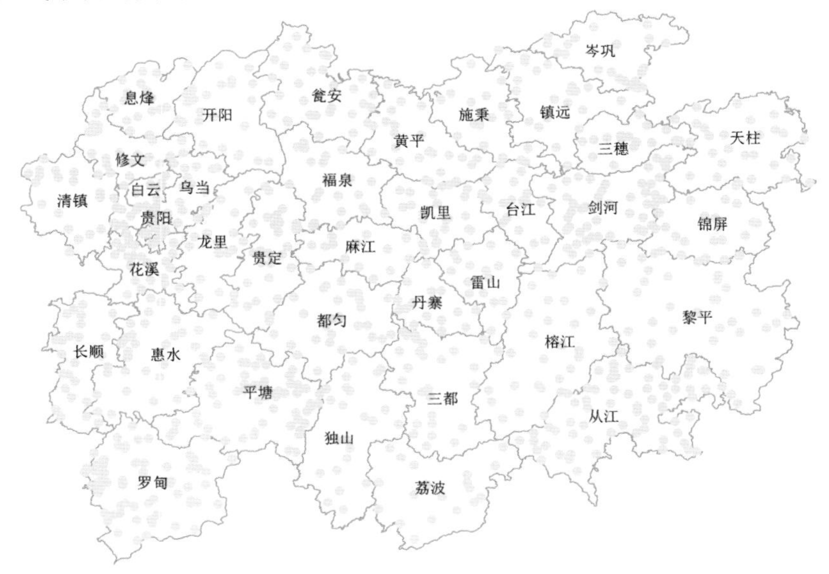

图 4.6 贵州省“两高”沿线区域自动气象站分布图

区域气象观测站在空间和时间密度分布上达到规定的要求组成了区域气象观测网。区域气象观测网在地方更多地以地面中小尺度灾害性天气监测系统的形式出现，图 4.7 是其组成的拓扑图。该系统由 4 部分组成：各种自动气象站组成的监测子系统、通信子系统、中心站(包括采集软件、数据库和业务应用软件等)、信息发布子系统。

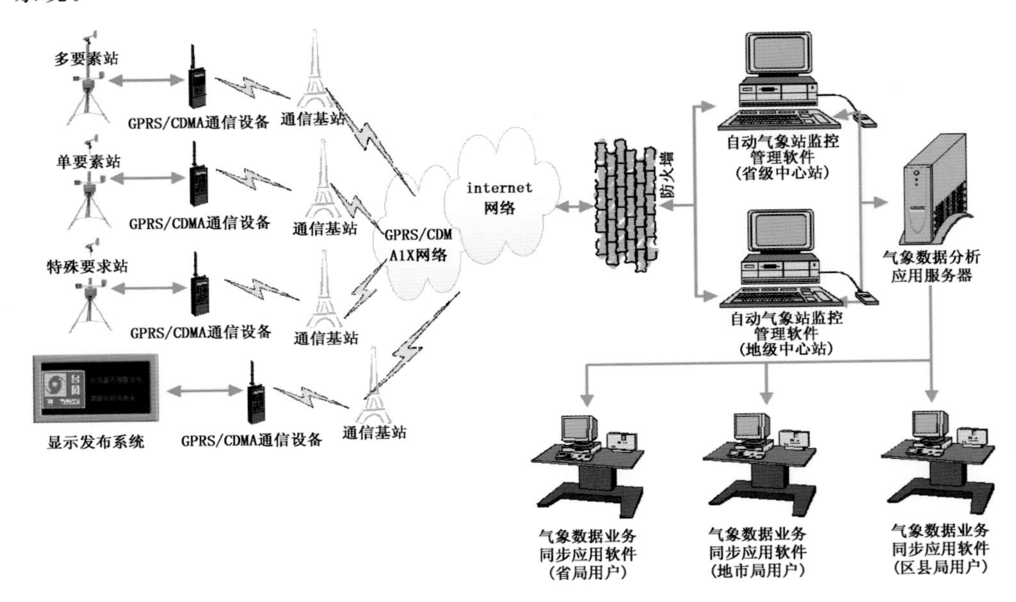

图 4.7　地面中小尺度自动气象站组网系统拓扑图

系统中的自动气象站以单要素自动站(单雨量站)、二要素站(温雨站、测风站)、四要素站(温度、雨量、风向、风速)为主，同时也可兼容一些其他要素如相对湿度、气压、紫外线、能见度等组成多要素站，也可以包括移动式自动站。

4.2.2　数据采集模式

目前系统组网所用的通信技术主要是无线 GPRS/CDMA 1X 技术，在没有无线 GPRS/CDMA 1X 网络的地方可以采用卫星 DCP 平台，在少数站点，也可以采用或兼容有线通信方式，如 RS232/RS485，CAN，PSTN 等。按照采集速度对经过信号调整处理后的传感器信号进行扫描采样，对模拟信号进行 A/D 转换并计算，对数字量信号进行计数统计，完成各气象要素的数据采集，对上述采集的原始数据按相关规范进行数据质量检查和运算，得到相应的符合要求的测量数据和各种监控信息。中心站主要负责数据的采集、数据质量检查、自动站状态监控管理、数据库管理、业务应用产品的生成等。图 4.8 是区域自动观测站实时显示系统界面。

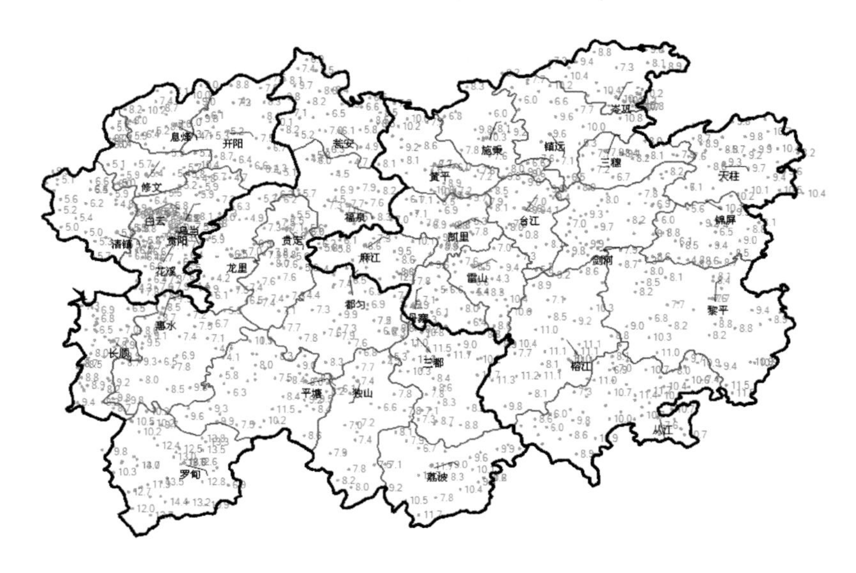

图4.8 区域自动气象站实时显示系统界面

4.2.3 仪器设备性能

区域站点主要采用ZQZ-A系列中小尺度自动气象站(见图4.9),它具有以下特点:全自动、野外工作,工作环境温度为－40～50 ℃;微功耗,采集器功耗仅0.4 W;支持交流供电和太阳能供电;支持多种通信方式,包括GSM(SMS)/GPRS/CDMA 1X、卫星DCP、有线通信方式等;大容量数据存储;模块化设计,易于安装和维护。

ZQZ-A系列中小尺度自动气象站由数据采集器、传感器、通信模块、电源等组成,见图4.10。

(1)数据采集器

数据采集器是自动气象站的核心,其主要功能是数据采集、数据处理、数据存储和数据传输。贵州省多采用ZQZ-A主控器作为数据采集器,其组成原理和实物图分别见图4.11和图4.12。

(2)传感器

雨量传感器一般采用翻斗雨量计,输出为脉冲信号,计量翻斗翻一下,输出一个脉冲,代表0.1 mm雨量。雨量传感器的核心部件是上下排列的三个翻斗,从上而下分别称为上翻斗、计量翻斗、计数翻斗。计量翻斗翻转一次,表示下了0.1 mm的雨。为了计量正确,上有上翻斗作为过渡,以保证无论大雨小雨,计量翻斗受到相同的冲击力。下有计数翻斗,装有计数用的磁钢,计量翻斗翻转一次,计数翻斗也翻转一次,并使安装在固定支架上的干簧管通断一次,输出一个脉冲。

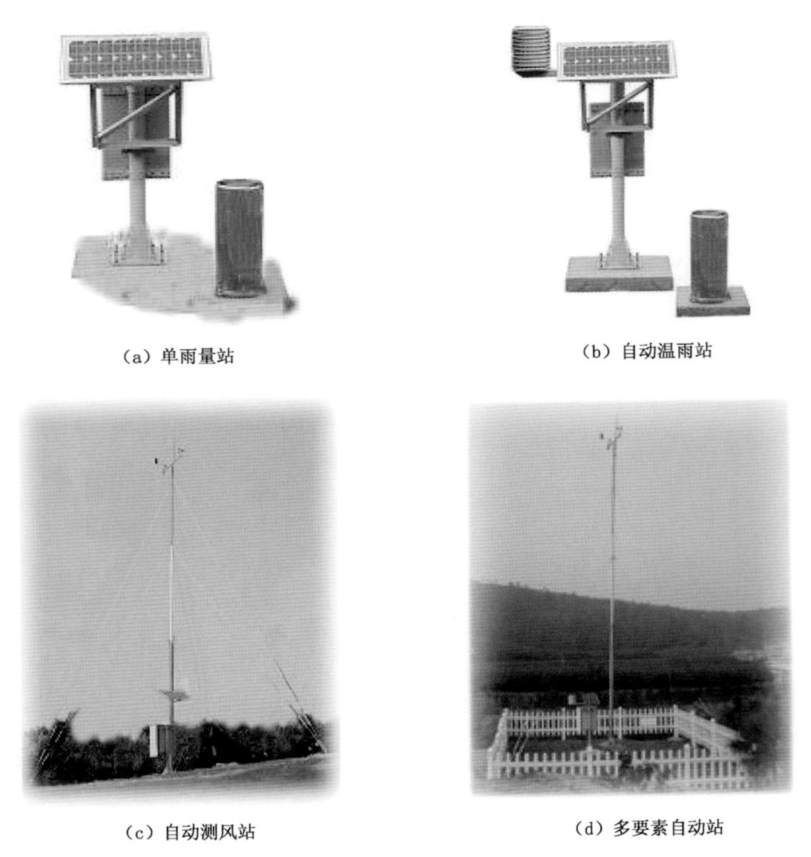

(a) 单雨量站　　(b) 自动温雨站

(c) 自动测风站　　(d) 多要素自动站

图 4.9　ZQZ-A 系列自动气象站实物效果图

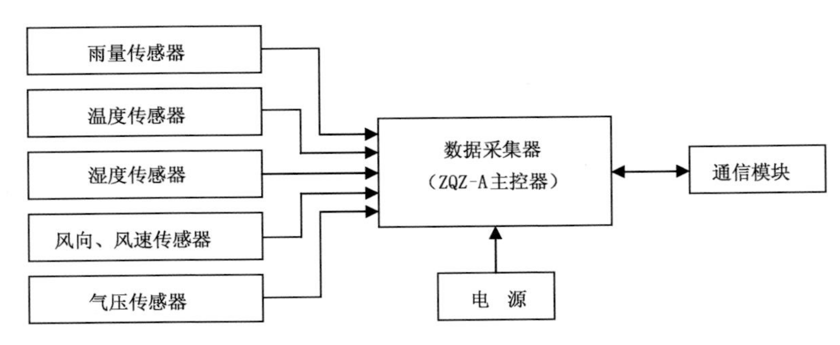

图 4.10　ZQZ-A 系列中小尺度自动气象站组成

湿度传感器一般采用芬兰 Vaisala 公司的 HMP45D 温湿传感器。HMP45D 温湿传感器可同时测量温度和相对湿度，其中测温元件为 Pt100 铂电阻（四线制接法），

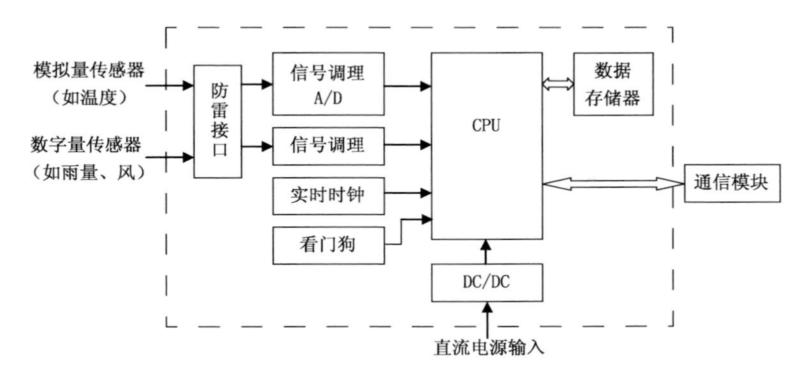

图 4.11 ZQZ-A 主控器的组成原理

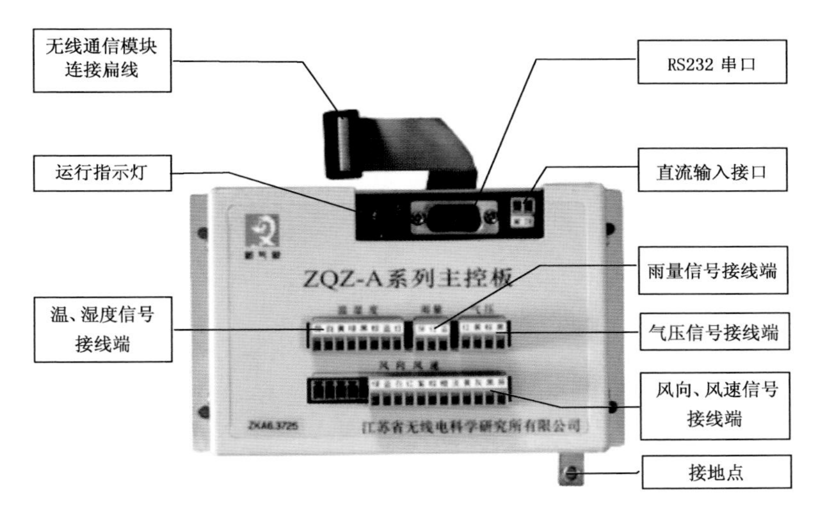

图 4.12 ZQZ-A 主控器实物图(以六要素为例)

测湿元件为高分子湿敏电容。

温度传感器采用 Pt100 铂电阻,0 ℃时电阻值为 100 Ω,其他温度点电阻值近似为 $R=100+0.39t$,式中 t 为温度值。例:10 ℃时电阻值为 103.9 Ω 左右,－10 ℃时电阻值为 96.1 Ω 左右。温度传感器安装在防辐射罩(百叶箱)内使用。为提高温度测量精度,温度传感器一般采用四线制接法(见图 4.13)。

风向传感器(见图 4.14)的信号发生装置由格雷码盘、发光管、光敏管等组成。风标通过转轴带动格雷码盘转动,码盘是一个圆形金属薄片,上面有 7 个不同等分的同心圆,同心圆由内到外分别做 2,4,8,16,32,64,128 等分,每个相邻等分不是被挖空就是未被挖空,或者说不是透光就是不透光。对应每个同心圆的上下面分别有一组发光管和光敏管,共 7 组。风标转动时,由于同心圆的透光或不透光,7 个光敏管

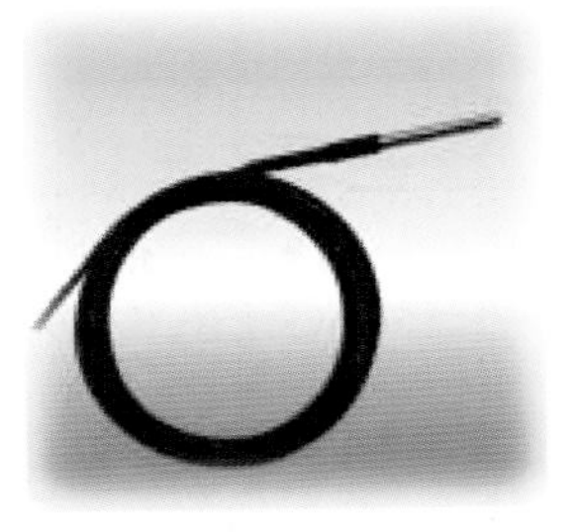
(a)温度传感器实物图

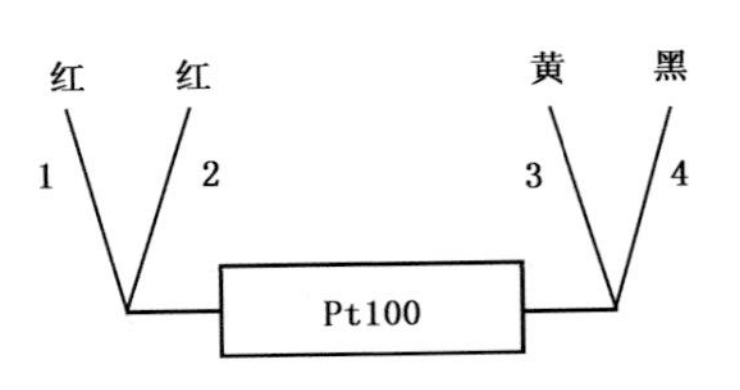

(b)温度传感器接线图(四线制)

图 4.13 温度传感器

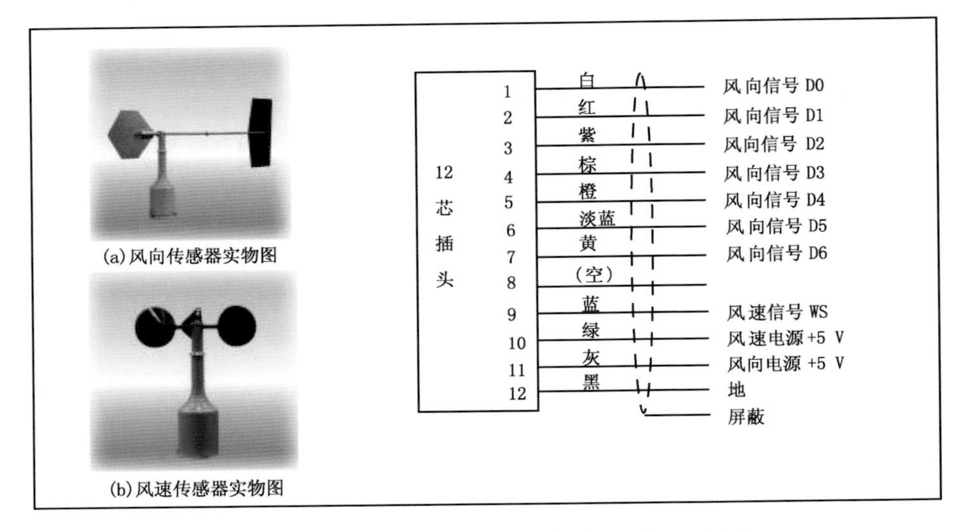

(a)风向传感器实物图
(b)风速传感器实物图

图 4.14 风向、风速传感器及其信号电缆接线示意图

上接收到或接收不到光,7 根信号线上或是“1”或是“0”,这就完成了风向到格雷码的转换。

每组格雷码有 7 位,代表一个风向。由于外圈是 128 等分,故风向分辨力为 360°/128≈2.8°。

风速传感器的感应元件为三杯式风杯组件,信号变换电路为霍尔集成电路。在水平风力的驱动下,风杯组旋转,通过转轴带动磁棒盘旋转,其上的数十只小磁体形成若干个旋转的磁场,在霍尔磁敏元件中感应出脉冲信号,其频率随风速的增大而线性增加。测出频率就可以计算出风速,一般频率与风速为线性关系。

气压传感器一般有 Vaisala 公司的 PTB220 和国产的振筒式传感器两种,其输出均为 RS232 标准接口,但使用的电源电压和通信协议均不同,目前尚不能实现现场互换。气压传感器一般安装在采集器机箱内。

(3)数据采集器

区域自动气象站既可以使用交流供电方式，也可以使用太阳能供电方式(见图4.15)。如ZQZ-A系列中小尺度自动气象站具有微功耗特性，除少数气候特征不适合使用太阳能的地域或自动站安装点环境有限制的场合外，一般都选用性价比更高的太阳能供电方式。

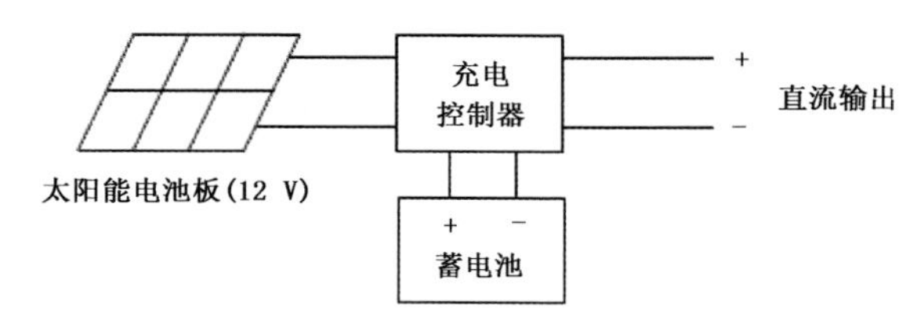

图4.15 太阳能供电方式

(4)通信模块

区域气象自动站的主控器通过RS232串口以规定的通信协议与通信模块进行交互并与中心站进行双向数据传输。采用GPRS DTU、CDMA DTU、卫星DCP平台进行数据传输，也可以通过有线方式实现数据传输，如RS485，CAN，PSTN等。其中1 km以内可选用RS485，5 km以内可选用CAN。

(5)主要性能参数

区域自动气象站监测的主要气象要素的数据获得都是通过各种传感器来实现的，表4.1为各传感器的性能参数。

表4.1 主要气象要素传感器的性能参数

要素	测量范围	分辨率	准确度	采样速率	计算平均时间
气温	−50～+50 ℃	0.1 ℃	±0.2 ℃	6次/min	1 min
雨量	0～999.9 mm 雨强0～4 mm/min	0.1 mm	≤10 mm时，±0.4 mm； >10 mm时，±4%	有雨即采	累计值
风向	0～360°	2.8°	±5°	1 s	3 s，2 min，10 min
风速	0～75 m/s	0.1 m/s	±0.3 m/s	0.25 s	3 s，2 min，10 min
湿度	0～100%RH	1%RH	±5%RH(>80%RH时) ±3%RH(≤80%RH时)	6次/min	1 min
气压	550～1 060 hPa	0.1 hPa	±0.3 hPa	6次/min	1 min

4.3 土壤水分自动观测站

4.3.1 站网组成

监测土壤水分的变化规律是农业气象的基础性工作之一，掌握土壤水分的变化规律，对农业生产、土壤墒情监测和预测具有重要意义。目前，“两高”沿线区域已初步建成了站点分布较为广泛的土壤水分观测网络，能够提供初步的自动化土壤水分观测服务，“两高”沿线区域土壤水分自动观测站点分布见图 4.16。

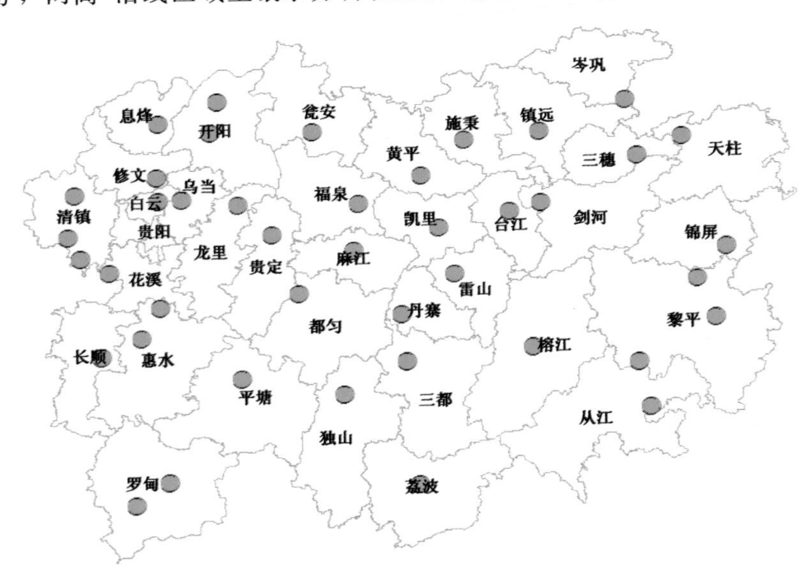

图 4.16 贵州省“两高”沿线区域土壤水分自动观测站分布图

4.3.2 数据采集模式

采集器是自动土壤水分测量系统的核心，其主要功能是完成各层土壤水分传感器的采样，对采样数据进行控制运算、数据计算处理、数据质量控制、数据记录存储，实现数据通信和传输。

自动土壤水分站点采用的通信技术主要是无线 GPRS 技术，在没有无线 GPRS/CDMA 1X 网络的地方可以采用有线通信方式，如 RS232/RS485，CAN，PSTN 等。观测仪可通过串行通信口接到上位终端机上，按照既定的通信协议，上位机可以读出观测仪的测量数据和存储数据；设置观测仪所需的参数、观测仪的通信方式和自动发送数据的时间间隔，为观测仪对时等。GPRS 无线传输模块用于作物地段的自动土壤水分观测仪，由电信部门提供网络专线，经过省气象局局域网的路由器接入中心站的控制计算机，同时得到该计算机的固定 IP 地址。该固定 IP 地址将设置在无线传输模块内。

仪器实时自动采集水分数据，每隔 1 min 读取测量结果，每 10 个测量数据的算术平均值作为该 10 min 的观测值，每 6 个 10 min 观测值的算术平均值作为该小时的观测平均值，自动土壤水分观测可生成 8 个层次的土壤体积含水量、土壤相对湿度、土壤重量含水率和土壤有效水分储存量等气象要素数据，测定深度为 1 m，有 0～10，10～20，20～30，30～40，40～50，50～60，70～80 和 90～100 cm，如图 4.17 所示是自动土壤水分站观测系统显示界面。

图 4.17 自动土壤水分站观测系统显示界面

4.3.3 设备性能

根据中国气象局《农业气象观测规范》的要求，台站普遍使用烘干称重法观测土壤水分，其中要经过钻土取样、称盒与湿土共重、烘烤土样、称盒与干土共重、计算土壤含水率等一系列步骤，无法直接快速地取得测量数据而影响到高时空密度的测量。自动土壤水分观测仪是应用频域反射法（FDR）原理来测定土壤体积含水量的，整个系统由土壤水分传感器、数据采集器、系统电源、通信接口与通信模块、微机 5 个部分组成，可显示实时和整点的土壤相对湿度以及土壤含水率等动态变化曲线，并自动生成标准数据文件。采集器内部主要由太阳能电源控制器、蓄电池、采集器板和 GPRS 通信板等组成，如贵州的 GStar-I 自动土壤水分观测仪是基于电容传感器和嵌入式

ARM 单片机技术设计的，检测电容是传感器的敏感器件，传感器周围水分的变化引起圆环电容的介质变化，于是电容值就会改变，从而引起 LC 振荡器的振荡频率变化，传感器把高频信号变换后输出到单片机，单片机根据建立的数学模型和当地土壤状态等相关系数，进行计数、转换、修正等处理，计算出当前土壤水分（见图 4.18）。

图 4.18 自动土壤水分观测站

4.4 天气雷达站

4.4.1 站网组成

天气雷达是对灾害性天气实时监测预警的强有力工具之一。常规天气雷达的探测原理是利用云雨目标物对雷达所发射电磁波的散射回波来测定其空间位置、强弱分布、垂直结构等。新一代多普勒天气雷达除能起到常规天气雷达的作用外，还可以利用物理学上的多普勒效应来测定降水粒子的径向运动速度，推断降水云体的移动速度、风场结构特征、垂直气流速度等，可以有效地监测暴雨、冰雹、大风等灾害性天气的发生、发展，改进数值预报模式初始场等。新一代多普勒天气雷达在灾害性天气监测、预警方面，发挥着不可替代的作用。

贵州因地形复杂，现有的新一代天气雷达监测站网的分布无法满足对气象灾害的监测需求，无法实现空间无缝隙覆盖。目前，“两高”沿线区域建成了以 3 部新一代天气雷达为主（CINRAD/CD），16 部小型数字化天气雷达（TWR 型 1B/1C 系列，分布见图 4.19)为辅的雷达监测网,并在突发性、局地性气象灾害的综合监测预警和人工影响天气作业方面发挥着积极作用。

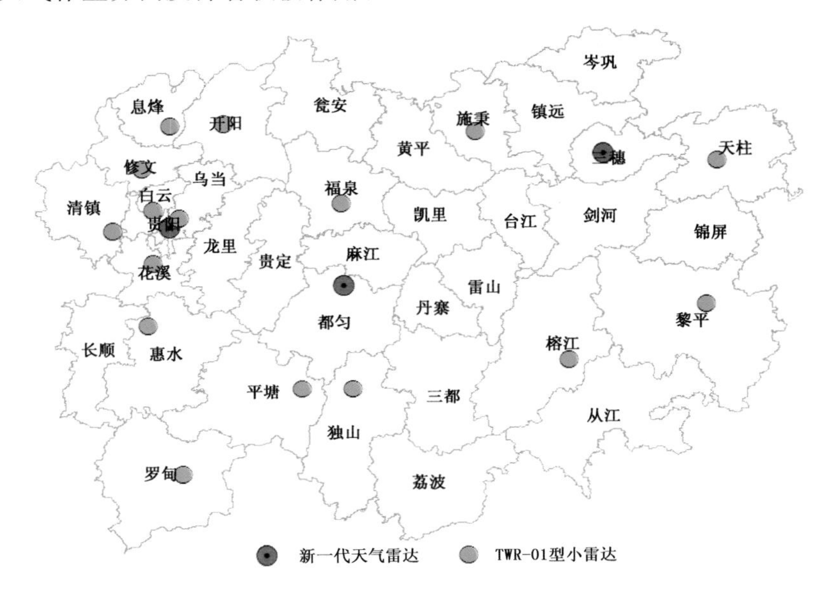

图 4.19 贵州省新一代天气雷达分布图

3 部新一代天气雷达(CIN/CD)分别布设在贵阳、都匀和三穗,较好地覆盖了整个“两高”沿线区域。图 4.20 是“两高”沿线区域新一代天气雷达探测区示意图,其中都匀雷达西面受莽山遮挡的探测盲区——惠水、长顺等地方正好贵阳雷达可以探测到,而三穗雷达探测效果较差的区域都匀雷达可以就近探测补足,因此通过雷达拼图的形式可以较好地得到整个“两高”沿线区域的雷达回波图,而分散在周围的 16 部小型数字化天气雷达(TWR 型 1B/1C 系列)也对短临预警监测给予有效补充。图 4.21 为 3 部新一代天气雷达站。

4.4.2 数据采集模式

天气雷达间歇性地向空中发射脉冲式的电磁波,电磁波在大气中以接近光波的速度、近似于直线的路径传播,如果在传播路径上遇到了气象目标物,脉冲电磁波会被气象目标物向四面八方散射,其中一部分电磁波能被散射回雷达天线(称为后向散射),在雷达显示器上显示出气象目标物的空间位置分布和强度等特征。

数据采集模式:采用计算机进行雷达控制、数字信号处理、记录、产品显示和存档。

采集时间:在主汛期观测时段全天时连续立体扫描观测,在非主汛期观测时段,

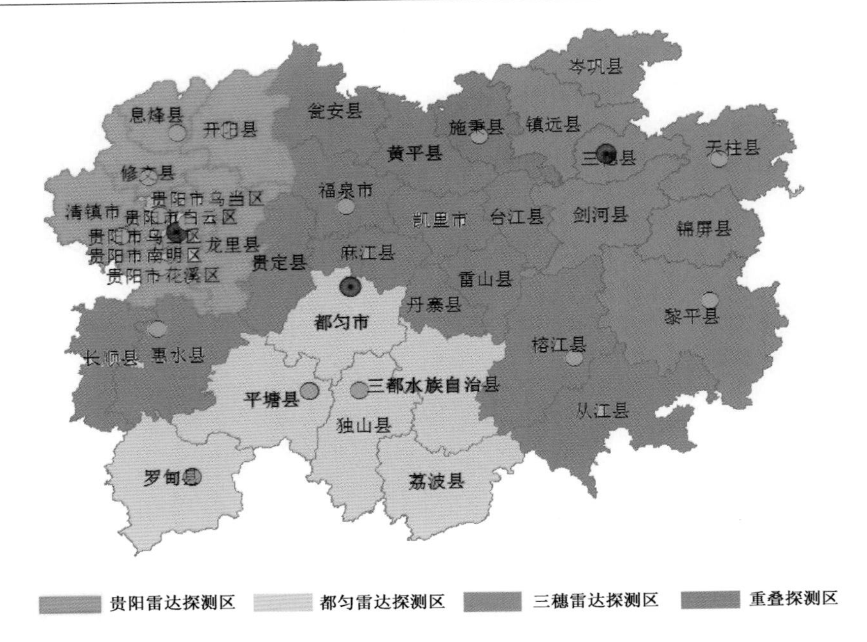

图 4.20　“两高”沿线区域新一代天气雷达探测区示意图

图 4.21　“两高”沿线区域的 3 部新一代天气雷达

每天一段时间连续观测(在无天气过程时,雷达开机时间为 10—15 时);预测和发现天气系统时,应开机全天进行连续观测,直至天气过程结束。

新一代天气雷达系统的主要构成和数据流由 5 个主要部分构成:雷达数据采集子系统(RDA)、宽/窄带通信子系统(WNC)、雷达产品生成子系统(RPG)、主用户处理器(PUP)和附属安装设备,见图 4.22。

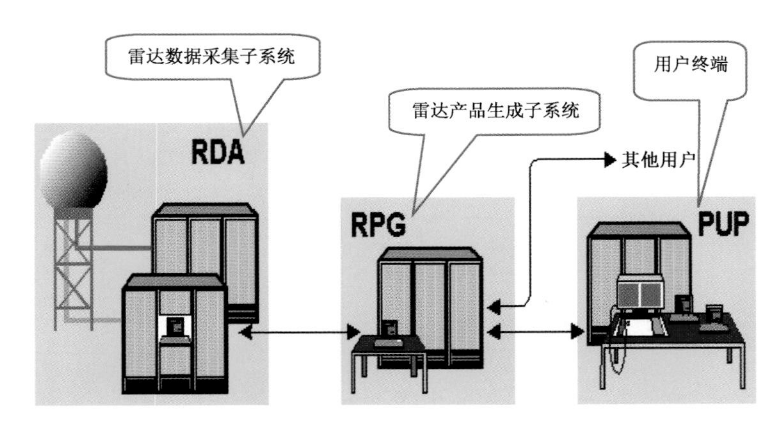

图 4.22 新一代天气雷达系统构成

雷达数据采集子系统(RDA):由 4 部分组成:发射机、天线、接收机、信号处理器(包括 RAD 监控计算机、RAD 内的数据记录、宽带通信)。它的主要功能是产生和发射射频脉冲,接收目标物对这些脉冲的反射能量,并通过数字化形成基数据(base data)。RDA 的上述功能是由 RDA 计算机监视和控制的。

雷达产品生成子系统(RPG):RPG 是一个多功能的单元。它由宽带通信线路从 RDA 接收数字化的基数据,对其进行处理生成各种产品,并将产品通过窄带通信线路传给用户。RPG 还可以通过雷达控制台(UCP)对 RDA 进行监控(遥控方式)。RPG 是整个雷达系统的指令中心。

用户终端(PUP):主要功能是产品获取、产品数据存储和管理、显示产品、产品编辑注释、状态监视。预报员主要通过这一界面获取所需要的雷达产品,并将它们以适当的形式显示在图形监视器上。雷达数据流示意图见图 4.23。

新一代天气雷达探测资料必须按有关规定向国家和省级信息中心传送,并向有关部门分发,雷达拼图时次、文件命名、数据压缩格式按照全国雷达拼图规定执行。

4.4.3 雷达产品

雷达观测基数据是指以极坐标形式排列的方位、仰角、时间、反射率因子、径向速度、速度谱宽及采样时的雷达参数等信息的数据集。基数据是长期性保存的气象资料,以文件形式存档保存在光盘中。基数据每年必须进行整编,数据文件整编以时间序列为线索,整编后的基数据按规定归档到省级气象档案馆,并在雷达站备份。对灾害性天气或具有科学价值的个例需要做典型个例资料整编,包括建立典型个例基数据集、典型个例产品图像集、过程演变索引和其他相关资料等。

(1)基本产品。基本产品是不改变雷达获取的基数据属性,仅将数据的空间分布

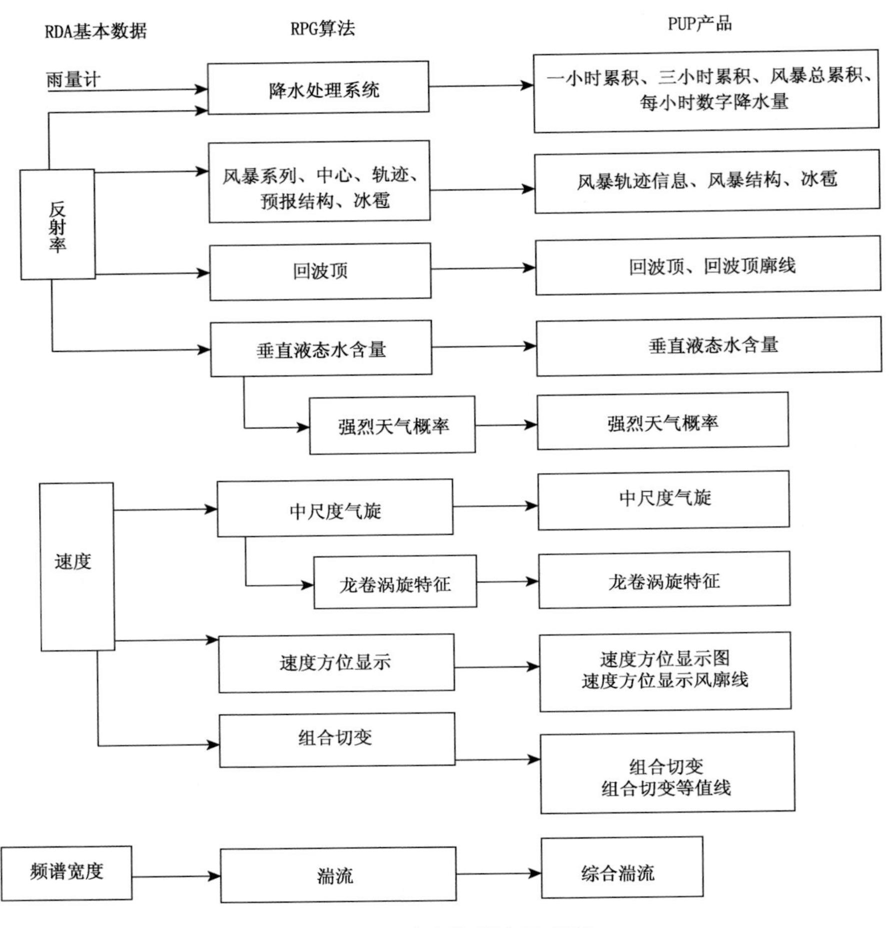

图 4.23 雷达数据流示意图

用多种不同坐标形式表现出来的产品。常用的平面锥形扫描(PPI)、径向垂直剖面(RHI)等主平面强度(CAPPI)、组合反射率(CR)、任意垂直剖面(VCS)。三种基本产品包括反射率因子、基本径向速度、基本谱宽,见图 4.24。

(2)物理量产品。物理量产品是指将雷达获取的基数据处理转化为有特定气象意义的物理量数据和图像分布产品,包括雨强(Rz)、垂直累积液态含水量(VIL)、1 小时累积雨量(PA)、径向散度(RVD)、方位涡度(ARD)、径向切变、综合切变、方位切变、综合谱矩等,见图 4.25。

(3)强对流天气识别产品。综合新一代天气雷达获取的回波强度、径向速度、速度谱宽三种数据分布及其变化,根据各种中、小尺度强天气的结构模型设计制作的自

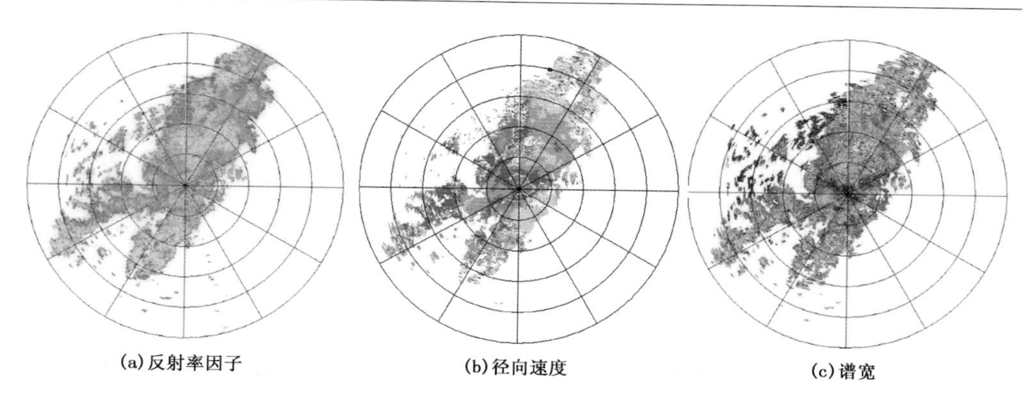
(a)反射率因子　　(b)径向速度　　(c)谱宽

图 4.24　雷达基本产品 PPI

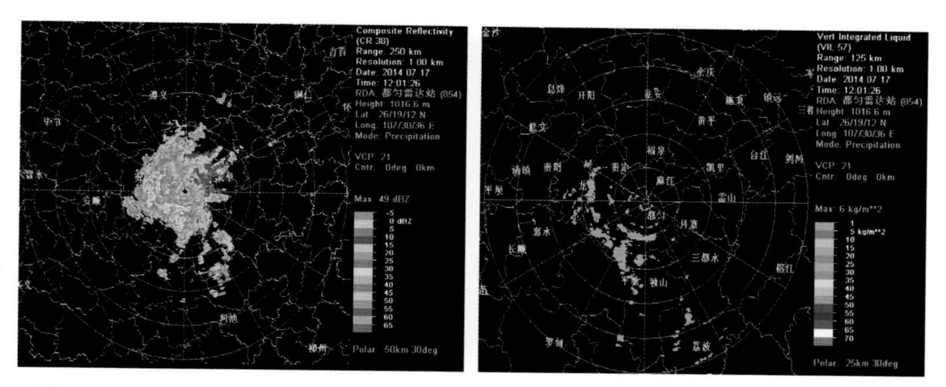

图 4.25　2014 年 7 月 17 日都匀雷达显示的物理量产品(组合反射率和垂直液态含水量)

动检测产品,包括:中尺度气旋自动识别、龙卷涡旋自动识别、下击暴流自动识别、局地暴雨自动识别、风暴追踪叠加强度、风暴追踪、冰雹指数、冰雹指数叠加强度、剖面最大反射率。

CINRAD 雷达产品显示系统(见图 4.26)基于 Java 技术构建,融合了国内外先进的插值算法,支持反射率、速度、谱宽、云顶高度、液水含量、冰雹概率等产品显示。CINRAD 雷达产品显示系统具有以下特点:支持国内的 SA,SB,CB,CC,CCJ 和国外的 NEXRAD Level Ⅱ 等多种雷达基数据格式;支持原始数据及 bz2 压缩格式数据;各仰角的 PPI 显示;选定高度的 CAPPI 显示;选定方位角的 RHI 显示;VCS 任意垂直剖面;叠加网格、地图、散点、轨迹、区域;实时监控指定目录,自动更新数据文件显示;多文件循环动画显示;PPI,CAPPI,RHI 文本格式数据导出;JPEG 格式图片保存;距离测算、自动删除历史文件及图像打印。

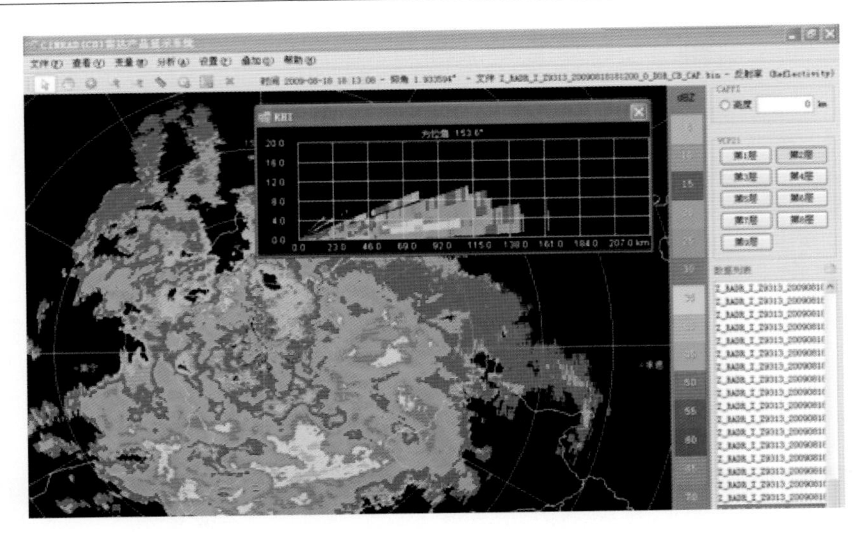

图 4.26　CINRAD 雷达产品显示系统显示界面

4.4.4　仪器设备性能

(1)新一代多普勒天气雷达

新一代天气雷达(CINRAD)是一个探测、处理、生成并显示天气数据的应用系统。它应用多普勒技术来获取距离、方位、反射率和目标速度等数据,通过软件驱动控制雷达工作,计算出最佳探测范围并使雷达回波最佳化。利用气象算法对获得的天气数据进行处理生成基本的可导出的天气产品,并通过一定的图形算法对这些产品做进一步处理,生成可显示的气象数据。其主要设备包括触发信号发生器、调制解调器、发射机、天线转换开关、波导管、天线、接收机及显示器等部分。

新一代多普勒天气雷达根据工作频率分 S 波段和 C 波段两种,中国气象局在全国天气雷达组网建设中主要将 S 波段部署于沿海、沿江等地区,以有效监测台风、龙卷风等灾害性天气。C 波段雷达投资成本相对较低,主要布置于内陆地区,有效监测区域性降水等灾害性天气。C 波段新一代多普勒天气雷达规格见表 4.2。

(2)TWR 系列小型数字化天气雷达

TWR 系列小型数字化天气雷达包括雷达天线、雷达收发系统、电缆线等部分,采用便携式计算机显示,可由交直流发电机供电,同时配置升降机和减震装置。TWR 系列小型数字化天气雷达配置参数:测区最小值 100～120 km 范围(PPI/CAPPI 距离);测量区最小值 100～120 km;天线直径≥1 m,发射机功率≥6 kW;波束宽度≤2.6°;天线副瓣 E、H 面<－23 dB;输入电压 220 V,雷达强度监测距离 130～180 km;雷达强度测量距离≥100 km;雷达强度测量范围≥75 dBz;天线方位扫描范

围为 0°～360°；天线扫描方式为 PPI，RHI，VPPI；目标物距离测量误差小于 500 m，工作环境温度为 −30～50 ℃。

表 4.2 C 波段新一代多普勒天气雷达规格

类型	多普勒天气雷达
波段	C
频率(GHz)	5.42
波长(cm)	5.54
峰值功率(kW)	260
脉冲宽度(μs)	1～2
脉冲重复频率(Hz)	300～1 000
接收机	Log/Lin
最小可测信号(dBm)	−108
天线直径(m)	5
波束宽度(°)	1
增益(dB)	44.5
偏振	单偏振(水平偏振)
转动速率	2 转/min 左右

TWR-01 型天气雷达是基于全数字化、总线结构设计、分布式网络化使用的计算机雷达，能完成局地天气监测、智能化标识天气特征、提供火箭作业目标选择及指示作业目标位置，并通过服务器端计算机把实时数据传送到客户端计算机，在客户端计算机上进行二次产品显示的软件化雷达。该雷达既可固定又可车载，客户端计算机实时数据存储并处理生成常规天气雷达产品，对局地天气过程监测和人工影响天气作业指挥明显优于大型多普勒雷达。如图 4.27 所示为贵州省独山站 2009 年 6 月 9 日 01 时多普勒雷达和 TWR-01 雷达资料对比，都匀雷达站没有观测到强对流系统的发展，而小雷达能够更加及时和准确地反映局地强对流的范围与强度。

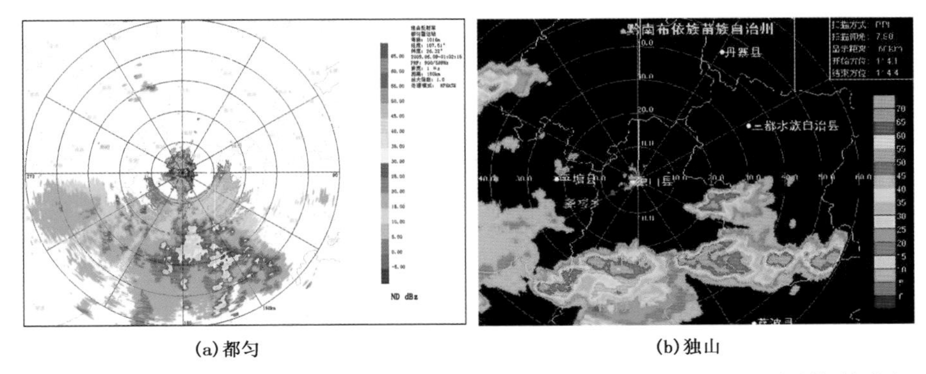

(a) 都匀　　(b) 独山

图 4.27 贵州省独山站 2009 年 6 月 9 日 01 时多普勒雷达和 TWR-01 雷达资料对比

4.5 设施农业气象观测网

4.5.1 站网组成

“两高”沿线区域的设施农业气象观测网由100个农业气象观测大棚组成。站点分别分布在贵阳市息烽县西山乡万亩无公害蔬菜基地的80个蔬菜大棚、乌当区东风镇花卉基地的10个花卉大棚，以及雷山县丹江镇蔬菜基地的10个蔬菜大棚。图4.28为“两高”沿线区域内的乌当区东风镇花卉基地和小河区兰花基地的设施农业气象观测大棚。

(a)乌当区东风镇花卉基地

(b)小河区兰花基地

图4.28 设施农业气象观测大棚

4.5.2 观测仪器设备

在以上100个观测大棚内装置了100套光照、空气温湿度和土壤温度四合一传感器，通过GPRS无线传输数据，对大棚的应用服务涉及生菜、辣椒(小山椒)、上海青、菜心、芥蓝、小白菜、西兰花、芫荽、茄子(圆茄)、菊花(优香)(后改为兰花)等10余个蔬菜花卉品种，依托贵州农经网设施农业物联网应用服务平台，通过互联网和短信给用户提供信息服务。图4.29为大棚环境自动监测设备照片。

4.5.3 数据处理与应用

设施农业气象观测网数据采集模式包含：大棚传感设备信息传输通道，以GPRS方式传输数据；农业气象综合应用信息数据处理平台，对采集的数据进行存储、处理、反馈；10个农业专家系统，包含了生菜、辣椒、上海青、菜心、芥蓝、小白菜、西兰花、芫荽、茄子、菊花等蔬菜花卉品种，农业专家系统根据传感数据实时自动分析处理，并及时告警给用户，图4.30为“两高”沿线区域设施农业气象应用示意图。

图 4.29 大棚环境自动监测设备

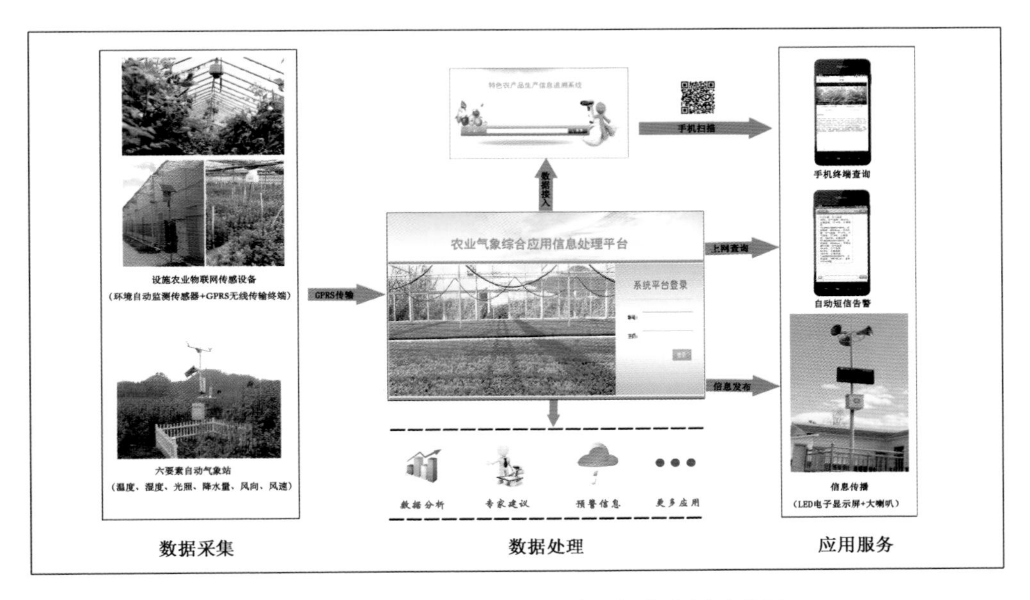

图 4.30 “两高”沿线区域设施农业气象应用示意图

第5章　农业气象灾害预测预报技术

农业气象灾害严重影响农作物的生产，本章主要从影响各个农业气象灾害的主要环流形势、天气系统、大气垂直结构及预报方法等方面，系统介绍影响“两高”沿线区域的农业气象灾害预测预报技术。

5.1　春旱

5.1.1　形成春旱的环流背景及系统

贵州省春旱的发生及分布与大气环流的季节性变化有关。根据典型的春旱天气过程的大气环流形势分析，可归纳出两种春旱环流类型：

第一型的主要特征是：亚欧中高纬度呈纬向环流，东亚大槽不明显，低纬度的副热带高压明显增强，印缅低槽浅而稳定。距平场上，40°N以南均为正距平，以北均为负距平。贵州省上空以偏西气流为主。

第二型的主要特征是：高纬度仍以纬向环流为主，副热带高压中心位置在南海附近，印缅低槽较第一型明显加深，贵州省处在偏西南气流控制之下。距平场上，我国东部地区至日本均为正距平，中心达7 dagpm，40°N以北仍以负距平为主，此型亦可看成是第一型的副型。

春旱期间，在850和700 hPa高度上，贵州省多受偏南或偏西南气流影响，平均风速分别达8和12 m/s，空中水汽含量显著偏少，温度露点差两层次均在7.5 ℃左右。以1969年4月21—25日春旱过程为例，贵阳850和700 hPa的平均风速分别为11和17 m/s，温度露点差分别为7.1和6.6 ℃。在对流层低层，基本上受暖性低压控制。

在14时地面天气图上，春旱期内常有热低压系统存在。低压中心开始在滇东和贵州省的西南部，随着热低压的加强发展低压中心向贵州中部和北部推移，平均低压中心压强可达990.3 hPa。一次热低压天气过程，一般5～7 d，短的3～4 d，长的达7 d以上。热低压控制下的天气，以晴好天气为主，温度高，湿度小，午后常有偏南大风。当北方有冷空气南下，地面热低压撤退减弱，此时将会带来一次降水过程，降水量的大小与暖空气中的水汽条件有关：在未进入雨季时，暖空气中的含水量较小，此时可产生一般性雷阵雨天气；而进入雨季后，雨量会明显加大，甚至有暴雨发生。

5.1.2　西南热低压的特征及预报

西南热低压，是西南地区春季的一个重要天气系统。热低压出现时，西南地区常是晴天，温度急速升高，空气相对湿度和气压显著下降，同时在贵州和云南北部常引起偏南大风，贵州省西南部的春旱天气常与此系统有关。

(1)热低压的一般特征

西南热低压，是指生成在西南倒槽内，或当河西大低压槽伸到四川盆地时，在四川盆地生成，且至少有一条封闭等压线的低气压。它是暖性的地面低压系统，范围较小，低压最外围闭合等压线的平均直径为4.1个纬距。热低压很少移动。闭合环流从地面向高空逐渐减弱，地面强度最大，最明显。它在850 hPa以下的低压轴线是向西南倾斜的，与温度场的配置是常与温度脊结合或与暖中心重叠在一起。

西南热低压，除秋季外其他季节均有出现，3—4月最多，占全年出现总数的65%。这一现象与春季偏南气流增强有关，受辐射和平流的增强作用，使温度升高，地面气压迅速下降。

(2)热低压发展与消亡的一般过程

当东亚大陆有一次明显冷空气南下，蒙古冷高压南下达我国长江流域，变性后折向东部，如这时没有新的冷空气南下，西南地区则处在变性冷高压后部。西南倒槽发展加深或河西大低压向四川方面扩展时，常有热低压开始形成。在热低压刚形成时，500 hPa等压面图上是暖性高压脊，只有在高压脊移动后，西南的浅槽靠近时，热低压才明显地发展起来。浅槽越稳定，低压发展会越强盛，维持时间也越久。

热低压出现时的500 hPa等压面图上，贵州省上空暖平流增强，增温显著，地面西南倒槽发展加深，在四川盆地首先出现闭合低压环流，其后随着低压系统的发展而向高层传播。

在热低压刚形成时，700 hPa等压面的相应位置上反应不明显，一般只表现出气旋性环流，或处于浅槽前的西南气流控制之下，唯有在热低压填塞前的48 h内，才有闭合低压出现。当700 hPa等压面上有冷槽从西北方向移来时，地面热低压的性质亦将随之而发生改变。一般情况是：西南热低压形成之后，常常发现在我国新疆、蒙古人民共和国和我国内蒙古地区有一向南或向东南方移动的冷锋。冷锋行至我国秦岭、大巴山时，受地形阻挡，行速减缓。这时西南热低压恰好处于冷锋前方的相对暖区内，冷锋到热低压边缘时，热低压常随冷锋一起向南缓慢移动，冷锋进入热低压后，热低压迅速减弱填塞。热低压消失以前，在700 hPa等压面的相应位置上一般有低涡出现，自低涡出现到热低压消失之前的一段时间里是热低压发展的最强盛阶段。而低涡出现24～36 h后，随同500 hPa等压面图的西风槽一起东移，此时地面热低压就填塞了。

热低压生成发展的时间长，消失填塞的时间短，一般维持2～5 d。热低压转冷锋低压槽后，多数伴有剧烈的降温、降水现象。

(3)热低压预报的经验指标

春旱的发生、发展常与热低压系统的存在有关，因此主要关注热低压的生成、发展和消亡。

1)用贵阳日平均温压变化曲线图，预报热低压的发生日。日平均气压从多年月平均值以上下降到平均值以下，且气压下降到平均值以下的相邻两次间隔在5 d以上，并有2 d或2 d以上日平均气压高于平均值(再生热低压不受此限)，而且日平均气温从多年月平均值以下上升到平均值以上，通过平均值或通过平均值的前两天，24 h正变温必须小于5.5 ℃，或48 h正变温小于9.0 ℃，同时必须是在温度回升以前，24 h负变温小于2.0 ℃，如果超过2.0 ℃，则必须是连续2 d以上出现负变温。

凡符合上述条件的温压曲线，在经过平均值的前5 d内，两曲线的变化没有连续两次出现相同趋势时，则两曲线所通过平均值的当天或第二天(指两曲线通过平均值的日期相同)，即为热低压发生日期。

2)用日平均气压、温度曲线演变，预报热低压的发生日。有连续三次(4 d)趋势一致的上升过程出现时，当气压转为下降，温度继续上升，且降升幅度：气压大于2 hPa，温度大于1 ℃的转折现象出现后，这一转折日期即热低压的发生日期。

3)700 hPa系统对热低压的消失具有指示性。当700 hPa等压面图上，在地面热低压相应位置上出现闭合的低压环流或西风槽移至热低压上空时，且低压中心垂直轴线倾向西北方并与明显的冷温舌相结合时，此形势出现后的48 h内热低压即将减弱消失。

5.2 夏旱

5.2.1 形成夏旱的主要环流形势

(1)500 hPa环流特征

贵州省“两高”沿线区域夏旱的形成主要是500 hPa上西北太平洋副热带高压和青藏高压的影响，根据500 hPa西北太平洋到青藏高原的副热带流型的配置，归纳出夏旱主要有三种环流类型：

1)高压坝型(东西向带状高压型)——X_1型

高压坝型的主要特征表现为：①副热带高压呈东西向带状分布，高压脊线在25°N以北，多数是在30°N附近摆动。②邻近副热带西风带较平直，亚洲45°～65°N、60°～150°E范围内，经、纬向环流指数均为负偏距。由于高压相连像堤坝一样阻挡南北气流的交换，即使有西风带低压槽活动，但路径偏向东北，低压中心或低压槽底部过

100°E 以后,能南伸到 30°N 以南的很少。③若南海有台风活动,其路径偏西或西南方,对贵州省“两高”沿线区域无影响。

此型出现时,贵州省上空盛行东南季风。副热带高压势力强大,西太平洋高压脊或华中高压西伸明显,贵州省“两高”沿线区域在其势力控制之下,出现全区域性的夏旱现象。本型常见于 7 和 8 月,7 月份出现频率为 50%,8 月份为 47%,6 月份出现频率仅为 3%。

2)西槽东脊型(副高西伸型)——X_2 型

西槽东脊型的主要特征表现为:①处于 110°E 以东的副热带高压系统,向西扩展控制贵州大部,高压脊线 6 月份大多在 25°N 以南,7 和 8 月份大多在 25°~30°N 之间。②高压西方有低压系统活动,低压中心或低压槽槽底比 X_1 型偏南约 5 个纬距,移过 100°E 以后,可南伸到 30°N 以南,对贵州西部和北部有影响。③若南海有台风活动,其路径偏西或西南方,对贵州省“两高”沿线区域无影响。

此型出现时,若副热带高压脊线在 25°N 附近,贵州上空受西南季风影响,少雨地区限于贵州“两高”沿线区域东部;若副热带高压脊线在 30°N 附近,贵州上空受东南季风影响,少雨地区可占“两高”沿线区域大部。若副热带高压继续西伸北跃,常转为 X_1 型,旱区扩展;若副热带高压东撤,则副热带型将有一次明显的调整,贵州省“两高”沿线区域处于两高切变区或受冷槽过境影响少雨过程即告结束。此型出现频率:6 月份占 42%,7 月份占 25%,8 月份占 33%。

3)青藏高压型——X_3 型

青藏高压型的环流特征为:①青藏高压东南移,贵州在脊前偏北气流控制下。当高压中心南下到达云、贵、川一带,也划归本型。②西太平洋副热带高压位置偏东,我国大陆东部有南北向的低压带。③若太平洋有台风活动,常在两高之间取偏北方向移动或向西进入南海,对贵州省“两高”沿线区域均无影响。

本型常紧随西风带低压槽东移之后出现。本型控制前期,天气晴朗,昼暖夜凉;后期白天云量增多,午后有分散的地方性阵雨。本型出现在 6 月份较多,占 48%,8 月份占 28%,7 月份较少,占 24%。

(2)100 hPa 南亚高压

100 hPa 高压脊线与贵州省“两高”沿线区域夏旱有较好的对应关系。当 110°E 的 100 hPa 高压脊线位置稳定在 30°N 以北则贵州进入夏旱期。110°E 的 100 hPa 高压脊线稳定通过 30°N 的时间早迟,与夏旱开始日迟早有密切关系。夏季开始早(迟)的年份,110°E 的 100 hPa 高压脊线位置进入 30°N 的时间也早(迟),脊线位置稳定在 30°N 以北的时间要长(短),6—8 月脊线位置比常年偏北(南),该年的夏旱重(轻)。从预报角度看,定出 110°E 的 100 hPa 高压脊线稳定通过 30°N 的时间是有一定预报意义的。

夏季存在着两种不同的干旱天气类型，其特征如下：

1)100 hPa 南亚高压东部型

此型配合以 500 hPa 西太平洋副热带高压稳定西伸，直接控制和影响贵州。此型出现时低层为偏南气流，中层转偏东气流，贵州上空整层为稳定的反气旋环流，其特点是：在 500 hPa 西太平洋副热带高压西北边缘、100 hPa 南亚高压东北边缘的中国大陆东部，有大片显著正相关区。这说明在该地区 500 hPa 与 100 hPa 环流存在着同时性变化。往往当 100 hPa 南亚高压位置向东向北伸展时，500 hPa 西太平洋副热带高压就向西向北伸展。在天气上反应为降水偏少。

2)100 hPa 南亚高压西部型

此型配合以 500 hPa 沿海长波槽建立，青藏高压发展。此时贵州处于槽后脊前的大范围的偏西北气流控制之下，并从低层向上伸展到 100 hPa 高度。贵州省的严重夏旱往往是南亚高压东部型和西部型这两种类型相继出现的结果，如 1966 和 1972 年。它的最显著特点是：500 hPa 出现了明显的沿海低压槽并持续存在，副热带高压位置偏东偏弱，而在青藏高原上有高压（或高压脊）发展，贵州省受青藏高压前的西北气流控制，低层系统与 500 hPa 类似；在温度场上，沿海槽是冷性的，而高压脊是暖性的，系统都较深厚，在深厚的长波槽后脊前，对应的大范围的下沉运动。因而，十分有利于形成持续干旱少雨天气。

5.2.2　夏旱天气系统的短中期变化及预报技术

贵州省夏旱的形成在 500 hPa 上主要是西太平洋副热带高压和青藏高压的影响，在 100 hPa 上表现为南亚高压的脊线位置偏北，多为东部型的天气过程。

(1)西太平洋副热带高压的变化和预报

西太平洋副热带高压在随季节向南移动的同时，短时期的活动也极为复杂，即北进中可能有短暂的南退，南退中可能出现短暂的北进，且北移常与西进结合，南退常与东缩结合。当高压脊西伸时，即 588 dagpm 线（以下简称 588 线）的西伸脊点达 110°E 时，贵州省东部将受高压环流的影响，多为下沉气流控制，天气晴好。但其西部属副热带高压边缘，常有风向或风速切变或气旋式环流，局部地区可有雷雨发生（多为 X_2 型）。仅当副热带高压脊进一步西伸，或与青藏高压合并，贵州省在 588 线控制之内，则此时带来全省性的连晴少雨天气（即为 X_1 型）。这一形势的持续或不同干旱环流形势的交替影响，即形成了贵州省的夏旱天气。只有当副热带高压随着西风带槽（或高原槽）的东移而东撤时，才会带来一次降水过程，而使干旱天气得以缓和。

副热带高压的预报方法主要包括以下方面：

1)外推法。一般以 588 线为特征，根据它的位置变动情况来推测西太平洋副热带高压脊的变化。但此变化在西伸时是缓慢的、渐变的，而在东撤时是迅速的。因此，外推法预报副热带高压西伸时效果较好，而预报东撤时则效果较差。

2)考虑高空锋区的变形。当副热带高压脊位于西风槽前而西风槽减弱时，其南端附近有加压，脊将西伸；反之脊东撤。副热带高压脊位于西风带锋区南侧，当北侧锋区有加压时，副热带高压脊将北上；反之，则南退。

3)利用单站探空资料变化来预报。当对流层顶有升高趋势时，西太平洋副热带高压脊就有加强的可能，而当对流层顶和地面温差越大时，则加强得愈明显。

4)预报经验。①副热带高压脊线的北跳，东段先于西段，一般可提前7～8 d。②在500和700 hPa等压面上，副热带高压脊北部的西南风加强，且范围扩大，则副热带高压加强北跳；若减弱，则往往东撤。③副热带高压脊内碧空、少云区向北扩，则副热带高压加强北进；反之，要减弱东撤。④副热带高压西部出现大的$+\Delta H_{24}$时，则副热带高压加强西进；反之，要减弱东撤。⑤暖中心出现在高压中心南侧时，预示副热带高压南退。⑥在500和700 hPa上，副热带高压脊向$+\Delta T_{24}$区伸展，中心向$+\Delta T_{24}$中心移动。若副热带高压有明显的$-\Delta T_{24}$，则副热带高压就地减弱。⑦副热带高压北进时，对流层上层(300 hPa或200 hPa)的$+\Delta H_{24}$比中、低层出现较早，强度大；副热带高压撤退时，对流层上层的$-\Delta H_{24}$也比中、低层出现早，强度大。对流层顶的升降也比中、低层$\pm\Delta H_{24}$出现早。所以，对预报而言，注意上层形势更为重要。

(2)500 hPa青藏高压的活动和预报

500 hPa青藏高压的中心强度一般在588 dagpm以上，最强可达592 dagpm，常以暖性高压形式东移。当此高压位置偏西可与西太平洋副热带高压构成两高切变系统影响贵州省时，贵州境内就有一次降水天气过程。当高压继续东移控制贵州境内时，则天气转晴。或当高压东移过程中与副热带高压合并，可导致副热带高压西伸或北跳形成高压坝型，贵州天气亦以晴天为主。青藏高压按其活动和影响的范围分为三类：

第一类：大型高压，可控制整个青藏高原。南北宽度可达15个纬度及其以上。中心强度在592 dagpm以上。移动缓慢，可在高原停留几天。其中心轴线随高度经常是向东倾斜的。高压控制前常出现下沉逆温现象。

第二类：中型高压。其中心强度一般在588 dagpm以上，南北宽度约5～10个纬度。移动较第一类高压快，平均每天移动约7个经度左右。

第三类：小型高压。其中心强度常在588 dagpm以下(但随高度增加很快)，其范围较小，有时有闭合环流，有时仅有一个脊，且受高原地面热力作用的影响比较明显。高压中心附近没有明显的下沉运动，在近地面层甚至可出现气旋性环流。此类高压的移速快，一天平均可移10～15个经度。

青藏高压的经验预报：

1)里海附近有低槽发展时，常可促使中亚地区有高压生成并加强。且大多数要经过青藏高原的北沿，自西向东移动。进入南疆时强度增强，速度减慢，东移到高原的东半部时，强度迅速减弱，移速增大，大多数消失在100°～105°E之间。

2)小型高压往往随着西风槽的后部向东移。这类西风槽在东移过程中一般强度逐渐减弱而速度不减。其后小高压的东移速度亦无大变化，只是强度在高原上时有一些增强。所以，掌握好西风槽脊的活动对预报小型高压的移动有很大的帮助。

3)青藏高压的减弱和消失常与其北方有冷低压槽的入侵有关。当低压槽接近它的时候(它们之间如果有冷平流)，下层冷空气侵入，促使高压崩溃。

4)大、中型高压控制的地区，连晴少雨，常有旱象出现。

(3)100 hPa南亚高压的变化及预报技术

100 hPa上的南亚高压是北半球夏季对流层上部大尺度环流中一个最强大、最稳定的暖性高压。其范围以高原为中心，从40°～50°E起到150°～160°E为止。夏季，在100 hPa平均图上，西太平洋与南亚的副热带地区为势力强、范围广的高压所控制，其脊线的活动(平均)情况大致是这样：4月在15°N，5月在23°N，6月在28°N，7月在32°N，8月在33°N，9月又回到28°N附近。一般地讲，脊线偏北，长江流域(包括贵州)干旱；脊线偏南，长江流域(包括贵州)多雨。

在6—9月的盛夏季节里南亚高压分三个天气过程：东部型过程，主要高压中心在100°E以东，维持时间在5 d以上；西部型过程，主要高压中心在100°E以西，维持时间在5 d以上；带状型过程，即在50°～140°E之间有好几个强度相当的高压中心，呈带状分布。

南亚高压脊线位置与夏旱预报经验：

1)从短期看，高层系统比低层系统的变化有提前现象。例如1979年6月底至7月初的转折性天气过程中，南亚高压脊线的北跳比500 hPa西太平洋副热带高压脊的跳跃就提前1 d。

2)南亚高压是相对稳定的大型系统。它的环流型转换和东西振荡的周期约在半个月左右。因此可利用其环流转换制作中期预报。

3)统计指出，当110°E的南亚高压脊线位置稳定越过30°N以北，贵州进入夏旱期。在入旱后将有一段较长时间的少雨时段。

4)贵阳上空10 km转东风迟早，是贵州上空环流演变的重要标志。转东风显著提早在6月12日前的年份，标志着100 hPa南亚高压从5月下半月就开始越过北回归线并稳定北上，是形成贵州7月份及其前后强而稳定的干旱流型的先兆。反之，转东风接近平均日期6月23日或显著偏迟的年份，说明南亚高压在北回归线以南有相当长的一段稳定期，北上晚而不够稳定，南北摆动大，强度弱，不易形成稳定的干旱流型。

5)贵阳高层转东风显著提早的年份。转东风前10 d内西藏高原500 hPa温度显著偏高，而印度半岛北部，以及中国南海北部及两广、台湾省一带（20°N 以北，95°～125°E)，100 hPa 温度显著偏低。转东风前 3 d之内，80°E 以东的 100 hPa 南亚高压脊线呈西北—东南走向。我们可以利用这些统计结果结合环流形势调整预报贵阳转东风的时间和 100 hPa 南亚高压脊线的走向，从而间接地预报中期内的夏旱趋势。

6)100 hPa 中纬度高度场划分为东高西低型和西高东低型，这与上述用脊线和高压中心所定出的东部型和西部型大体一致。通过用 100 hPa 中纬度的高度场环流型与 500 hPa 环流特征的配置，得到贵州省夏季入旱、干旱持续和夏旱解除简要框图（见图 5.1)。其基本思路是：100 hPa 西风带高度场呈东高西低形势时，有利于副热带高压北跳西伸和青藏高压（500 hPa)的形成，使贵州进入旱期。在旱期中 100 hPa 东高西低型维持时，即使 500 hPa 副热带高压东退，或形成两高切变时，贵州东部地区也不易解除干旱；而在 100 hPa 为西高东低型时，贵州不易入旱。在入旱后仅当 100 和 500 hPa 同时转入雨型环流时，贵州的干旱才能解除。

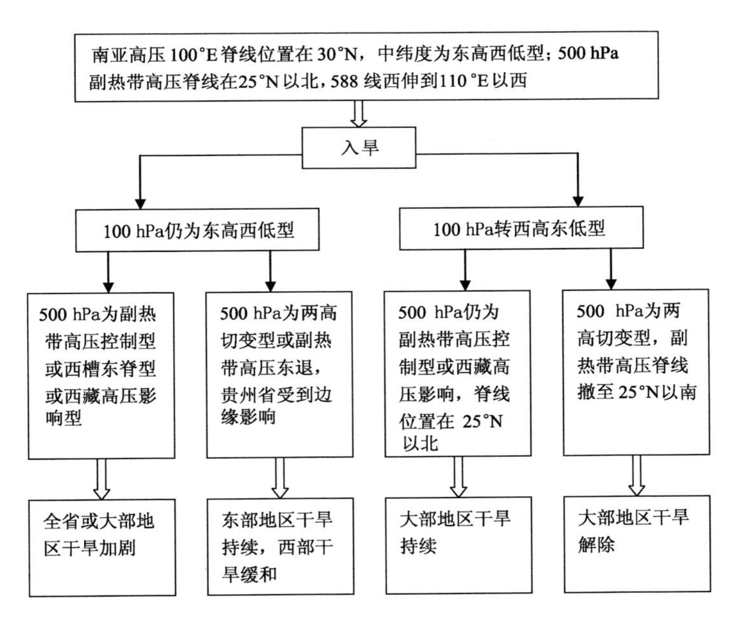

图 5.1 贵州省夏旱过程的高、中层环流配置简要框图

5.3 霜冻

5.3.1 霜冻类型

霜冻按其形成的原因可分为三种类型：

(1)平流霜冻。由强冷空气南下引起降温而产生的霜冻。这种霜冻受地形影响

较小,小气候差异也小。它可以在一天中的任何时间出现,影响范围广,可造成区域性灾害。

(2)辐射霜冻。由于夜间辐射冷却,使温度下降而产生的霜冻。它常出现在晴朗无风的夜间或清晨。通常出现在低洼的地面上。

(3)平流辐射霜冻。由冷平流和辐射冷却两个因子综合作用产生的霜冻。

贵州省纬度较低而海拔较高,同时又处在青藏高原的东斜坡面上,地形西高东低及 500 hPa 上多低压槽和地面静止锋活动,因此,辐射霜冻较少,主要是平流辐射霜冻和平流霜冻。

5.3.2 霜冻的预报方法

由于贵州省的霜冻主要是平流辐射霜冻和平流霜冻,因此强冷空气特别是寒潮的预报与霜冻预报的关系十分密切。

(1)天气形势分析法

1)当北方有冷空气影响时,贵州省往往维持静止锋天气,阴天有小雨。当地面冷高压分裂为小高压南下影响时,导致静止锋加强南移,贵州省受高压环流控制,天气转晴,地势较低地区出现霜和雾。

2)当青藏高原上出现较大范围的正变压(ΔP_{24})大于 5 hPa,则高原上将有高压东移影响贵州省,天气转晴,往往出现霜。

(2)最低温度指标预报法

在形势预报的基础上,预报最低温度,在霜出现季节,晴朗或少云,静风或微风的夜间,最低温度降到 5 ℃以下时,便可能产生霜。

贵阳地区霜期最低气温经验公式:

$$T_{\min} = T_{14} - \left(C + \frac{T_{14}}{10}\right) \tag{5.1}$$

式中:$T_{\min}$为未来的最低气温(℃);T_{14}为 14 时(北京时)观测的干球温度;C 为因 14 时相对湿度不同、地面风向不同而改变的经验数值(见表 5.1)。

根据式(5.1)计算出来的最低气温在 4 ℃以下,预计夜间的风力在 1 级以下,低云量不超过 4 成或仅有高云时,可考虑将会有霜出现;若计算的最低气温在 0 ℃以下时,有霜的可能性更大。

表 5.1 14 时相对湿度对应 C 值

地面风向偏南时		地面风向偏北时	
14 时相对湿度(%)	C 值	14 时相对湿度(%)	C 值
5～14	17.0	5～14	16.0
15～24	17.0	15～24	15.0

续表

地面风向偏南时		地面风向偏北时	
14 时相对湿度(%)	C 值	14 时相对湿度(%)	C 值
25～34	15.0	25～34	15.0
35～44	14.0	35～44	12.0
45～54	12.0	45～54	12.0
55～64	12.0	55～64	10.0
65～74	12.0	65～74	7.0
75～84	12.0	75～84	6.0
85～94	10.0	85～94	5.0

5.4　倒春寒

5.4.1　倒春寒天气过程的环流形势

贵州省出现倒春寒天气过程，一般均有较强的冷空气影响，才能使气温明显下降并达到 10 ℃以下，另一方面又必须是持续 3 d 及以上的阴雨天气，这就需要南方的暖湿气流具有一定的势力，使之在滇黔之间能维持静止锋天气。倒春寒天气过程的环流形势是：在 500 hPa 等压面上中高纬度地区呈现较明显的经向环流，一般在欧亚上空为两槽一脊型，按其高压脊的位置不同，可分为两种类型，即中亚高脊型和乌拉尔山高脊型。

(1)中亚高脊型

500 hPa 等压面图上，中高纬度地区经向环流明显，欧亚上空呈两槽一脊型，高压脊位于 80°E 附近，低压槽位置分别在 40°E 和 130°E 附近，中亚高压脊前西北气流引导冷空气南下影响华南及西南东部地区，低纬度地区西藏高原到孟加拉湾等地的高度值显著偏低，高原上不断有低值系统东移影响贵州，使暖湿气流活跃于北方冷空气之上，形成较强的静止锋，产生倒春寒天气。这种类型是贵州省倒春寒天气过程的主要环流类型。由于中亚高压脊的东移，往往经过 3～5 d 后，高压脊到 100°E 附近，不再有冷空气向南补充，低温阴雨天气结束。故这一类型的倒春寒天气过程一般不长，以 3～5 d 占多数。

(2)乌拉尔山高脊型

500 hPa 等压面图上中、高纬度地区在乌拉尔山(60°E 附近)有比较强而稳定的高压脊或阻塞高压，在 20°E 和 130°E 附近各有一低压槽，西太平洋副热带高压不明显，低纬度地区伊朗高原到西藏高原等压面位势高度值异常偏低。在这种形势下，乌拉尔山高压脊前部的偏北气流有较强的冷平流向南输送，使贝加尔湖到巴尔喀什湖一带常维持一横槽，并不断有小槽分裂东传。使东亚大槽移动缓慢，南支气流多小波动，致使贵州南部的静止锋维持，因而产生倒春寒天气过程。这一类型造成的倒春寒天气过程次数较少，约占总数的1/5，但造成贵州省倒春寒天气过程持续日数较长，一般都在5 d以上，甚至可达8～13 d。

5.4.2 倒春寒天气的主要影响系统

(1)500 hPa等压面图上，中亚高压脊或乌拉尔山阻塞高压(或高压脊)的建立与维持，是倒春寒天气过程的重要影响系统。当它稳定和发展时，其前部的偏北气流才能使前面的低槽发展加深，引导冷空气南下，一般来说，北支低压槽的底部应伸展到30°N附近。

(2)700 hPa等压面图上，在倒春寒天气过程开始前2～3 d，往往在巴尔喀什湖附近为一南北向的低压槽，在槽线东移过程中，北段移速快，南段移速慢，随之在川黔之间或黔中维持一条横切变线，使冷、暖空气就在我国西南东部地区交汇，造成倒春寒天气。700 hPa等压面上横切变线的强度和位置与倒春寒天气过程的强度和影响范围直接有关，横切变线强度愈强，倒春寒天气愈重，横切变线在贵州中部，则倒春寒天气范围广。

(3)地面冷高压和锋面。地面冷高压的强弱与倒春寒天气过程的强度有关，地面冷高压越强，倒春寒天气越重，否则倒春寒天气较轻。地面锋面往往有两种情况，一种是冷锋移到滇、黔之间趋于静止，变为静止锋；另一种情况是原来在滇黔有静止锋，由于北方冷空气不断补充使静止锋趋于活跃，造成贵州省持续的静止锋控制下的倒春寒天气。不管那种情况，静止锋是贵州省倒春寒天气过程的必要条件。静止锋的强度、持续时间及其位置，直接影响倒春寒天气过程的强度和持续时间。贵州省南部的静止锋可能使全省造成倒春寒天气，中部静止锋则只能在贵州省北部地区造成倒春寒天气。

5.4.3 倒春寒天气过程的预报方法

贵州省纬度较低，春季回暖较快，因此，强冷空气活动是倒春寒天气过程的先决条件，首先，必须预报北方有无冷空气影响贵州，特别注意中亚高压脊和乌拉尔山高压脊或阻塞高压形势下的强冷空气活动。在有强冷空气活动的前提下，再考虑低纬度地区的影响系统，即暖湿气流的情况，能否与北方冷空气在贵州南部构成静止锋，造成持续的低温阴雨天气，这方面的预报着眼点主要是：

(1)在700 hPa等压面图上，长江流域到川黔之间有横切变线形成，北方有冷平流，孟加拉湾有浅槽，暖湿空气向北输送，有较强的锋生作用。

(2)副热带高压一般较弱。

(3)当北方高压脊减弱东移,贝加尔湖生成暖脊,新的冷空气不能继续补充,倒春寒天气过程结束。

(4)若地面冷高压分裂的小高压向东南移,使 700 hPa 等压面上横切变线南压,转为高压环流控制,倒春寒天气过程结束。

(5)巴尔喀什湖附近若有暖平流往东输送,则低温时间不长,不一定出现倒春寒天气过程。

(6)青藏高原到孟加拉湾地区等压面位势高度值要低,有低槽东移才可能造成倒春寒天气;若青藏高原有高压脊东移控制贵州,则无倒春寒天气过程。

(7)倒春寒天气过程还与冷空气南下路径有很大关系。西北路径冷空气从青藏高原经四川进入贵州,移动速度快且有下沉增温作用,低温维持时间短,不会造成倒春寒天气过程;而北路冷空气一般强度较强,容易形成倒春寒天气过程,并且范围较大,时间较长;东北路径下来的冷空气比较浅薄,一般不易产生倒春寒天气过程,如冷空气加强或不断有冷空气补充时,可造成倒春寒天气过程,可影响中北部,或影响全省。

(8)单站要素变化:①气压保持正常的日变化和缓慢下降的趋势;②温度的日变化很小,昼夜都有寒冷的感觉;③风向摆动在北风和东风之间,偶尔转为偏南风,但为时很短促,风力一般在 2 级以下;④夜间空气相对湿度在 90%以上,白天也在 75%以上;⑤低云罩山但水平能见度并不太坏;⑥白天仍有断续或持续的降水,但降水量比夜间小,云层低重,变化于 Sc 和 Ns 之间,终日有较多的 Fc 和 Fs;⑦探空曲线上有逆温层的同时,也有露点随高度增大的现象。

5.5　冻雨

5.5.1　冻雨天气的环流特征

根据对 1990 年 1 月 1 日—2008 年 12 月 31 日之间出现的 32 次冻雨过程的 500 hPa 形势场分析,将冻雨的环流形势归纳为以下几种类型:

(1)两槽一脊型

此类形势欧亚中高纬度地区经向度明显,贝加尔湖高压脊显著,在乌拉尔山脉以西的欧洲东部地区与鄂霍次克海附近存在极涡,由于鄂霍次克海附近极涡的稳定存在,东亚槽存在于 120°～140°E 之间,槽底位于 30°N 左右,引导较强冷空气不断南下,并经湖北、湖南进入贵州,同时高原气流平直多小槽东移。此类形势由于东北冷涡存在,冷空气势力偏强,冷高压中心位于 105°E、40°～45°N 附近,中心平均气压值为1 042.5 hPa。冷高压中心轴呈明显的南北向,气压梯度显著。冷空气主要经湖北、湖南方向折向贵州,影响区域多以贵州中东部为主。此类型日冻雨站次一般为

10～30 站，当冷空气偏强，海平面气压场上 1 030 hPa 等压线进入贵州时，会产生大面积冻雨，冻雨站次也会超过 40 站次。冻雨天气过程一般 3～5 d，最长 7 d，以 1998 年 1 月 19—25 日的形势为典型（见图 5.2）。统计时段内此类型共出现 85 d，占冻雨过程的 42%。

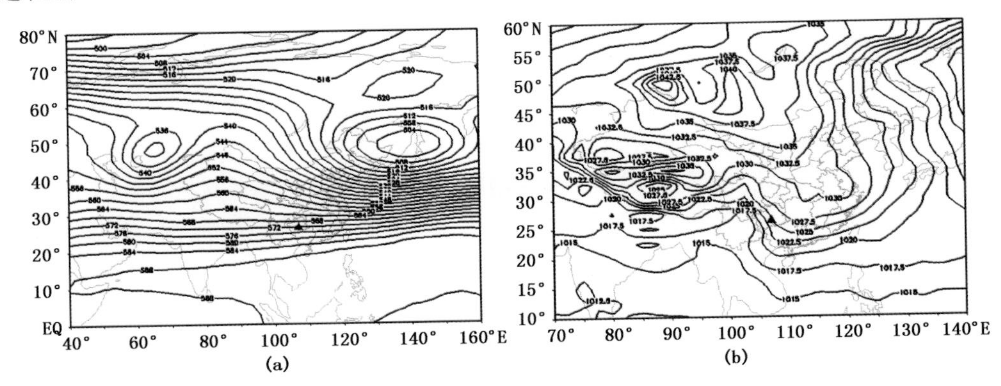

图 5.2　1998 年 1 月 19—25 日 500 hPa 高度平均场(a)和海平面气压场(b)

（“▲”为贵阳）

（2）贝加尔湖阻高型

此类形势欧亚中高纬度地区经向度明显，是两槽一脊型的特殊型。阻塞高压中心位于贝加尔湖西北部 90°～110°E、55°～65°N 之间，中心强度在 544 hPa 以上。西风气流在巴尔喀什湖附近出现分支，北支沿巴尔喀什湖北部流向俄罗斯高纬度地区后在俄罗斯东北部地区掉头转向再分为两支，其中一支流向贝加尔湖和蒙古地区，使得冷空气在这些地区不断堆积，形成庞大的冷高压。这个冷性的高压系统发展深厚，甚至在对流层高层 250 hPa 上，阻塞形势仍然明朗。在阻塞高压前侧的横槽主要位于鄂霍次克海至蒙古中部一带，冷空气主要从河套南下。南支气流从新疆经河套到华北。两支锋区各伴随一个槽，东槽与北支锋区联系，提供低空冷空气，冷空气可经华北、华中进入贵州；西槽与中纬度锋区联系，槽后是自新疆东移的冷空气，经秦岭南下四川进入贵州。

此类型由于冷空气主体位于 80°～120°E、40°～60°N，大多位于贝加尔湖以南至内蒙古中部一带，平均海平面气压在 1 045～1 047.5 hPa 之间。冷空气往往经四川和湖北、湖南两个方向入侵贵州，给贵州造成大范围严重的冻雨天气。此类型日冻雨站次一般为 20～40 站次，当冷空气偏强，海平面气压场上 1 030 hPa 等压线进入贵州时，冻雨范围扩大，冻雨站次也会超过 40 站次。过程一般为 2～4 d，最长 9 d，以 2000 年 1 月 28 日—2 月 5 日最长，并以 2004 年 12 月 24—29 日最为典型。统计时段内此类型共出现 40 d，占冻雨过程的 20%。图 5.3 为 2004 年 12 月 24—29 日 500

hPa 高度平均场和海平面气压场。

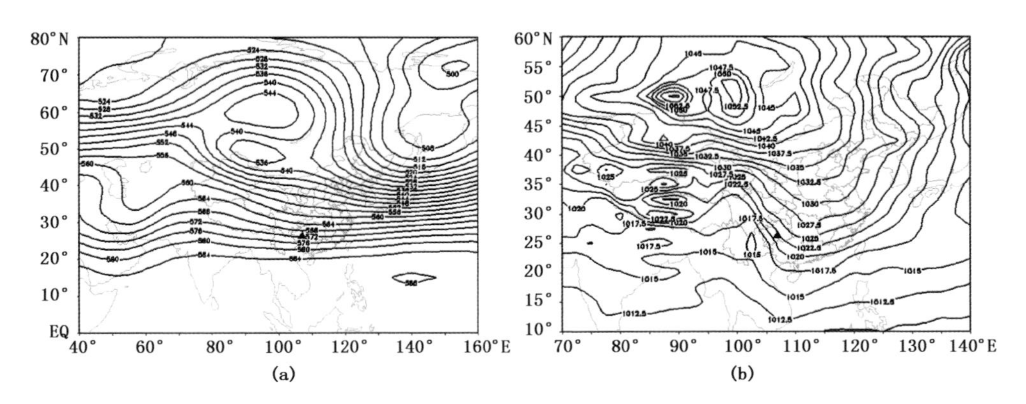

图 5.3　2004 年 12 月 24—29 日 500 hPa 高度平均场(a)和海平面气压场(b)
(“▲”为贵阳)

(3)乌拉尔山阻高型

此类形势欧亚中高纬度经向度显著。阻塞高压中心位于 50°～55°N、60°～80°E 之间的巴尔喀什湖西北部至乌拉尔山东部之间,阻塞高压西南侧的切断低涡位于咸海南部至巴尔喀什湖西南部的中亚地区,阻塞高压东南侧在蒙古中部至天山一带则有一条近似东西向的横槽。西风带气流在里海附近出现分支,北支气流绕阻塞高压经西西伯利亚、蒙古进入我国,阻塞高压北侧北风的分量较大,多为 16～24 m/s;南支气流从里海南部经帕米尔高原进入我国。两支气流在河西走廊汇合,引导强冷空气东移南下。由于高原气流多波动,孟加拉湾有时有低槽东移,为贵州上空输送大量暖湿水汽,是冻雨天气发生、维持的有利背景条件(见图 5.4a)。此类型地面冷高压中心主要稳定在贝加尔湖西南部至巴尔喀什湖东北部之间,冷高压中心强度一般为 1 045～1 047 hPa(见图 5.4b)。当孟加拉湾低槽活跃时,可给贵州造成大范围严重的冻雨天气,主要影响区域在贵州中部一线呈东西向分布。此类型日冻雨站次一般为 10～30 站次,当冷空气偏强,海平面气压场上 1 030 hPa 等压线进入贵州时,会产生大面积冻雨,冻雨站次也会超过 40 站次。冻雨天气过程一般为 2～4 d,最长 7 d,以 2008 年 1 月 16—23 日 7 d 为最长。统计时段内共出现 35 d,占总过程的 17%。图 5.4 为 2008 年 1 月 18—23 日典型个例的 500 hPa 高度平均场和海平面气压场。

(4)纬向型

此类形势欧亚中高纬度地区气流较平直,东亚槽位于 120°～140°E,有时不明显。极涡较弱,位置偏北,位于 70°N 以北。在中亚地区的黑海至里海常有低压槽,其分裂的低压系统沿着高原东移影响贵州。此类形势冷空气势力偏弱,蒙古高压位

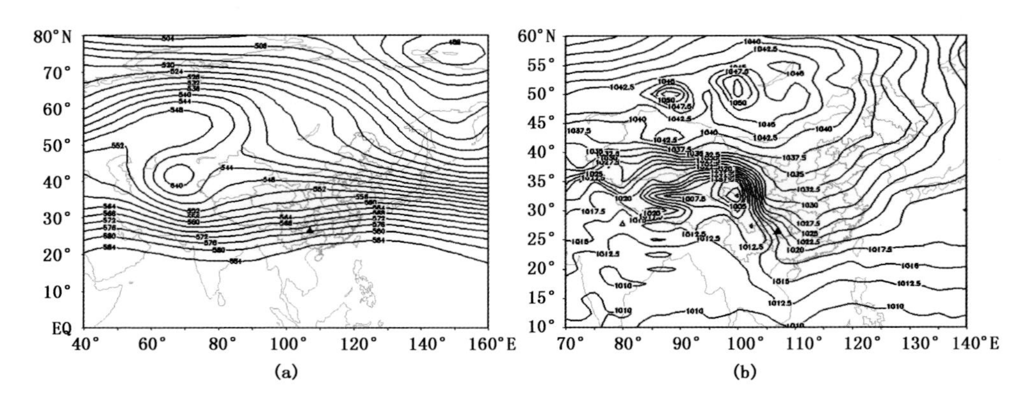

图 5.4　2008 年 1 月 18—23 日 500 hPa 高度平均场(a)和海平面气压场(b)
(“▲”为贵阳)

于 110°E、45°N 附近，中心平均气压值为 1 035 hPa。当高原上有频繁的弱冷空气东移时，一旦进入高原东侧，通常在地面形势场上四川境内形成冷气团，在中低层的川、黔之间伴有辐合，这种形势冷空气的影响集中在贵州西部地区，易在西部地区出现冻雨。此环流型一般形成较轻程度的冻雨天气，日影响站次一般为 10～20 站次，当海平面气压场上 1 027.5 hPa 等压线进入贵州时，冻雨范围也会增加到 20 站次以上。过程一般为 1～3 d，最长 5 d，统计时段内共出现了 21 d，占冻雨过程的 10%。以 1997 年 2 月 3—7 日为典型(见图 5.5)。

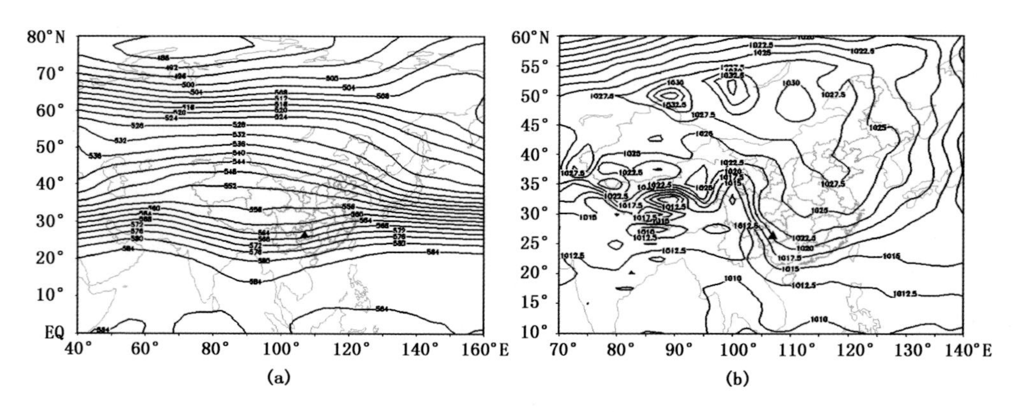

图 5.5　1997 年 2 月 3—7 日 500 hPa 高度平均场(a)和海平面气压场(b)
(“▲”为贵阳)

(5)横槽转竖型

此类形势欧亚中高纬度地区有横槽转竖，过程通常为 1 d，最长 3 d，以 1993 年 1

月 14—16 日为典型，见图 5.6。按照区域来分，此类型有两类，一类为东亚横槽转竖型，另一类为贝加尔湖—巴尔喀什湖的横槽转竖型。前者地面冷高压中心偏于蒙古—华北一带，冷空气路径多以偏东北方向进入贵州，冻雨范围自东向西发展；后者冷空气路径先正北后偏东北方向进入贵州，冻雨范围自西向东发展。冷空气中心强度平均为 1 045 hPa。统计时段内共出现 14 d 横槽转竖型，占冻雨过程的 7%。

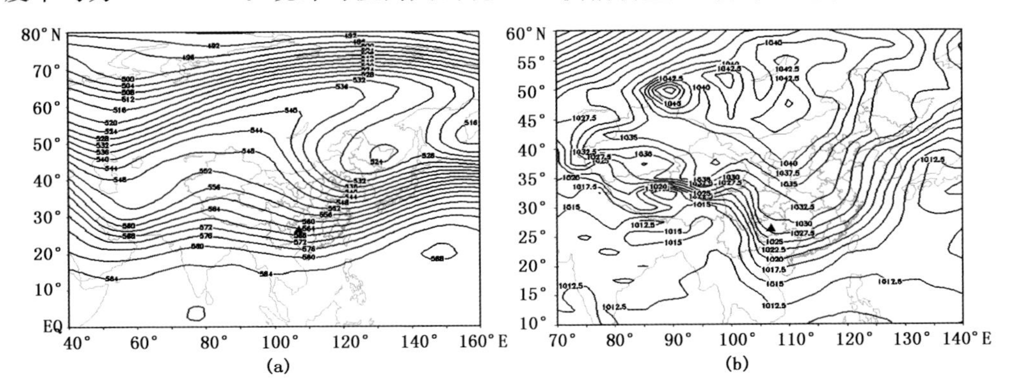

图 5.6　1993 年 1 月 14—16 日 500 hPa 高度平均场(a)和海平面气压场(b)

（“▲”为贵阳）

5.5.2　冻雨天气的影响系统

产生贵州省冻雨天气的影响系统，主要是由贵州和云南之间的准静止锋造成的。当 500 hPa 高空有小槽东移，带来冷空气南侵，则可使静止锋趋于活跃，冻雨天气也将持续；若孟加拉湾低槽存在，输送大量水汽，那么，冻雨强度会明显加强。往往当西藏高原有强高压脊形成东移，由我国西北至长江流域出现强劲西北气流，地面静止锋移到云南西部后消失，冻雨天气才告结束。总之，贵州的冻雨与静止锋是紧密相连的。贵州冻雨时期常见的一种探空模式表明，由于锋面的存在，中、低空的锋面逆温较明显，云层并不高，温度也不太低，可见冻雨降水主要是锋面及其附近上空的降水（即过冷却水滴），它是低空暖湿空气沿锋面滑升或加上较弱的抬升作用凝结而形成的。

5.5.3　冻雨天气大气垂直结构特征

贵阳中低空温度场及两种垂直模式温度要素统计（见表 5.2）表明，冻雨天气大气垂直结构特征如下：

(1)地面平均气温不宜过低，主要集中于 −3～0 ℃。地面平均气温，贵阳为 −1.4 ℃，表明略低于 0 ℃的气温是冻雨形成的有利温度条件。

(2)低空逆温结构显著，逆温区浅薄，但温度梯度显著。冬季产生冻雨的主要天气系统是滇黔准静止锋，在垂直结构上表现为低层有较明显的锋面逆温存在。贵阳的逆温层底、逆温层顶的平均高度分别是 788 和 710 hPa，表明锋面逆温结构主要出现在 800～700 hPa 之间。逆温区厚度只有 39～78 hPa，但逆温温差却达 5～7 ℃。

(3)贵阳的逆温层底部距离地面平均高度有 96 hPa。

(4)贵阳的逆温层温差较大，逆温温差是 6.9 ℃。

(5)锋区向上伸展的平均高度低于 600 hPa。定义温度露点差≥4 ℃特性层的高度为锋区向上伸展的高度，贵阳上空锋区向上伸展的平均高度为 640 hPa。这个高度高于逆温层顶的平均高度，这是由于在锋区上有沿着锋面上升的暖空气，其伸展高度高于逆温层的平均高度。

(6)600 hPa 以上水汽少，不利于中高空水汽凝结。在 600 hPa 高度，贵阳的温度露点差为 12.2 ℃，空气相对湿度为 38%。在 500 hPa 高度，贵阳的温度露点差为 30 ℃，空气相对湿度为 5%。这种情况对于水汽的凝结是非常不利的。

(7)贵阳“一层模式”和“二层模式”均存在。在“一层模式”中，贵阳冷垫的厚度为 250 hPa；“二层模式”中，贵阳冷垫的厚度为 137 hPa，暖层厚度为 88 hPa，见表 5.2。

表 5.2 中低空温度场及两种垂直模式温度要素统计结果

要素	地面平均温度/气压	逆温层底部平均温度/高度	锋面逆温层顶部平均温度/高度	逆温层上温度露点差≥4 ℃的平均高度	600 hPa 平均温度/温度露点差	500 hPa 平均温度/温度露点差	
贵阳	−1.4 ℃/884 hPa	−6.2 ℃/788 hPa	0.7 ℃/710 hPa	640 hPa	−2.2 ℃/+12.2 ℃	−8.0 ℃/+30 ℃	
要素	一层模式逆温层底温度/温度露点差/高度	一层模式逆温层顶温度/温度露点差/高度	一层模式温度露点差≥4 ℃的平均高度/厚度	二层模式逆温层底温度/温度露点差/高度	二层模式逆温层顶温度/温度露点差/高度	二层模式冷垫高度/厚度	二层模式暖层厚度
贵阳	−6.5 ℃/1.5 ℃/784.2 hPa	−2.4 ℃/1.6 ℃/709.7 hPa	636 hPa/250 hPa	−4.6 ℃/1.6 ℃/805.4 hPa	2.5 ℃/1.8 ℃/735 hPa	763 hPa/137 hPa	88 hPa

5.5.4 冻雨预报思路及预报方法

冻雨是降水在特定的条件下形成的：①降水在触地之前应是过冷却雨滴；②地面温度必须低于 0 ℃。这两个条件都与冷空气的活动有直接关系，对于地处高原东侧的斜坡面，又位于低纬度的贵州来说更是如此。有关冻雨研究指出，冷空气要有一定厚度才能影响贵州，而冷空气入侵的路径不同，产生冻雨的区域也不同。就其预报思路，归纳起来主要有两条：一是选用高山站气象要素变化和冷锋的性质等鉴别有无冻雨过程；二是用冷舌的低温指标做冻雨的分片预报。所谓冷舌是指 700 和 850 hPa 等压面上锋区（等温线密集区）南突的部分，它表示北方冷高压南侵的主力方向，它同地面锋区一样都是冷高压前沿锋区在某一个剖面上的反映，冷舌后部的冷空气与地面冷空气都是同属于一个冷气团。根据统计结果，影响贵州的冷舌，一条是反映在 850 hPa 图上，从郑州经宜昌、芷江折向贵阳的冷舌，它表明冷空气取东北路径入侵贵州，对贵州省东部地区影响较大，若冷空气有一定的强度和厚度，可造成贵州省大面积的冻雨天气；另一条是反映在 700 hPa 图上，从兰州经武都、成都伸到威宁的冷舌，它表明冷空气取西北路径入侵贵州，一般只能造成贵州省西部地区的冻雨天气。用冷舌预报的思路，就是以 08 时等压面温压场为起始场，在冷舌经常出现的渠道上设置指标站，以冷舌所在的指标站的温度作为根据，然后考虑冷舌南移影响贵州的有利因素和不利因素，以寻找低温预报指标，继而解决冻雨的分片预报。

(1)指标站法

1)在 08 时贵州有一个或以上的气象站的 24 h 变压 $\Delta P_{24} \geqslant 5$ hPa 前提下，衡山站如在同时或前后一天内 08 时的风向为偏南风转为偏北风，并在转风的当时或后延 48 h 内 08 时出现了冻雨、雾凇、雪等任一种天气时，则自该时起，未来 12～48 h 内贵州有一次冻雨过程（指标准确率为 43/54＝80％）。

2)衡山站转北风后，若 48 h 内 08 时无上述天气出现，则未来贵州省无冻雨过程（准确率 68/71＝96％）。

3)衡山站 08 时的风向在冷空气入侵贵州省前没有转过偏南风，即都为偏北风，则不论有无上述天气出现，未来贵州无冻雨过程（准确率为 29/32＝90.6％）。

4)地面冷锋进入我国后南下至长江以北的地区内，如都无锋面降水，或仅有小块降水的干冷锋，有时原来虽不属于干冷锋，但在进入贵州省以前已演变为干冷锋，这种干冷锋入侵后，不论在贵州省形成降水与否，未来均无冻雨过程（准确率为 23/25＝92％）。

(2)经验法

贵州省的寒潮与冻雨，都是冷锋过境以后发生的低温天气，但实践证明，直接应用地面冷锋来预报贵州省的低温是很困难的。为此，初步探讨了等压面上影响贵州省的锋区的特点，得出用冷舌制作低温分片预报的思路以及冻雨预报的具体指标。

1)预报思路

根据天气预报的实践，每当地面蒙古冷高压脊由秦岭东部向南伸长，其前沿的冷锋由湖南西部进入贵州时，则在 850 hPa 图上对应着一条从郑州经宜昌、芷江折向贵阳的冷舌（见图 5.7a）。它表明冷空气取东北路径入侵贵州，因此造成贵州东部地区的低温范围较大，导致贵州地面温度距平为东部型的分布，即负距平中心偏于贵州的东部（见图 5.7b）。而且，850 hPa 的温度越低，贵州东部和中部的地面温度往往也越低。例如 1969 年 1 月 30 日 08 时、1970 年 1 月 5 日 08 时、1976 年 12 月 28 日 08 时、

1977 年 1 月 29 日 08 时，由于强的冷舌南移，使得芷江 850 hPa 的温度达到了 20 年来的最低(分别为－14，－13，－12 和－10 ℃)。与此同时，贵州东部及中部地区的地面气温也达到 20 年来的最低值(不包括辐射降温，下同)。而当西北部的冷高压由青藏高原东部南下，其前沿的冷锋由四川盆地南移影响贵州时，则在 700 hPa 图上对应着一条从兰州经武都、成都伸到威宁的冷舌(见图 5.7c)。它表明冷空气取西北路径入侵贵州，对贵州西北部地区的低温影响较大，造成贵州地面气温距平为西部型的分布，即负距平中心偏于贵州西部的威宁(见图 5.7d)。而且 700 hPa 温度越低，贵州西部地区的温度往往也越低。例如 1975 年 12 月 14 日 08 时，有极强的冷舌南移，使得威宁 700 hPa 温度达到了 20 年以来的最低值(－17 ℃)，与此同时，贵州西部威宁、大方等地的地面气温也都出现了 20 年以来的极值(威宁－12 ℃，大方－9 ℃)。

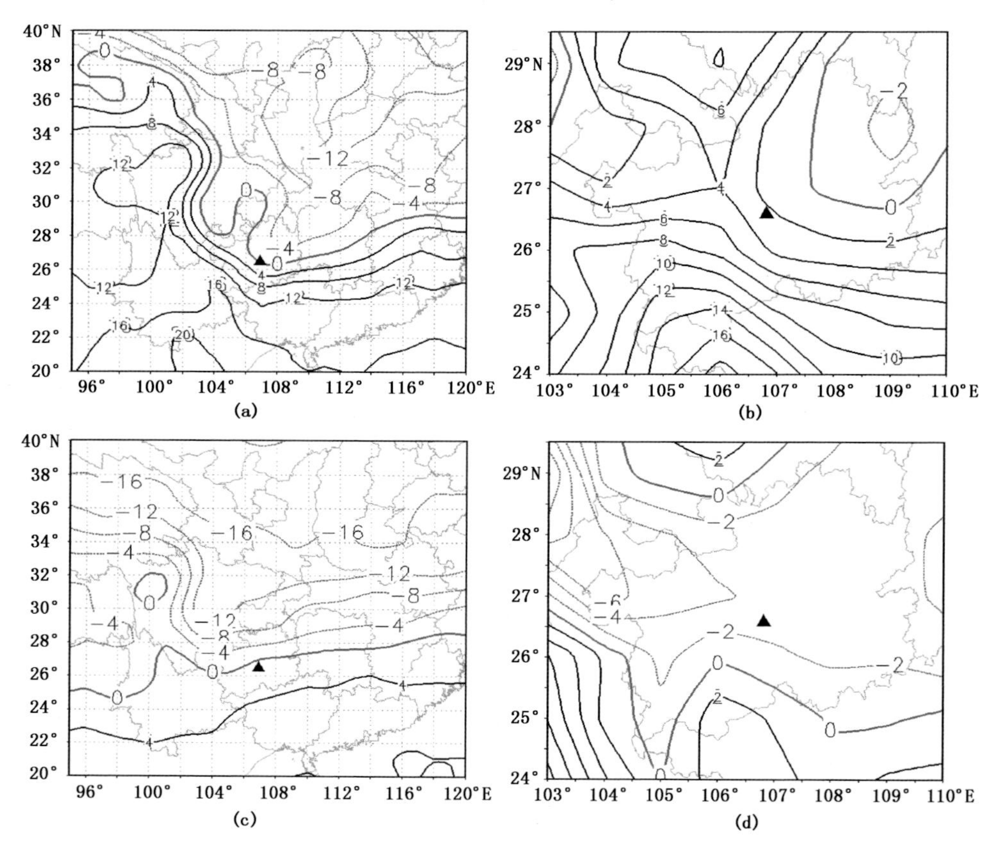

图 5.7　2008 年 1 月 12 日 20 时及 30 日 20 时气温

(a)20 时 850 hPa；(b)12 日 20 时地面；(c)30 日 20 时 700 hPa；(d)30 日 20 时地面。“▲”为贵阳

根据统计结果，西北路径冷空气的厚度较厚，达到威宁上空时平均厚度为 711 hPa，很接近 700 hPa，由于锋面向北倾斜，威宁以北地区都在 700 hPa 以上。而东北路径冷空气的厚度稍薄，到达贵阳上空时平均厚度为 823 hPa，超过 850 hPa 高度。可见冷舌是冷空气团的前沿锋区，而冷舌后部的冷空气与地面冷空气都是同属于一个冷气团。

贵州地区冷气团内有着比较固定的温度垂直递减率（贵阳平均为 0.68 ℃/100 m），因此地面温度

$$T = T_p + \bar{r}(H_p - h) \tag{5.2}$$

式中：T_p 和 H_p 分别为 850 hPa 或 700 hPa 等压面上的温度和高度；h 为海拔高度，由于式(5.2)右边第二项变化很小，因此地面的温度基本上与 T_p 呈正的线性关系。

贵州省东、西两地区的温度差异除了与冷舌位置有关外，还要受西高东低的海拔高度影响。东、西两地的温差

$$T_{\mathrm{E}} - T_{\mathrm{W}} = (T_{\mathrm{PE}} - T_{\mathrm{PW}}) + \bar{r}(h_{\mathrm{W}} - h_{\mathrm{E}}) \tag{5.3}$$

式中：下标 E 为东部，W 为西部。

受 850 hPa 的冷舌影响时式(5.3)右边第一项为负值，受 700 hPa 冷舌影响时式(5.3)右边第一项为正值。然而，第二项却是较大的正值，这就是说 700 hPa 冷舌的影响使得贵州省东、西两地区的温差加大，而 850 hPa 冷舌的影响使得贵州省东、西两地区的温差减小。因此，西北路径的冷空气活动一般只能造成西部地区的冻雨天气，而一定强度和厚度的东北路径的冷空气活动却能造成全省大面积的冻雨天气。

根据以上分析，说明贵州省地面温度的变化与 850 hPa 或 700 hPa 等压面上温度的变化是一致的，而等压面上温度的变化却是冷舌锋区南移的结果。

冷舌能否沿着比较固定的渠道南伸，主要取决于其北侧的冷高压或低槽系统（可用北风表示）。然而，也还要受到冷舌南方天气系统的影响，700 hPa 的冷舌如果遇到强盛的西南暖流阻挡（500 hPa 的高度场上，从青藏高原到贵州为明显的西低东高的形势），它就很难影响贵州威宁地区。850 hPa 冷舌在南伸过程中遇到西太平洋副热带高压的阻挡（即冷舌配合着横切变线），反而有利于冷空气回流进入贵州，使冷舌明显地伸向贵阳。

冷舌一旦发生东移，强度很快减弱。冷舌东移的结果造成冷舌不能继续沿着西北、东北路径南移影响贵州，引起贵州省明显的增温。冷舌东移的天气形势为冷舌上空等压面上从西藏高原到贵州出现明显的西北气流（高度场的西高东低形势）以及冷舌所在等压面上西部出现高压环流，这种形势也就是下沉运动造成贵州锋面锋消的主要形势。

归纳起来，低温预报的思路是：以 08 时等压面温、压场为起始场，在冷舌经常出现的路径上设置指标站，以指标站的温度作为根据，然后考虑冷舌南移影响贵州省的

有利因素和不利因素，以寻找低温预报指标。

2)预报指标

出现冻雨的条件：①地面温度在 0 ℃以下；②锋面降水。因此，第一个问题是寻找零下温度的预报指标；第二问题，锋面降水一般都是存在的，只要排除锋消的因素。

冻雨分片原则是从预报的角度来考虑：①在三穗、黄平、丹寨、独山一线的东部地区，它是 850 hPa 冷舌影响的结果；②一般地区，贵阳可以代表。

①东部地区未来 12～36 h 预报指标

a. 预报指标类型

第一类指标：850 hPa 图上，23°～35°N 之间有切变线，位置要伸到 114°E 以东，而且，指标站以北有高压(其中心位置应在 115°E 以西，指标站与酒泉连线以北，下同)。如果高压已经移到 115°E 以东，则要求河套地区另有一条切变线，河套内测站 850 hPa 的 $T<-10$ ℃。在具备上述条件的同时，850 hPa 图上出现下列指标之一者，作为预报指标：延安(或西安)和太原的 $T\leqslant-7$ ℃，郑州 $T\leqslant-1$ ℃；郑州的 $T\leqslant-6$ ℃。

第二类指标：850 hPa 延安(或西安)和太原的 $T\leqslant-12$ ℃，北部有高压。

第三类指标：850 hPa 宜昌的 $T\leqslant-5$ ℃(12 月中旬前$\leqslant-6$ ℃)，宜昌北部有高压。

第四类指标：850 hPa 宜昌的 $T\leqslant-3$ ℃，芷江的 $T\leqslant-2$ ℃，芷江北部有高压。

b. 消空指标

a)500 hPa 芷江高度减玉树(包括玉树以西、以北的中国测站，下同)高度$\leqslant$2 dagpm，或者西昌高度减玉树高度$\leqslant$1 dagpm，同时 700 hPa 或 850 hPa 在贵阳、兰州、酒泉的连线以西出现高压。

b)500 hPa 芷江高度减玉树高度$\leqslant$2 hPa，或者西昌高度减玉树高度$\leqslant$1 hPa，同时 700 hPa 或 850 hPa 有高压脊经高原东部南伸，成都到威宁一线出现 4 m/s 以上的西北风。

c)850 和 700 hPa 图上，在贵阳、兰州、酒泉的连线以西都出现高压。

d)700 hPa 四川盆地为西北气流控制或贵阳为西北风或芷江为西北风。

e)850 hPa 在指标站与酒泉连线以南、指标站与芷江连线西北出现高压。且高压最内圈的等高线的高度等于或者超过指标站北部高压最内圈的等高线的高度。

②贵阳未来 12～36 h 预报指标

a. 预报指标类型

第一类指标：850 hPa 延安(或西安)和太原的 $T\leqslant-12$ ℃，同时 23°～35°N 之间有切变线，且延伸到 114°E 以东。

第二类指标：850 hPa 宜昌的 $T\leqslant-7$ ℃，北部有高压。

第三类指标:850 hPa 郑州的 $T \leqslant -11$ ℃,宜昌的 $T \leqslant -6$ ℃,宜昌北部有高压。

第四类指标:850 hPa 芷江的 $T \leqslant -6$ ℃,宜昌的 $T \leqslant -6$ ℃,芷江北部有高压。

第五类指标:850 hPa 贵阳的 $T \leqslant -5$ ℃。

b. 消空指标

a)用东部地区消空指标。

b)700 hPa 四川盆地为西北气流控制或者贵阳为西北风。

c)与东部地区消空指标 e)基本相同,只是把其中指标站与芷江的连线改为指标站与贵阳的连线。

以上两个地区冻雨指标预报结果:东部地区为 80.5%,贵阳地区为 85%。

5.6 冰雹

5.6.1 冰雹的基本特征

贵州省春季多降雹,据 1971—2007 年 37 年冰雹观测资料分析显示:3—5 月是降雹最集中时段,降雹频率占全年的 70.6%。4 月份是降雹最多的月份,降雹频率占全年的 33.7%。贵州省降雹具有"西多东少"的特征。多雹区集中在全省的中西部地区,以晴隆的 118 次为最多;水城次之,达 109 次。少雹区出现在遵义市和铜仁地区北部,以道真的 3 次为最少。降雹日 14—19 时出现冰雹较为集中,占一天冰雹发生频率的 71.8%。

5.6.2 冰雹的主要天气形势特征

按照地面主要影响系统分为静止锋型、冷锋型、热低压辐合线型三种,分别占全年降雹的 9.1%,38.2%,22.3%。

(1)静止锋型

根据静止锋的位置分为两类:西部静止锋型、中部静止锋型。西部静止锋指静止锋位于滇、黔之间,贵州省处于静止锋锋后冷区一侧;中部静止锋指静止锋减弱东退北抬至贵州省的中部一线或贵阳附近,贵州省的西部或南部处于锋前暖区一侧,而北部和东部处于锋后冷区一侧。

1)西部静止锋锋后降雹型

西部静止锋型的主要影响系统为:高空南支槽、700 hPa 低空急流、低层南部切变线、西部静止锋。具有"上干下湿"的水汽环境和"上冷—中暖—下冷"的温度环境(见图 5.8)。此类形势冰雹多出现在静止锋锋后,以贵州中部及南部地区居多。当北方无冷空气南下补充时,静止锋有所减弱,冰雹出现范围较小,雹块直径一般不会超过 10 mm;当北方有冷空气南下补充时,静止锋增强,常会有直径超过 10 mm 的冰雹出现,甚至会出现 31 mm 的大冰雹(1998 年 3 月 8 日)。该型降雹占静止锋降雹的 70%。

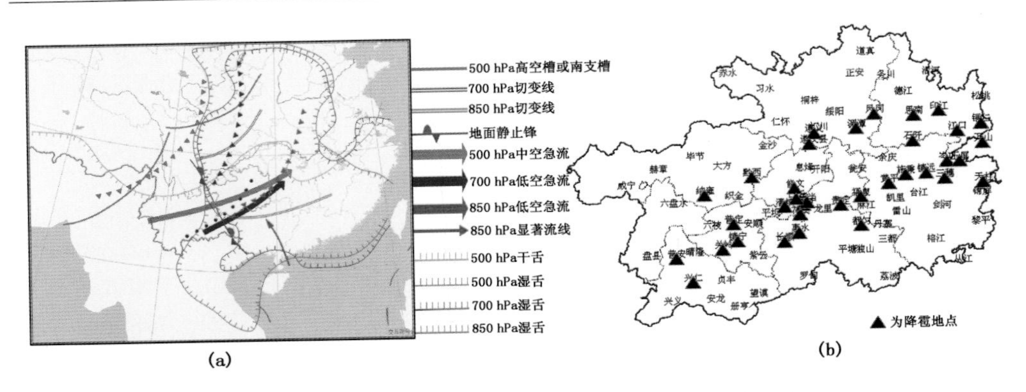

图 5.8　西部静止锋锋后降雹的环境场(a)及冰雹分布(b)

①环流形势特征

500 hPa 亚洲中高纬度为多槽脊型或横槽型。河套西侧多短波槽东移，引导冷空气南下影响，或是在哈尔滨—呼和浩特—敦煌一线有横槽建立，位于敦煌附近的低涡分裂短波槽自河套西侧东移，引导冷空气南下影响。中低纬度在 90°～100°E 有南支槽发展，槽前存在强盛的西南气流，西南气流为 $T-T_d\geqslant15$ ℃的干区。

700 hPa 在 90°～100°E 之间有低槽维持，槽前云南、贵州、广西至湖南有西南风低空急流建立，急流核风速大于 20 m/s。

850 hPa 切变位于华南北部，贵州受高压底部偏东气流控制，有明显的冷湿气团。

地面上静止锋在滇、黔之间维持，贵州境内东西向气压梯度大于 10 hPa。当北方有冷空气补充时，静止锋活跃；当冷空气减弱时，静止锋略有东退。

冰雹发生在急流核南侧 1～2 个纬距范围，与 700 hPa 风速密切相关，当急流中心风速大于 20 m/s 时，通常出现降雹的县市超过 10 个，且有直径大于 20 mm 的大冰雹出现（最大 31 mm，1998 年 3 月 8 日），当 700 hPa 风速小于 20 m/s 时，出现冰雹的县市常少于 10 个，直径一般小于 10 mm。该型降雹出现频率占静止锋后降雹的 66.7%。

②预报着眼点

此类型是由于南支槽槽前强盛的西南急流沿锋面爬升，在锋后冷区一侧产生降雹。

地面上静止锋位于滇、黔之间，当地面冷高压中心东移至 120°E 以东时，冷空气补充减弱，静止锋略有减弱；当地面冷高压中心位于 120°E 以西时，冷空气南下补充，可使静止锋增强。

500 hPa 南支槽锋区显著，南支槽位于 90°～100°E 之间，槽前有负变高和干舌。

700 hPa 有大于 16 m/s 的暖湿西南低空急流存在。850 hPa 切变线位于 23°～25°N，贵州省处于切变线后侧冷湿气团控制下。

探空图上，对流层中低层存在锋面逆温，逆温层以上大气干燥，近地面湿度大于 90％，低层比湿为 4～7 g/kg。

0，－20 和－30 ℃层高度分别为 3 800～4 000，7 000 和 8 300～8 500 m。

地面至 400 hPa 垂直风切变达到 $3.0\times10^{-3}\sim9.0\times10^{-3}\ s^{-1}$。

2)中部静止锋锋前降雹型

中部静止锋型的主要影响系统为：高空短波槽、低层切变线、中部静止锋。冰雹多出现在静止锋附近及锋前，以出现在贵州省的中部以东以南地区居多。具有“上干下湿”的水汽环境和“上冷下暖”的温度环境（见图 5.9）。该型特点是，冷空气偏弱，静止锋减弱东退北抬至贵州省中部一带。冰雹主要于午后至傍晚出现在静止锋附近及锋前。由于锋前地面气温回升，使得地面低层处于高温高湿的不稳定环境中。当冰雹出现在锋面附近时，有可能出现直径超过 10 mm，甚至 40 mm 的大冰雹（2005 年 3 月 28 日）。

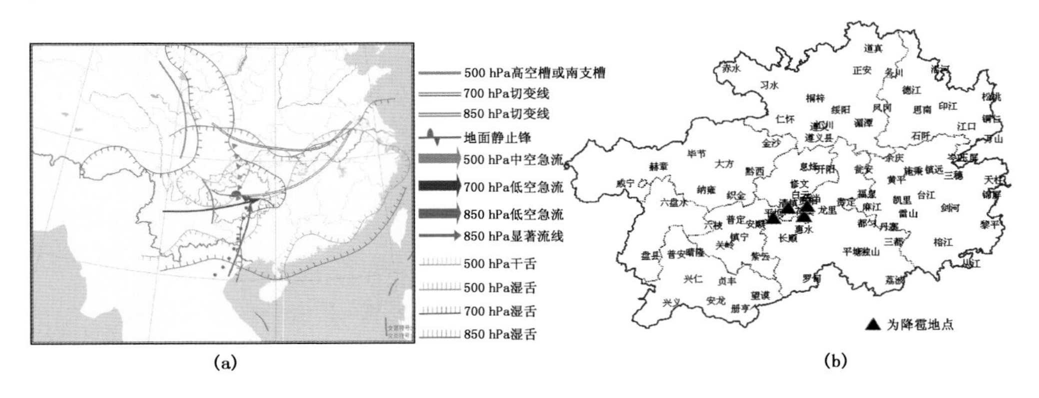

图 5.9　西部静止锋锋前降雹的环境场(a)及冰雹分布(b)

①环流形势特征

500 hPa 亚洲中高纬度为两槽一脊型，河套西侧和青藏高原多短波槽东移，在四川—云南有新生短波槽或从高原东移而来的浅槽，贵州上空有干舌和冷槽。

700 hPa 切变偏北，贵州上空一般为偏西风或西南风，为湿舌控制。

850 hPa 长江流域或江南地区到贵州北部存在切变线，有偏东风回流。切变线南侧为偏南气流或暖脊，贵州全省均处于湿区。

地面上静止锋减弱东退至贵州中部一带，甚至会出现锋消的征兆。北方冷空气东移至黄淮地区，随着冷空气继续东移，冷空气自河套东部经江淮流域—湖南影响贵州，随后静止锋增强西进。

冰雹发生在静止锋前1～2个经距范围，降雹区与静止锋走向一致，锋面附近常出现大于10 mm的冰雹(最大40 mm，2005年3月28日)。该型降雹出现频率占静止锋降雹的30%。

②预报着眼点

在短波槽前“上冷下暖”、“上干下湿”的环境中，由低层切变线和中部静止锋在高温高湿的环境中触发不稳定能量释放发生强对流天气。

降雹发生前静止锋减弱东退北抬至贵州省的中部一线，锋后气温回升明显。降雹发生前，贵州省上空850～500 hPa之间温度的垂直递减率增大，出现 $\frac{\partial \Delta t}{\partial z} < 0$，层结表现出不稳定状态，有利于对流天气的发生。

探空分析　由于处于锋前，锋面逆温消失，但是近地面空气相对湿度仍然大于80%，近地面空气含水量较高，地面比湿在8～10 g/kg。贵州省上空对流层中层大气较干，近地面则较湿，探空曲线呈上干下湿的喇叭口形，层结表现出稳定状态，但是，对流层低层有暖平流，中层有弱的冷平流，层结发展将趋向不稳定。另外，08时对流有效位能(CAPE)为零或较小，对流抑制能量(CIN)也是为零或较小，随着午后气温上升，将有较大的CAPE出现，一旦有扰动出现，空气块将很容易发生自由对流释放能量，产生对流天气。

垂直风切变　降雹发生前，贵州上空地面至400 hPa间(深层)的垂直风切变为 3.0×10^{-3}～$6.0\times10^{-3}\ s^{-1}$，地面至700 hPa间的垂直风切变为 9.0×10^{-3}～$13.0\times10^{-3}\ s^{-1}$。

0，−20，−30 ℃层高度分别为3 500 m左右、6 600 m左右、8 500 m左右。

静止锋前气温回升，热力作用较强，有利于对流发展，在有利的中层不稳定层结、适宜降雹的0，−20和−30 ℃层高度，以及强垂直风切变配置下，在锋面1～2个经距内产生降雹，常伴有大冰雹出现。

(2)冷锋型

地面冷锋是贵州省最常见的降雹影响系统之一，占全年降雹的38.2%。绝大多数情况下，冰雹出现在地面锋前，占冷锋型降雹的95%，也有少数情况出现在冷锋后部，仅占冷锋型降雹的5%，锋前降雹与近地面增温层结趋向不稳定和冷锋前一定范围内对流发展旺盛有关，而锋后降雹与层结不稳定关系密切。

该型降雹特征是，冰雹出现前中纬度地区有冷空气南下，在冷锋靠近贵州或进入贵州后在移动的锋前1～2个经纬度范围内或在锋后1～2个经纬度范围内出现降雹。该型降雹锋前对流天气剧烈，常常出现大冰雹，甚至出现过直径61 mm的大冰雹(如1998年4月8日)。

1)锋前降雹型

此类型主要影响系统有：高空槽或短波槽、中低层切变、地面南下的冷锋。贵州省南部具有“上干下湿”的水汽环境和“上下均暖”的热力环境(见图5.10)。冰雹通常发生在下午至傍晚，常出现于移动冷锋前1～2个经纬距范围内，几乎每次降雹都有直径大于10 mm的冰雹出现，出现直径大于10 mm冰雹的站次占94.7%，出现直径大于20 mm冰雹的站次占18.2%。出现直径大于20 mm的降雹日数占到了该型降雹总日数的36.8%。

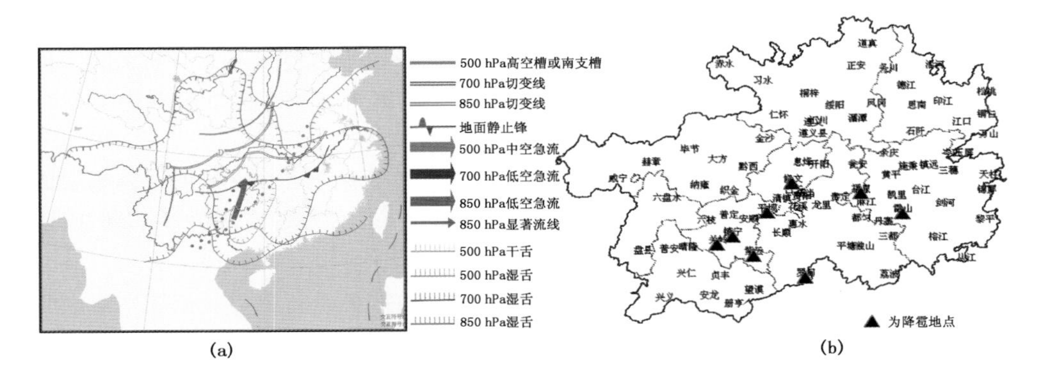

图5.10　冷锋锋前降雹的环境场(a)及冰雹分布(b)

①环流形势特征

500 hPa亚洲中高纬度为多槽脊型，河套地区有短波槽东移，引导地面冷空气南下，或是在贝加尔湖南部40°～45°N范围内有低涡东移，其低涡槽在东移过程中引导地面冷空气南下。同时青藏高原东侧也有短波槽东移影响贵州。

700 hPa贵州上空一般为偏西风或西南风，没有急流建立或是急流位于广西东部至湖南一带，丽江至思茅或昆明至蒙自有低槽东移影响贵州，四川东南部或川、渝、黔之间有切变南移影响。

850 hPa川、渝、黔之间或是贵州北部有切变南移。

地面前期云贵之间有热低压发展，冷空气由两条路径影响贵州：一是位于四川北部的冷锋南下，锋后冷空气经四川盆地从正北路径影响；二是重庆南部到长江中下游的冷锋东南移，锋后冷空气自蒙古南下河套东侧经两湖盆地从东北路径影响。从正北路径影响的冷空气，锋面到达川北时锋面附近与贵州上空的地面热低压中心气压差一般超过10 hPa，有时锋前有冷空气扩散，四川中部积雨云发展出现对流天气，随着锋面快速南下，在锋面进入贵州境内后，在其他有利条件配置利于降雹的地区，在移动锋面前1～2个经纬度范围内产生降雹。从东北路径影响的冷空气在锋面到达重庆南部到长江中下游时，锋面附近与地面低压气压差一般为5～7 hPa，随着锋面向低压逼近，在地面锋前1～2个经纬度范围内有利于降雹的地区产生冰雹。

②预报着眼点

此类型是在“上干下湿”、整层均为暖性层结的环境中，由于中纬度低槽东移引导冷空气南下进入贵州，而在锋前暖区产生的降雹天气。

降雹发生前，地面多受热低压控制，贵州全省为晴到多云的天气，各地气温回升迅速。降雹发生前北方有冷空气南下，08 时冷锋位于四川北部或位于渝南至长江中下游一带，冷空气从正北或东北路径影响贵州。当冷空气取正北路径影响，锋面移至四川北部时，锋面附近与贵州之间气压差大于 10 hPa；当冷空气取东北路径影响，锋面移至重庆南部至长江中下游时，锋面附近与贵州之间气压差在 5～7 hPa 之间。近地面空气相对湿度一般大于 80%，要求近地面有较高含水量，地面比湿为 8～15 g/kg。

层结情况　低层有暖平流，增温明显，低层热力作用有利于对流发展。若整层都是暖平流，则需要有较大的 CAPE 存在或积累，若 700～500 hPa 有弱的冷平流，则层结发展趋向不稳定，有利于对流发展。

探空分析　从发生冰雹之前 08 时的探空形势来看，贵州省上空对流层中层大气较干，近地面则较湿，探空曲线呈上干下湿的喇叭口形。大气的平流情况多样，有时在 700～500 hPa 之间有弱的冷平流侵入，说明层结趋于不稳定；有时为整层的暖平流控制，说明热低压发展强盛。有些情况下 08 时有较大的 CAPE 和较小的 CIN，有时是较小的 CAPE 和较大的 CIN，但是，分析层结曲线演变可以发现，午后随着地面气温迅速上升，将会有较大的 CAPE 出现，CIN 也将迅速减小，热力条件和能量条件有利于对流发展。

垂直风切变　降雹发生前，贵州上空地面至 400 hPa 间(深层)的垂直风切变为 $1.7\times10^{-3}\sim6.9\times10^{-3}\,s^{-1}$，当深层垂直风切变大于 $2.1\times10^{-3}\,s^{-1}$时，就要考虑大冰雹的出现。

0，−20，−30 ℃层高度分别在 4 500 m 左右、7 500 m 左右、8 800 m 左右。

2)锋后降雹型

此类型主要影响系统：阶梯槽、低层切变线、低空急流、冷锋。具有“深厚的湿层”和“上暖下冷”的热力条件(见图 5.11)。该型降雹特点是，前期有冷空气南下影响，冷锋已移到华南至贵州中西部一带，有冷空气从正北路径继续补充影响，冰雹出现在上午至前半夜，降雹区域在锋后 1～2 个经度范围内，降雹时有直径超过 20 mm 的冰雹出现。

①环流形势特征

500 hPa 亚洲中高纬为两槽一脊型，位于贝加尔湖西部的高压脊南侧有低涡或横槽形成，不断分裂短波槽自河套西侧东移，引导地面冷空气南下补充影响。

700 hPa 在贵州南部—广西—湖南有低空急流建立，急流中心位于贵州南部和

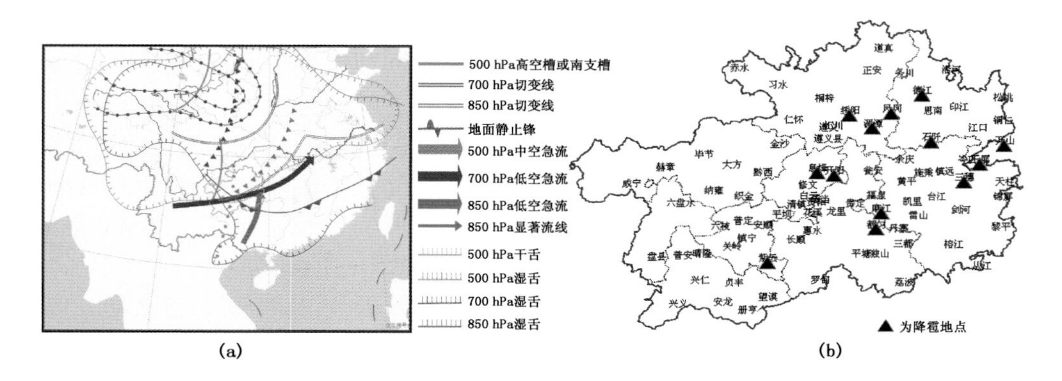

图 5.11　冷锋锋后降雹的环境场(a)及冰雹分布(b)

广西北部,四川东北部有低涡沿江淮流域至四川东北一线的切变线东移。

850 hPa 位于长江中下游至贵州中部的切变南压。

地面前期有冷空气南下影响贵州,锋面已移到华南至贵州中西部一带,北方有冷空气自四川盆地南下补充,使得锋面的动力抬升作用加强,在其他有利条件配置下,在锋后 1～2 个经纬度范围内产生降雹。

②预报着眼点

此类型是由不断补充的冷空气与强盛的西南暖湿气流在“深厚的湿层”、“上暖下冷”的环境中产生的降雹天气,与静止锋锋后降雹相似。

降雹发生前,冷锋位于长江中下游至贵州中西部一带,贵州中东部受冷空气影响,气温降至 3～14 ℃,并有降雨天气出现。河套地区与贵州境内锋面附近气压差大于 10 hPa,有冷空气经四川盆地从正北路径南下补充影响。近地面空气相对湿度大于 85%,地面比湿为 5～8 g/kg。

层结情况　降雹发生前,贵州上空 700 hPa 与 500 hPa 之间有 16～20 ℃温差,即中高层具有不稳定层结,而低层为稳定层结。

探空分析　从冰雹临近时的探空形势来看,贵州上空对流层中上层大气较干,700 hPa 以下空气相对湿度较大,探空曲线呈上干下湿的喇叭口形。冷平流主要在地面至 700 hPa 之间,有较强的锋面逆温存在,随着冷空气的进一步补充,低层大气维持稳定状态。这时 CAPE 为零、K 指数较小、S_i 指数为正的较大值。所以,仅从探空曲线简单分析,容易忽略对流天气的预报。

垂直风切变　降雹发生前,贵州上空地面至 400 hPa 间(深层)的垂直风切变为 $5.0\times10^{-3}\sim7.0\times10^{-3}\ s^{-1}$,属于强垂直风切变,有利于强风暴的形成。

0,－20,－30 ℃层高度分别在 3 800 m 左右、6 800 m 左右、8 900 m 左右。

(3)热低压辐合线型

热低压辐合线型是贵州省春季常见的降雹类型之一，占春季降雹的 33.8%，也是最易出现大冰雹的天气类型，统计显示几乎所有降雹过程都有直径大于 10 mm 的冰雹出现，有 52%的降雹过程出现了直径大于 20 mm 的大冰雹。

热低压控制下，西南地区为晴到多云天气，近地面气温较高，贵州省境内最高气温甚至会超过 30 ℃，从历史统计来看，热低压内地面气温达到 31 ℃的区域也曾有冰雹天气出现。冰雹天气通常出现在午后到前半夜，一般 14 时地面辐合线南侧是最易降雹的区域。

此类型主要影响系统：短波槽、低层切变线、低空急流、热低压、辐合线。具有“上干下湿”的水汽条件和“北冷南暖”的热力条件（见图 5.12）。该型降雹特点是，前期西南地区为热低压控制，北方冷空气多在 35°N 以北活动，没有明显冷空气南下影响，偶尔虽有弱冷空气从新疆东部侵入河套地区，但冷空气较弱，主要在 32°N 以北东移，云、贵之间仍受热低压控制。有时低层在重庆和湖北有弱的冷空气向贵州低压区渗透，但是冷空气实力很弱，只是在大气低层有弱冷平流的侵入，使得热低压有所减弱，而不能填塞热低压，14 时以后地面热低压区域仍有辐合形成，如果前一天贵州境内有分散性降雨出现，那么午后至前半夜，地面辐合线附近及南侧 1～2 个纬度范围内将可能出现冰雹天气。

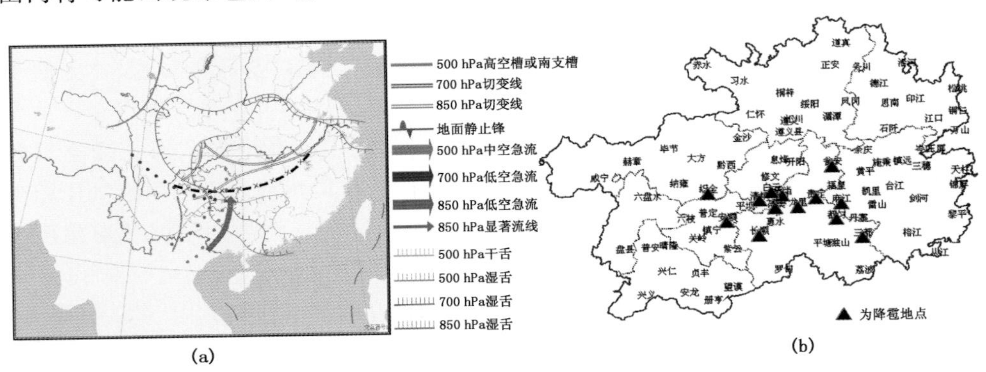

图 5.12　冷锋锋后降雹的环境场(a)及冰雹分布(b)

①环流形势特征

500 hPa 亚洲中高纬度为多槽脊型，引导槽位置偏北或偏东，当引导槽位于河套西侧时，江淮流域到华北地区有高压脊发展阻挡，促使河套西侧引导槽随着贝加尔湖南部的低涡东移而向东北方向移动，同时，青藏高原南侧 90°～100°N 有短波槽东移影响贵州。

700 hPa 贵州为偏西或偏西南气流影响，在丽江到思茅（或蒙自）有低槽形成东移，或是在云南东部有气旋曲率形成并向贵州扩展。

850 hPa 在广西到湖南有低空急流建立，且有切变自贵州北部南压至贵州南部。

地面前期西南地区，有时伸展到西北地区，或一直伸展到华北地区都为热低压维持，冷空气势力偏北或偏东，锋面在 32°N 以北东移，无明显冷空气影响贵州，有时重庆和湖北一带低层有弱冷空气渗透，但热低压不能被填塞，贵州仍受热低压控制，14 时贵州境内低压内有辐合线形成，冰雹常出现在 14 时地面辐合线附近及南侧 1～2 个纬度范围内。

②预报着眼点

此类型是由低层切变线与地面辐合线在南支短波槽前"上干下湿"、"北冷南暖"的环境中产生的降雹天气。此类型与中部静止锋锋前降雹相似。

降雹发生前，地面冷空气偏弱偏北或偏东，冷锋锋面在 32°N 以北偏东移动，贵州受热低压控制，维持晴到多云天气，午后气温上升很快，一般会超过 20 ℃，甚至超过 30 ℃，但是前一天贵州省境内常有分散性降雨天气出现。近地面空气相对湿度大于 80%，地面比湿大于 10 g/kg。

层结情况　降雹发生前，贵州上空地面至 700 hPa 之间 $\partial\Delta t/\partial z<0$，层结表现出不稳定状态。而 $\partial\Delta\phi/\partial z$ 不一定表现为小于零，但是当 $\partial\Delta\phi/\partial z<0$ 时，贵州上空为有利于上升运动发展的区域，则可能有直径大于 20 mm 的大冰雹出现。虽然不是 $\partial\Delta\phi/\partial z<0$ 时一定有直径大于 20 mm 的大冰雹出现，但是直径大于 20 mm 的大冰雹出现时，一定有 $\partial\Delta\phi/\partial z<0$。

探空分析　从发生冰雹前的探空形势来看，贵州上空 700 hPa 以上大气较干，700 hPa 以下空气相对湿度较大，探空曲线呈上干下湿的喇叭口形。地面至 500 hPa 之间为暖平流，这时有较大的 CAPE 和 K 指数，而 CIN 较小，S_i 指数为负值，层结表现出热力不稳定性，从环境气流分析，午后热力作用进一步加强，CAPE 和 K 指数增加，CIN 减小，S_i 指数减小，热力性质将更加有利于对流的形成。所以，这时如果在地面辐合线上有扰动出现，则易于发生对流天气。

垂直风切变　降雹发生前，贵州上空地面至 400 hPa 间(深层)的垂直风切变在 2.0×10^{-3}～5.0×10^{-3} s^{-1} 之间，属于中等偏强的垂直风切变，有利于对流风暴的形成。

0，－20，－30 ℃层高度分别在 4 500 m 左右、7 600 m 左右、9 000 m 左右。

5.6.3　春季冰雹潜势预报方法

根据降雹的空间分布特征，贵州省的冰雹主要出现在乌蒙山及其以东的苗岭山脉周围，将贵州省降雹区划分为西部、中部和东部三个区域，个例选用 1998—2007 年出现 2 站以上(含 2 站)降雹落在上面划分的三个区域中的一个记为一次降雹过程。选取与冰雹发生有物理意义的因子，如散度、涡度、水汽通量、水汽通量散度、空气相对湿度、0 ℃层高度、－20 ℃层高度、－30 ℃层高度、垂直速度、抬升凝结高度、最大抬升凝结高度、沙氏指数、对流温度、总温度等；利用贵阳、威宁、怀化、重庆、宜宾、百色、河池、桂林 8 站探空资料分别计算每日 08 时、20 时对流参数，对每次冰雹过程计算相应的对流参数，利用统计方法进行对流参数与冰雹过程的相关性检验，筛选与冰雹过程相关性好的对流参数因子，根据筛选的因子与冰雹的相关性分区域建立基于各相关因子的 24 h 冰雹潜势预报方程。

西部：$y=-0.3905L_{IMAX}+0.38858SI+0.38361T_g+0.32212ZH+0.30293ZH_{-20}$

中部：$y=0.25100L_{IMAX}+0.30058T_g+0.26008TT+0.19597ZH$

东部：$y=-0.33558L_{IMAX}+0.37112T_g+0.30667ZH+0.43417ZH_{-20}$

式中：L_{IMAX}为最大抬升凝结高度；T_g 为对流温度；SI 为沙氏指数；TT 为总温度；ZH 为 0 ℃层高度；ZH_{-20}为－20 ℃层高度。

计算 y 值前先判断 0 和－20 ℃层高度是否分别位于 3 200～5 200 和 7 000～8 000 m。如果在此范围，则计算 y 值；如果 0 ℃层高度大于 5 200 m 或－20 ℃层高度大于 8 000 m，则不计算 y 值，直接判断无降雹可能。y 临界值取值：

有静止锋影响时：西部 42.2，中部 21.8，东部 46.5；

无静止锋影响时：西部 37.3，中部 26.3，东部 55.8。

根据相关性计算，贵州的降雹只与威宁、贵阳、怀化 3 站探空资料有较好相关性，与其余 5 站探空资料相关性较差，故西部的预报方程用威宁的探空资料计算，中部的预报方程用贵阳的探空资料计算，东部的预报方程用怀化的探空资料计算。如果各计算值大于临界值，则预报该区域未来 12～24 h 有降雹的可能。

5.7　暴雨

5.7.1　暴雨的基本特征

贵州暴雨夏季最多，春季次之，冬季少有出现。贵州西部多暴雨，主要出现在初夏和初秋，而西南部和东南部主要集中在春季，其余地区集中在夏季；暴雨开始、终止日间隔较长，2 月中旬即有单点暴雨出现(如 2002 年 2 月 18 日，册亨出现 51 mm 暴雨、三都出现 55 mm 暴雨)，至 11 月中旬仍有单点暴雨出现，前后间隔近 9 个月。贵州暴雨具有突发性较强的特点，往往造成山洪、塌方、滑坡、泥石流等灾害。

(1)春季(3—5 月)暴雨

贵州自 4 月上、中旬从东向西先后进入雨季，暴雨天气过程随之出现，4 月下旬至 5 月暴雨天气过程逐渐增多。1963—2008 年暴雨日数统计分析显示：春季暴雨主要集中在贵州省南部和东部地区(见图 5.13a)，暴雨日数达 30 d 以上，望谟县、三都县最多，达 53 d。

(2)夏季(6—8 月)暴雨

夏季是贵州暴雨天气过程最集中的季节。1963—2008 年统计分析显示：除西北部和㵲阳河流域夏季暴雨日数在 80 d 以下外，其余大部夏季暴雨日数均在 80 d 以上(见图 5.13b)。贵州西南部是夏季暴雨最集中的地区，在黔西南州、安顺市、六盘水市东部及南部、毕节市东南部、黔南州西部及东南部夏季暴雨日数超过 120 d，其中又以六枝县的 170 d 为最多。

(3)秋季(9—11 月)暴雨

秋季是贵州暴雨天气过程逐渐减少、雨季逐步结束的季节，1963—2008 年统计显示，贵州全省大部地区秋季暴雨日数在 20 d 以下，局部超过 25 d，以兴义市的 35 d 为最多(见图 5.13c)。

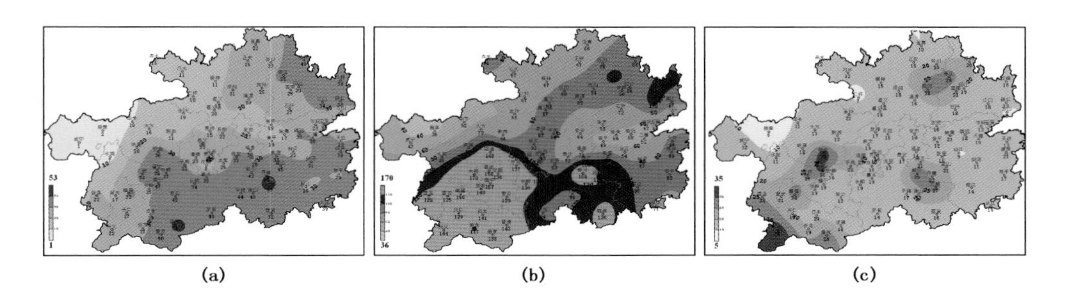

图 5.13　贵州省 1963—2008 年春季(a)、夏季(b)、秋季(c)暴雨累计日数(单位:d)分布图

5.7.2　贵州省“两高”沿线区域暴雨的主要影响系统

(1)高空影响系统

1)西风槽(高空槽)

北半球副热带高压北侧的中高纬度地区，3 km(700 hPa)以上的高空盛行西风气流，称为西风带。西风气流中常常产生波动，形成槽(低压)和脊(高压)。西风带中的槽线，称为西风槽。中纬度西风带在经过青藏高原时被分为两支，北支西风带上出现的西风槽称为北支槽。

以 90°～120°E、30°～50°N 为关键区，在此之间生成、发展、移动的槽作为对贵州有重要影响的西风槽(即高空槽)。高空槽具有冷性和斜压结构，槽前有正的涡度平流和暖平流，常有温带气旋发展；槽后有负的涡度平流和冷平流，易形成反气旋。当高空槽出现在高原上时，又称为高原槽。当西风带的高空槽移到 110°E 附近时，有利于冷空气以偏北路径进入贵州；当高空槽继续向东移到 120°E 附近时，低空在 25°N 附近有切变配合的情况下有利于冷空气回流，从东北部路径进入贵州。而高原槽移出 100°E 是激发西南涡、切变线等中尺度系统发展和移动的关键。

2)南支槽

南支槽是冬半年副热带南支西风气流在高原南侧孟加拉湾地区产生的半永久性低压槽，平均活动位置在10°～35°N附近。南支槽10月在孟加拉湾北部建立，冬季(11月—翌年2月)加强，春季(3—5月)活跃，6月消失并转换为孟加拉湾槽；10月南支槽建立表明北半球大气环流由夏季型转变成冬季型，6月南支槽消失同时孟加拉湾槽建立是南亚夏季风爆发的重要标志之一。冬季水汽输送较弱，上升运动浅薄，强对流活动偏弱，南支槽前降水不明显，雨区主要位于高原东南侧滇黔准静止锋至华南一带。春季南支槽水汽输送增大，同时副热带高压外围暖湿水汽输送加强，上升运动发展和对流增强，南支槽造成的降水显著增加，因此春季是南支槽最活跃的时期。

影响我国南方地区的低槽，主要来源于高原南侧的孟加拉湾，常称之为孟加拉湾南支槽、印缅槽或南支波动等。在贵州，通常将高原南侧的孟加拉湾约定俗成地称为南支槽，南支槽的建立为暴雨的发生提供了充足的水汽和不稳定能量。

(2)中低层影响系统

1)中低层切变系统

主要指700和850 hPa在100°～115°E、23°～35°N之间生成、发展的近于东西走向(少数南北走向)的风向呈气旋性切变的不连续线。在切变线南侧往往有地面静止锋或冷锋配合，也有无锋面相配合的单一切变线。在切变线的西端有低涡生成，此低涡常沿切变线东移，是影响贵州以及我国东部由黄河到南岭大片区域内天气(特别是夏半年暴雨天气)的重要系统之一。

低涡切变线是暴雨发生的直接影响系统。在冷锋低槽暴雨中，随着低槽或高原槽的东移，700和850 hPa一般都有切变系统南压影响，切变线往往与500 hPa低槽、地面冷锋等形成一整套冷空气系统南压影响，切变线(特别是850 hPa切变线)是预报贵州暴雨落区最为重要的指标之一。

2)西南涡

西南低涡是青藏高原东缘特殊地形的产物，主要表现在700(或850)hPa上的具有气旋性环流的闭合小低压，其直径一般为300～400 km。其源地主要有三个地区，分别是九龙生成区、四川盆地生成区、小金生成区。西南涡发展后的移动路径主要有三条：①偏东路径。西南涡沿长江东移出四川，最后在华东出海，占移出低涡的70.7%。②东北路径。低涡通过四川盆地，经黄河中、下游，到达华北及东北，占移出低涡的21.2%。③东南路径。低涡经川南、滇东北、贵州东移，占移出低涡的8.1%。

对贵州而言，其主要影响的有偏东路径和东南路径。其中低槽冷锋型暴雨，如果西南涡取偏东路径，往往伴随强MCS群不断生消并沿长江东移，对贵州北部、东北部的遵义、铜仁甚至黔东南北部产生较大影响，往往形成暴雨和大暴雨天气。当西南涡取东南路径时，通常会造成贵州西部和南部地区的暴雨、大暴雨天气。

3)低空急流

低空急流是指 600 hPa 以下出现的强而窄的风速带，是水汽、热量和动量的集中带。具有以下作用：输送水汽和暖湿气流，使大气产生不稳定层结，产生强的上升运动，有利于暴雨形成；在急流最大风速中心的前方有明显的水汽辐合和质量辐合或强的上升运动，有利于强对流活动连续发展；急流轴左前方是正切变涡度区，有利于对流活动发生。

(3)地面影响系统

1)冷锋

一般将在热力学场和风场具有显著变化的狭窄倾斜带定义为锋面，它具有较大的水平温度梯度、静力稳定度、绝对涡度以及垂直风速切变等特征。锋面可以定义为冷、暖两种不同性质气团之间的过渡带，这种倾斜过渡带有时称为锋区。锋面与地面相交的线，叫锋线，习惯上又把锋面和锋线统称为锋。

进入贵州的冷锋可分为两类，一类是西伯利亚经西北或偏北方向移来的，约占总数的四分之三；一类是在陕甘地区或四川盆地锋生，再移入贵州的，约占总数的五分之一，还有很少一部分冷锋是在贵州境内锋生而产生的。第一类冷锋有完整的锋面结构，在中高纬度常与锋面气旋相联系，随着西风带系统的东移冷空气由锋后大举南下影响贵州。冷空气的主力路线可分为西北路、北路和东北路三条，冷空气的路线不同，则冷锋的走向亦有区别，大致可分为东北—西南向，准东西向和西北—东南向。我们把 90°～120°E、35°～55°N 作为冷锋是否影响贵州的统计区域，结果发现，进入该区的冷锋仅有 41%南移影响贵州，而在冷锋越过秦岭后则绝大部分影响贵州。因此，我们把秦岭作为冷锋是否影响贵州的关键位置。冷锋从秦岭附近移入贵州北界，一般需要 24～36 h，平均移速为 30 km/h，普遍比东北、华北地区的冷锋移速要慢，相比较而言，春季的冷锋平均移速快，夏季的冷锋移速慢，冷空气的主力方向不同，则移速也不一致。由西北方向入侵的冷锋移动速度快，时速可达 40 km/h，而东北方向入侵的冷锋移速显著减慢。

2)(准)静止锋

当冷、暖气团的势力相当，或冷空气南下势力减弱并受到地形的阻挡，使冷、暖气团的交界面呈静止状态时，会形成(准)静止锋。有时锋的移动缓慢或在冷暖气团之间做来回摆动。我国的(准)静止锋多为冷锋移动中受地形阻挡作用而形成的，常出现在华南的南岭一带、云贵高原及天山地区，分别称为江淮(准)静止锋、华南(准)静止锋、天山(准)静止锋和云贵(准)静止锋。(准)静止锋的坡度约为 5‰或者更小，因此锋面上滑的暖空气可以延伸更远。由于(准)静止锋可维持 10 d 或半个月之久，故常形成连阴雨天气。如果暖气团处于湿不稳定状态，也可出现积雨云和雷阵雨天气。夏季因(准)静止锋两侧温差不大，锋面坡度可以很陡，锋面上可有强烈的辐合上升运动，雨带狭窄而降水强度很大，常形成连续暴雨 。

滇黔准静止锋，亦称云贵静止锋或昆明准静止锋，是位于川、黔、云、桂，呈西北—东南向分布的(准)静止锋。它主要出现于冬季，往往可维持10多天，是移向西南的冷锋受云贵高原山坡地形影响而形成，其特点是锋面的坡度较小。因此，在锋面附近云系和降水分布较广，常常形成时间较长的连阴雨天气。

静止锋的位置与冷暖气团有关。当冷空气偏强、暖气团偏弱时，静止锋偏于云南中东部；反之，静止锋偏于贵州西南部，甚至北抬至贵阳以北。

3)中尺度辐合线

中尺度辐合线通常出现在同一属性气团内，是由于地面风向不连续而产生的风场辐合带。贵州初夏暴雨多与辐合线锋生有密切关系。辐合线的位置与热低压中心位置密切相关。当热低压中心位于重庆南部—四川东南部—贵州北部之间时，贵州受较强的偏南气流影响，基本无辐合线；当热低压中心位于四川南部—云南北部—贵州西部之间时，贵州中部以东有一条西北—东南向的辐合线；当热低压中心位于云南东南部—贵州西南部之间时，贵州中部或者西南部存在一条西北—东南向的辐合线。

4)热低压

热低压是指地面图上在西南地区出现的暖性低压，春季较多。一般出现在冷锋前的暖区里，所以也叫锋前热低压。热低压经常在地面冷锋影响前2～3 d形成，热低压控制下全省明显回暖，气压下降，为一强的暖低压控制，暖低压中心强度都在1 000 hPa以下，最大中心强度有时甚至达到990 hPa。冷锋到达热低压边缘时，热低压常随冷锋一起向南缓慢移动，冷锋进入热低压后，热低压便迅速减弱填塞。当热低压上空暖平流增强时，热低压加深；反之，热低压减弱。

(4)地形作用

贵州位于横断山脉以东的斜坡上，西部海拔高度在2 000 m以上，中部在1 000 m左右，东部仅有几百米。这样，当南亚低层盛行的西南气流，绕过横断山脉进入贵州时，由于地形原因就会在背风坡形成气旋性环流，这种背风波的扰动有时与华南低空急流配合，在急流轴的左侧形成较强的气旋性风速切变，是造成贵州省暴雨的有利的天气系统。

对流层中层，气流越过横断山脉后，随着东坡海拔高度的下降，气流在铅直方向扩展，在水平方向上出现气流辐合，导致背风波的生成，重要的表现就是中层有高原槽过境，贵州省新生槽(或暖性槽)的形成，大多与这种因气流越坡作用而产生的背风波有关，这种背风波所促成的低层气旋性涡旋，在水汽输送和不稳定能量条件下，就可能产生暴雨天气。另外，由于受西南地区特殊的地形作用，在四川形成西南低涡，西南低涡的出动，配合高原槽的扰动和冷空气的入侵，将会在贵州产生强的降水。

贵州西南部以普定、六枝、晴隆为中心的暴雨区，正位于乌江上游三岔河和北盘江上游的交汇地带，北方冷空气常沿乌江河谷由东北路入侵，南方的暖湿偏南或东南气流则沿北盘江向西北方向输送，冷暖空气在暴雨中心区域交汇。贵州省东南部的暴雨中心也与地形有关，由于清水江位于雷公山和螺丝壳山之间呈西南—东北走向，都柳江在雷公山的南侧呈西北—东南走向。所以，在雷公山的西侧是两条水系的上游，也是东北、东南（或偏南）两支气流的交汇处，这个交汇处与东南部的暴雨中心甚为一致。另外，迎风坡的降水大于其他地区。贵州省东北部的两个暴雨集中带就与此有关。一个暴雨中心德江、凤冈、绥阳正处于大娄山的迎风坡，而江口、铜仁一带是位于梵净山的东南坡。

其次是喇叭口地形的辐合抬升作用。普定、六枝的多暴雨中心主要与三岔河的西北—东南向的喇叭口有关，晴隆多暴雨中心则与北盘江的西北—东南向的喇叭口有关，都匀多暴雨中心与三都附近的南北向的喇叭口有关。当暖湿气流流入喇叭口谷地，由于两侧高山阻挡，气流突然收缩，在喇叭口里引起强烈的上升运动，同时水汽的辐合量也加大了。但是，这种喇叭口地形对暴雨的影响与入口气流的性质有很大关系：春季，暖湿空气来源于北部湾，黔南东部多暴雨中心明显；入夏以后，暖湿气流主要来源于孟加拉湾，贵州省西南部多暴雨区的暴雨次数明显增加。

其三是地形诱生的中尺度系统的影响。贵州西部与云南东北部的乌蒙山北麓和大娄山西侧的乌蒙涡（或毕节涡），是属于贵州的重要的局地 β 中尺度涡旋，是特殊地理位置、特殊地形的产物。在春夏两季，伴随着低层切变的南移、地面局地地形锋生，频繁有乌蒙涡生成、发展、东移，导致一系列暴雨和强对流天气发生。贵州省西南部以六枝、镇宁、晴隆为中心的多暴雨区，正位于乌江上游和北盘江上游的交汇地带，冷暖气流汇合后，受到西侧海拔高度 2 000 m 以上的高原阻挡，引起地形的强迫抬升和风向的改变，往往在地面形成局地切变线，对暴雨的发生有着非常重要的作用。

总之，地形对暴雨的影响较为复杂，并且这种影响又随着天气条件的变化而变化，并非固定不变。因此，进一步提高地形对暴雨影响的认识，不仅可以探索有些暴雨的成因和环境条件的机理，而且有助于解决暴雨落区、落时和强度的预报问题。

5.7.3　产生暴雨的主要天气形势

利用贵州全省 84 个测站 2000 年以来共 15 年的暴雨个例资料，根据地面和高低空主要影响系统，将暴雨天气划分为辐合线锋生型暴雨、冷锋低槽（辐合线锋生＋冷锋）型暴雨、梅雨锋西段暴雨、台风倒槽型暴雨、两高切变型暴雨、南支槽型暴雨。

（1）辐合线锋生型暴雨

此类型贵州无明显冷空气影响，在暴雨发生前的白天贵州受热低压、偏南气流或均压场控制，地面上贵州省内有辐合线出现或者辐合线位于四川南部—重庆南部—贵州北部边缘之间，这种由地面辐合线锋生激发的暴雨，称为辐合线锋生型暴雨。

这类暴雨过程多出现在 5—7 月，其主要特点是亚洲中高纬度呈纬向环流，西风带多移动性低槽东移，西风带锋区位于 40°N 以北，冷空气南下势力偏弱。中低纬度气流较平直，高原上有短波槽东移或高原南侧有弱的南支槽活动。中低层以偏南气流影响为主，暖平流显著。地面上西南地区多受热低压控制，基本无冷空气影响，贵州中部或北部往往有中尺度辐合线存在。

这类强降水天气可于冷锋达到前发生。当冷锋进入贵州与锋生的辐合线合并后，可促进降水范围进一步扩大，并逐步南移。暴雨区和暴雨中心与地面辐合线、低层低涡的位置以及地形有关。统计显示，这类天气形势配置与贵州南部尤其是西南部和东南部的强降水有关。当低空有低涡影响时，在卫星云图上可以看到沿着地面锋区或辐合线附近有中尺度对流系统（MCS）、甚至中尺度对流复合体（MCC）的发展，从而造成局部的大暴雨天气。本型过程维持时间较短，一般约 1～2 d，以 5 和 6 月份出现的频率最高。

1）环境场及配料

以 2012 年 7 月 12—13 日暴雨为例，此次过程是在盛夏季节地面无冷锋影响贵州的背景下，由四川南部低涡东南移与地面辐合线相互作用共同引发的强降水过程。主要影响系统为高原上东移的短波槽、川南低涡切变、地面中尺度辐合线（见图 5.14）。

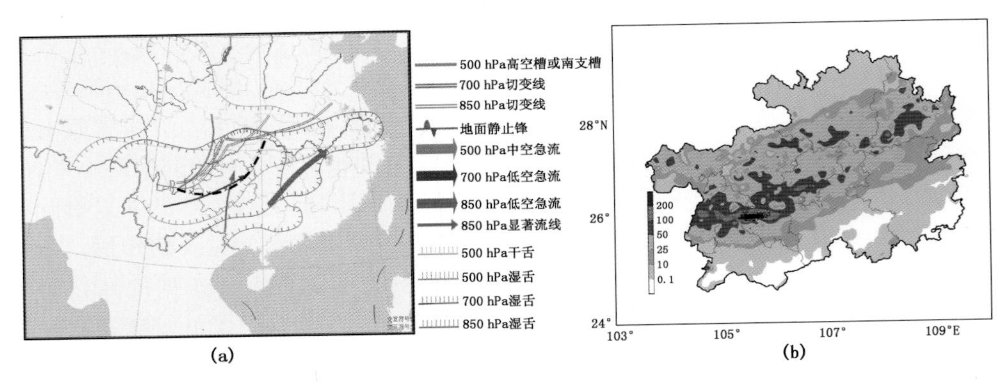

图 5.14　辐合线锋生型暴雨（2012 年 7 月 12 日 20 时）环境场（a）及降水（mm）分布（b）

暴雨发生前，贵州大部处于深厚的湿层的水汽环境和高温高湿的热力环境下。在水汽分布上（见图 5.15a），850 hPa 的比湿达到 16 g/kg，700 hPa 的比湿达到 12～13 g/kg，500 hPa 的比湿达到 4～6 g/kg。热力条件上 850 hPa 假相当位温 80 ℃线控制了贵州，84 ℃线自西向东形成一个东北—西南向的高能舌区，地面辐合线正好处于高能舌上。对流有效位能（CAPE）在暴雨发生前达到最大值（见图 5.15b），贵州西部和东北部均处于 1 800 J/kg 的高能区中。在大暴雨形成的初期和强盛期，地面辐合线附近始终维持 2×10^{-10}～4×10^{-10} K/(m · s)的正的锋生中心（见图 5.15c）。地面辐合线锋生强迫暖湿气团抬升，在辐合线附近形成上升运动区（见图 5.15d）。

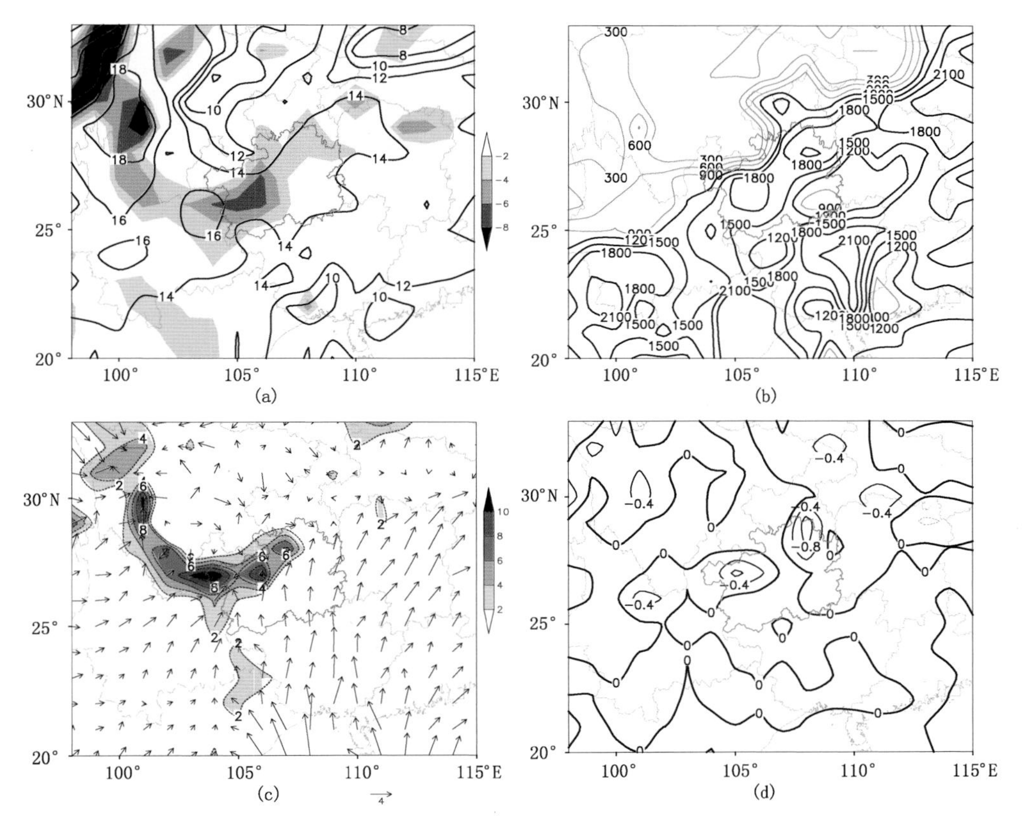

图5.15　12日14时对流有效位能(CAPE)(J/kg)(a)、20时850 hPa比湿(g/kg)和水汽通量散度(阴影区，$\times10^{-8}$ g/(hPa·cm^2·s))(b)、14时10 m风矢量及边界层锋生函数(阴影区，$\times10^{-10}$ K/(m·s))(c)、20时500 hPa垂直速度(Pa/s)(d)

“配料”分析表明，这类无冷锋配合的强降水过程，在具备了水汽、不稳定配料后，地面中尺度辐合线锋生是重要的触发抬升机制。中尺度辐合线造成了初始的上升运动，β中尺度对流系统在地面辐合线附近的暖湿不稳定区中生长，低空急流对水汽和热量的输送是对流能够持续生长的最重要因素。

2)M_βCS对贵州西部强降水的影响

这种由低涡切变东移南压触发地面辐合线锋生的暴雨过程，往往与准MCC或M_βCS的发生发展密切相关。利用红外云顶亮温TBB逐时资料分析显示(见图5.16)，M_βCS对此次暴雨天气有直接的影响。7月12日14—15时贵州西部毕节市东部—六盘水市之间有对流云团生成并逐步增强南压，20时开始TBB中心降低至−70 ℃以下(见图5.16a)，之后贵州西部对流云团不断扩大，形成近东西向的椭圆形的β中尺度的MCS。之后−70 ℃以下的TBB不断扩大，强降水雨强特征显著。尤其是 12 日 23 时—13 日 02 时之间(见图 5.16b),贵州西部形成较典型的 β 中尺度的对流云团,在对应区域雨强达到 60～80 mm/h。这种强降水特征直至 13 日 03 时才减弱。分析表明 $M_\beta CS$ 是 7 月 12—13 日贵州西部大暴雨的直接影响系统。

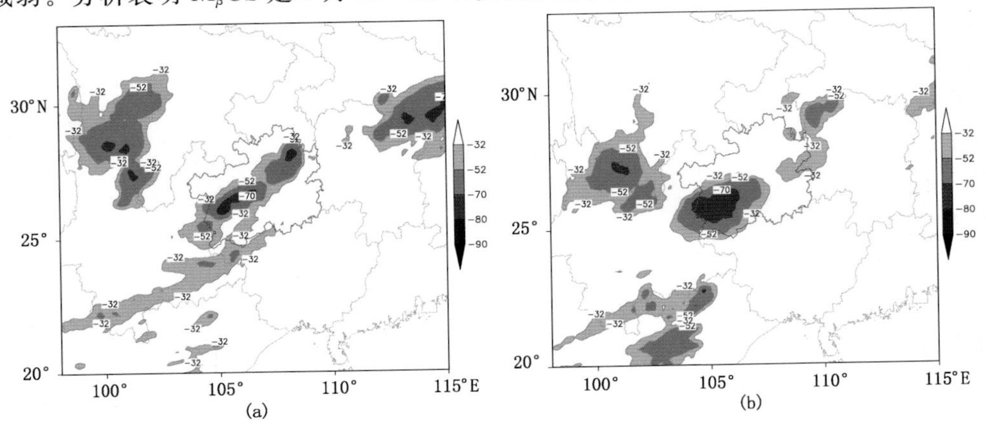

图 5.16　2012 年 7 月 12 日 20 时(a)、13 日 01 时(b)TBB 变化

3)预报着眼点

这类由低涡东移触发地面辐合线锋生的暴雨过程,其预报着眼点在于:①根据中尺度环境场分析,把握住主要的影响系统,而地面中尺度辐合线是这类暴雨重要的触发系统。②基于“配料”的思路,从水汽、稳定度、触发条件三个方面寻找有利于强降水的配料要素。此次过程水汽配料:850 hPa 比湿≥14 g/kg、700 hPa 比湿≥10 g/kg、850 hPa 水汽通量散度≤-4×10^{-8}g/(hPa·cm^2·s);稳定度配料:850 hPa 假相当位温≥80 ℃、CAPE 值≥1 200 J/kg;触发抬升配料:地面中尺度辐合线锋生,锋生中心≥2×10^{-10}K/(m·s)、500 hPa 垂直速度≤-0.4 Pa/s。③此类过程地面缺少冷锋影响,因而需重点关注地面中尺度辐合线的变化。④辐合线南侧出现大暴雨的可能性较大。

(2)冷锋低槽(辐合线锋生+冷锋)型暴雨

冷锋低槽型暴雨,即辐合线锋生+冷锋型暴雨。此类型当亚欧中高纬度呈纬向型时,主要的低槽一类经新疆东移,一类在新疆生成,并在东移中发展加深,槽后有明显的温度槽相配合。低槽移出 100°E 是未来 12～24 h 内贵州产生强降水的关键因素。当 500 hPa 的低槽移出 100°E 时,才能激发 700 和 850 hPa 高度上位于四川境内的切变或低涡的发展和移动。地面上,过程前期贵州主要受到偏南气流或者热低压控制。地面冷空气经新疆进入河西走廊时,有时冷空气可以翻越昆仑山,进入柴达木盆地,与经河西走廊越过秦岭的冷空气一起快速南下影响贵州。此类型冷高压长轴呈西北—东南向,冷高压前方有气旋波或冷锋,锋面由秦岭经四川南移,冷空气从正北或偏西北方向进入贵州，往往贵州的西北部地区最先出现降温和降水天气。

当亚欧中高纬度呈经向型时，高压脊或阻塞高压大多位于西伯利亚至贝加尔湖以西地区，乌拉尔山附近与贝加尔湖以东地区多低槽或者低涡活动。其中，贝加尔湖以东的低槽大多位于 120°E 以西，槽底伸展到 40°N 附近，甚至更偏南，这有利于引导地面冷空气呈偏北路径南下影响贵州。当高原上低值系统活跃时，短波槽可频繁移出高原。一旦贵州省内有地面辐合线存在时，东移并接近贵州上空的短波槽的槽前的正的涡度平流可促进地面辐合线锋生，造成沿着辐合线附近的强降水天气。这类强降水天气可于冷锋达到前发生。当冷锋进入贵州与锋生的辐合线合并时，可促进降水范围进一步扩大，并逐步南移。

这类暴雨在 4—10 月均有出现，但主要仍以初夏出现居多。其主要特点是亚洲中高纬度西风带多移动性低槽东移，西风带锋区可达 40°N 以南。中低纬度气流较平直，高原上有短波槽东移或高原南侧有南支槽活动。中低层多低涡切变系统影响贵州。地面上贵州多受热低压或偏南气流控制，暴雨发生前的当天贵州往往有中尺度辐合线存在，后有冷空气南下影响。

1)环境场及配料

以 2012 年 5 月 21—22 日贵州中西部暴雨为例。此次暴雨过程发生前西风带低槽移至 110°E 附近，槽底向南伸展接近 30°N，地面冷空气前锋达到四川盆地—重庆一带。贵州处于锋前暖区热低压前侧，热低压中心偏于云南中部，14 时后辐合线从贵州东北部逐步移至中部一带。主要影响系统有高空槽、中低层切变线、辐合线、冷锋。除北部地区湿层较浅之外，其余地区有深厚的湿层和北冷南暖的温度环境(见图 5.17)。700 hPa 位于云、贵、川三省之间的气旋性切变与地面辐合线在暖湿的环境耦合下首先激发了辐合线在锋前暖区锋生，之后随着冷空气补充，并与低层较强的东南暖湿气流共同作用，触发 MCC 的发生发展，造成贵州中西部出现暴雨以上强降水天气。

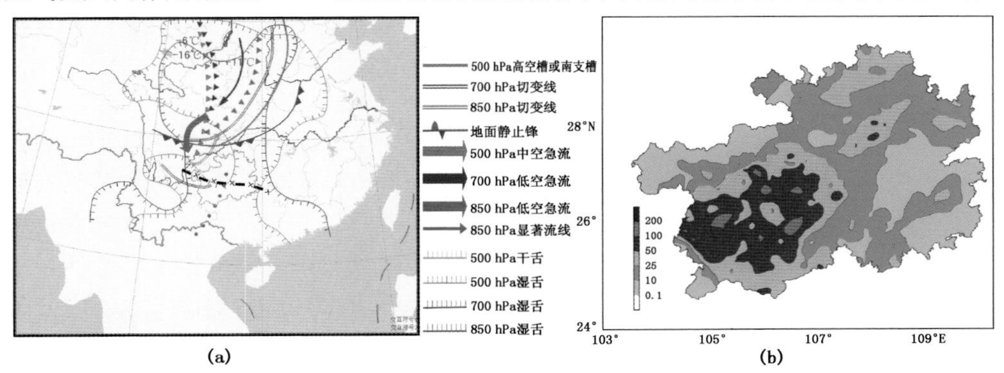

图 5.17　冷锋低槽(辐合线锋生＋冷锋)型暴雨(2012 年 5 月 21 日 20 时)环境场(a)及 24 h 降水(mm)分布(b)

暴雨天气发生前，贵州低层受东南气流影响，低层水汽集中在贵州中西部，使得该地区的比湿达到 12～16 g/kg(见图 5.18a)。同时，受西南气流的影响，两股气流在贵州中西部地区形成水汽的辐合(见图 5.18a 阴影区)。在暴雨初期和强盛期贵州中西部的水汽辐合维持在 -10×10^{-8}～-8×10^{-8} g/(hPa·cm² ·s)。

暴雨发生前至暴雨初期，贵州西部地区存在 CAPE 为 900～2 000 J/kg 的高值区(见图 5.18b)；暴雨减弱时，假相当位温和 CAPE 均迅速降低。

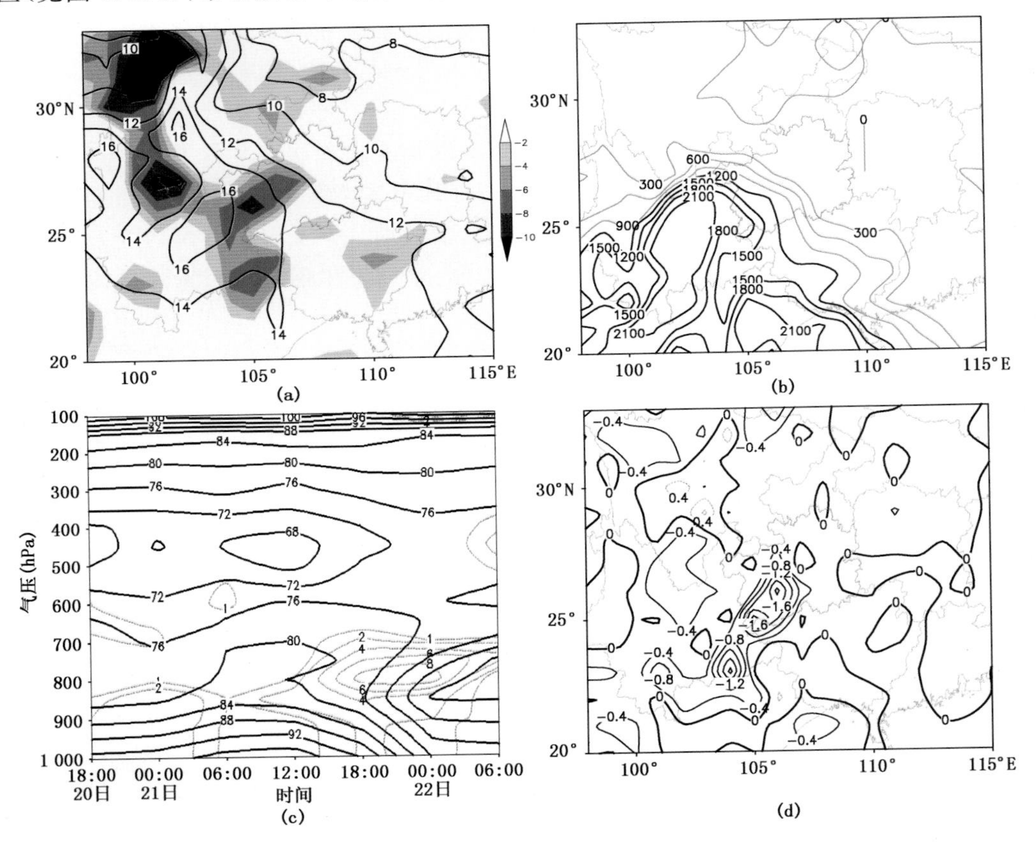

图 5.18　5 月 21 日 20 时 850 hPa 比湿(等值线，g/kg)与水汽通量散度(阴影区，$\times10^{-8}$ g/(hPa·cm² ·s))(a)、对流有效位能 CAPE(J/kg)(b)、经过暴雨区的假相当位温(实线，℃)和锋生函数(虚线，$\times10^{-10}$ K/(m·s)的气压-时间剖面(c)、22 日 02 时 500 hPa 垂直速度(Pa/s)(d)

冷锋进入贵州前，锋前暖区边界层锋生，正的锋生中心处于边界层的暖湿不稳定区，使得由 $M_{\beta}CS$ 所产生的降水具有暖区对流性降水的特征。在 20 时后至凌晨 02 时之间，当冷空气开始影响贵州时，正的锋生迅速加强并扩展到 700 hPa 高度附近

（见图 5.18c），并在 02 时前后开始形成 8×10^{-10} K/(m·s)的正的锋生中心。表明在冷空气补充后，大气的斜压性增强，冷空气的并入促使暖湿气团强迫抬升加强，造成强的辐合上升运动（见图 5.18d）。

分析显示，这类冷锋低槽型暴雨在暴雨发生前至发生初期，水汽条件和不稳定能量已经满足暴雨的启动条件。由于冷空气的补充，地面辐合线锋生加强，而地面辐合线锋生先于暴雨的发生，与中尺度对流云团的生成时间吻合，使得暴雨初期降水具有暖区降水的特征。当地面冷空气补充到贵州后，地面辐合线锋生明显加强，促使中尺度对流云团发展为 MCC。

2）MCC 对贵州西部强降水的影响

MCC 是此次暴雨过程的直接影响系统（见图 5.19）。5 月 21 日 14 时开始贵州西北部出现 TBB 为－32 ℃的对流云团，随后迅速发展加强为 M_{β}CS。17 时 TBB 中心降至－70 ℃，且结构紧密、边缘整齐，贵州西北部开始出现降水，之后云团继续向西南压，贵州中西部降水开始。19 时开始云团发展近似圆形，21 时 TBB 中心继续降至－80 ℃以下，22 时形成 MCC。之后 MCC 不断扩大，到 22 日凌晨 05 时 TBB 为－32 ℃的区域覆盖了贵州大部分地区，且－80 ℃的冷中心一直维持在贵州西南部地区。06 时开始，云团的边界开始变得松散，－32 ℃区发生变形，同时－80 ℃的冷中心范围开始缩小。08 时－80 ℃冷中心消失，－70 ℃冷中心明显减小，对流云团的 TBB 强度减弱。到 22 日上午 10 时，－52 ℃的区域基本移出贵州，覆盖贵州上空的云团迅速减弱，结构变得松散。至此，影响贵州的强降水明显减弱。

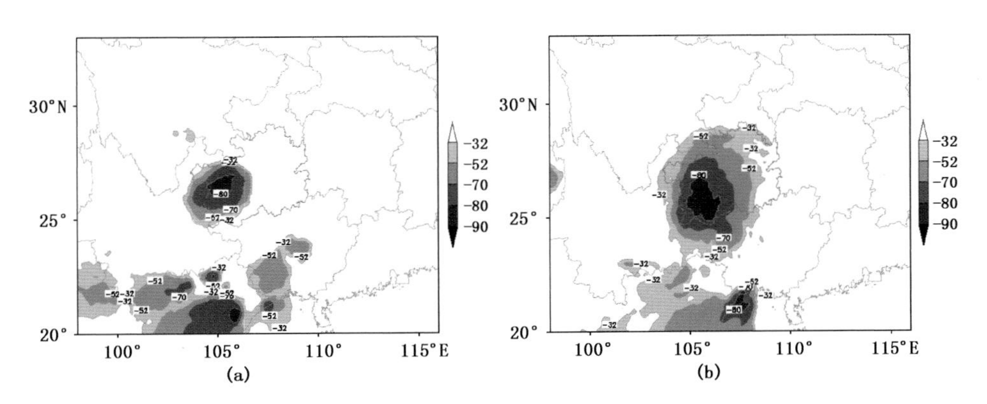

图 5.19　FY2E 云顶黑体亮温 TBB 变化（℃）

（a）2012 年 5 月 21 日 23 时；（b）2012 年 5 月 22 日 05 时

由此可见，贵州中西部地区的对流云团在 21 日 14 时前后就发展为 M_{β}CS，在持续发展 5 h 后约于 22 时发展为 MCC。MCC 持续 7 h，并稳定在贵州中西部地区，造成贵州中西部地区的强降水。

3)预报着眼点

此次过程的预报着眼点在于:①利用中尺度环境场分析揭示此类天气的主要影响系统是中低层的低涡切变、地面中尺度辐合线和南下的冷锋;②利用“配料”的思路显示 21 日上午 08 时,贵州中西部处于高能高湿不稳定区;③地面中尺度辐合线和北方南下冷锋是重点关注的触发系统;④当 700 hPa 西昌—昆明—威宁之间有气旋性辐合,同时甘肃东南部—盆地有较明显的冷平流时,气旋性辐合可加强为低涡东移,该低涡东移对贵州西部地区的强降水产生显著影响。

(3)梅雨锋西段暴雨

每年 6 月中旬—7 月中旬之间,随着大气环流的调整,我国长江中下游维持一条稳定持久的雨带,这个时期称为梅雨季节。长江中下游大多数年份在此期间进入梅雨季节,贵州因处于梅雨锋西段而产生的暴雨称为梅雨锋西段暴雨。梅雨锋是一条天气尺度的准静止锋,因而梅雨锋西段暴雨是静止锋暴雨在特定时期的一类特殊形势。此类暴雨主要发生在梅雨锋西段的长江上游地区,其特点是对流层低层有中尺度低涡(或西南涡),中高层有北支槽入侵并与之耦合,“北槽南涡”构成了这类暴雨的典型环流形势。

大尺度环流特点:①在 50°～70°N 中高纬度地区对流层中高层有阻塞高压或稳定的高压脊。高压或高压脊的位置可分为单阻型、双阻型和三阻型。②在 35°～45°N中纬度地区西风带平直,有频繁的短波槽活动。③对流层高层 200 hPa 上有暖性高压从高原东部移出,维持在江淮流域。④西太平洋副热带高压西伸北跳,脊线维持在 20°～22°N 附近。⑤地面上有准静止锋出现。

1)环境场及配料

以 2014 年 7 月 14—16 日连续性暴雨为例(见图 5.20),此次持续性暴雨过程具有典型的梅雨形势。亚洲中高纬度由两槽一脊型向单阻型发展。13 日高压脊位于贝加尔湖西北侧,乌拉尔山及鄂霍次克海附近是明显的低压区。东亚槽从雅库茨克经我国东北地区向南伸展到 30°N 的华中地区,槽后西北气流上有短波槽东移南下。西太平洋副热带高压呈东西带状分布,西伸点达到 105°E 以西、脊线位于 23°～25°N,588 dagpm 线与 110°E 的交点达到怀化。14 日贝加尔湖西北侧 576 dagpm 的阻塞高压建立,在华北北部经华中至重庆南部形成新的低槽取代东亚槽。西太平洋副热带高压稳定维持。15 日贝加尔湖西北部的阻塞高压进一步发展,东亚槽北段入海,南段仍在华中至贵州北部维持,西太平洋副热带高压维持,588 dagpm 线与 110°E 的交点南落至桂林以北。16 日阻塞高压东移,西太平洋副热带高压西伸点东退,东亚槽在内蒙古东北部经山东半岛至贵州东部维持。17 日随着副热带高压东退,东亚槽减弱,影响贵州 4 d 左右的持续性强降水才结束。

同期，中低层在长江中上游维持东北—西南向的切变线，地面上则为稳定维持并缓慢南移的静止锋。

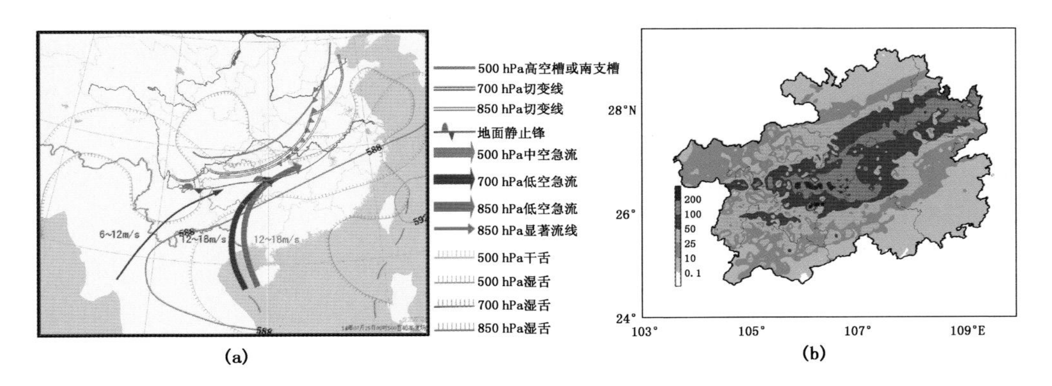

图 5.20　梅雨锋暴雨(2014 年 7 月 15 日 20 时)环境场(a)及 24 h 降水(mm)分布(b)

分析显示，梅雨锋暴雨的水汽条件是非常充足的，850 hPa 比湿为 14～17 g/kg，700 hPa 比湿为 10～12 g/kg，500 hPa 比湿为 4～6 g/kg。同时，暴雨区上空的湿空气越来越厚，从地面到对流层顶的相对湿度都在 80%以上(见图 5.21a)。由于水汽不断汇集，从暴雨发生前到暴雨强盛期，低空维持 $-10\times10^{-8}\sim-6\times10^{-8}$ g/(hPa · cm^2 · s)的水汽辐合中心(见图 5.21b)。由于地面梅雨锋维持，锋区两侧的温度差很小，但假相当位温的梯度却很明显(见图 5.21c)，暴雨区处于能量锋区上，暴雨区南侧 700 hPa 以下有不稳定层结，暴雨区上空 400 hPa 有相当厚的中性稳定区。显然，暴雨区下层为不稳定层，中层为深厚的中性稳定层。梅雨锋上的暴雨出现常伴有低空急流的增强，14—16 日，这支低空急流从华南向北伸展到长江以南，急流轴北侧强烈的气旋式切变和正涡度加强使暴雨区和其下风方之间出现强的水平辐合，使水汽、能量、动量向暴雨区集中。而低空急流左侧的正涡度中心随着急流的加强而西推北抬，在暴雨区上方形成一条东北—西南向的狭长的正涡度带。这支由水平辐合抬升产生的上升运动在 15—16 日两日在贵州中部一带最强(见图 5.21d)，上升运动伸展到对流层顶，最大上升运动区位于 800～500 hPa 之间，上升速度达到 −1.6 Pa/s。

2)梅雨锋上 β 中尺度云团对暴雨的影响

梅雨锋上与低涡相伴的 β 中尺度云团的形成、发展和移动，是造成贵州中部一带强降水的直接影响系统。图 5.22 显示，云团初期具有后向传播的特点，新生云团具有尺度较小、发展迅速、移速缓慢的特征。云团中 TBB 为 −50 ℃的低温区从 16 日 05 时开始到达贵阳附近，直到 18 时移出贵阳，前后长达 15 h。在此期间给贵阳及周边地区带来了持续时间长、雨强较强的强降水天气。

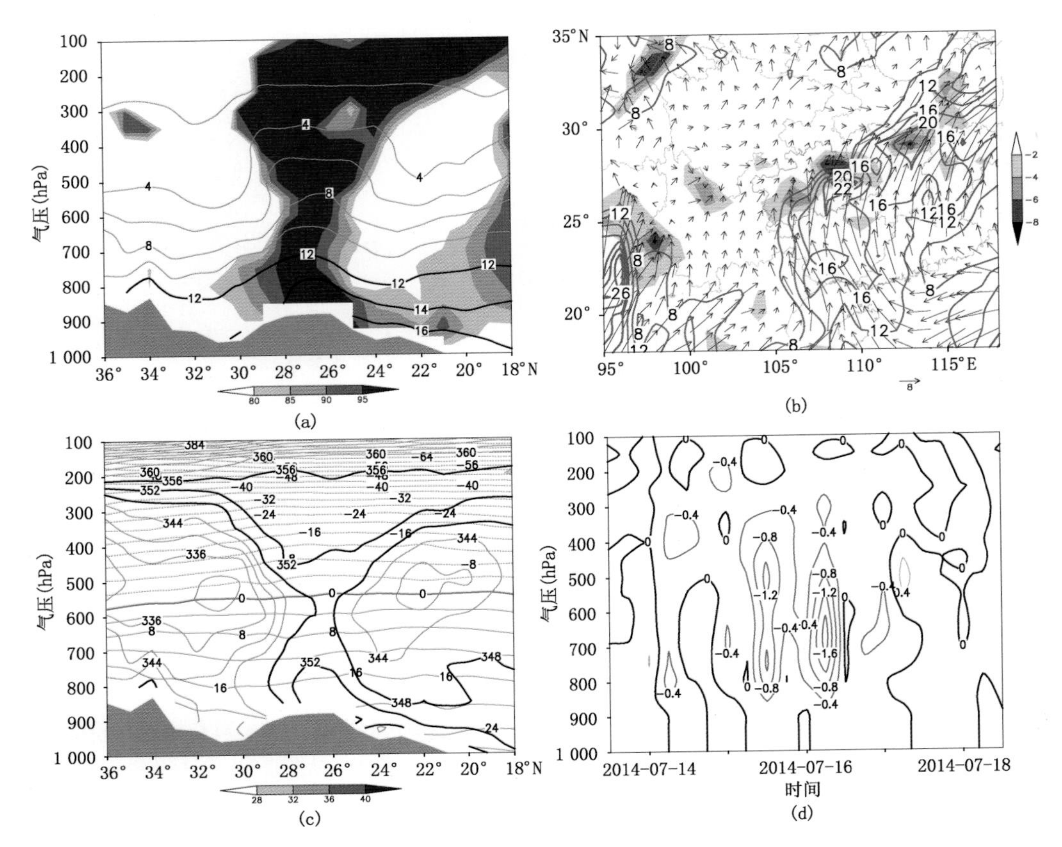

图 5.21　2014 年 7 月 16 日 02 时比湿(g/kg)和相对湿度的气压-纬度剖面(a)、850 hPa 水汽通量及水汽通量散度(b)、暴雨区上空的假相当位温及温度的气压-纬度剖面(℃)(c)、14—16 日暴雨区的垂直速度气压-时间剖面(Pa/s)(d)

3)预报着眼点

①关注西太平洋副热带高压西伸点、脊线变化。

②切变线上低涡的移动对降水强度的影响。

③地面锋区对降水落区的影响。

(4)台风倒槽暴雨

贵州地处西南腹地,受到台风影响较大的是降水,大风则极少出现。降水主要以持续时间长的稳定性降水为主,极少出现对流性降水。台风倒槽暴雨主要出现在8—9 月份。根据近 10 年在华南沿海及东南沿海登陆后对贵州造成暴雨的台风进行统计分析,发现台风登陆地点东至福建沿海,西至海南文昌。

造成贵州暴雨的台风登陆地点及路径如下:

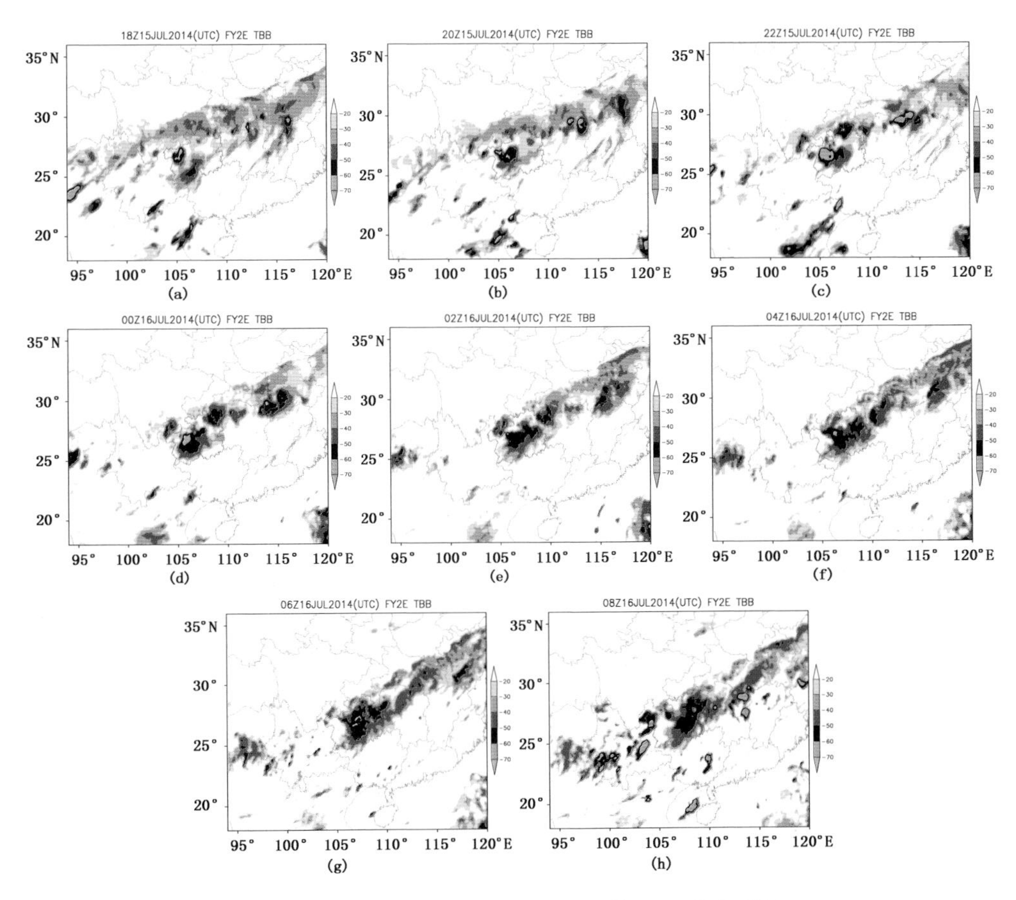

图 5.22　2014 年 7 月 16 日 FY2E 的 TBB 分布(℃)

(a)02 时；(b)04 时；(c)06 时；(d)08 时；(e)10 时；(f)12 时；(g)14 时；(h)16 时

1)台风在海南文昌附近登陆，沿西北方向移动。路径为：在海南文昌市附近首次登陆—经北部湾—在广西、越南之间再次登陆，如 2011 年 17 号台风“纳沙”于 9 月 29 日 14 时 30 分前后在海南省文昌市登陆，29 日 21 时 15 分在广东省徐闻县再次登陆，30 日 11 时 30 分在越南广宁第三次登陆。首次登陆 6 h 后其外围云系给贵州东南部带来小雨，18 h 后与冷空气共同造成贵州中东部大范围暴雨(见图 5.23)。2014 年 15 号台风“海鸥”于 2014 年 9 月 16 日 09 时 40 分在海南省文昌市第一次登陆，12 时 45 分在广东省徐闻县第二次登陆，23 时在越南广宁第三次登陆。首次登陆后 6 h 其外围云系进入贵州东南部，开始出现降水。随后与冷空气结合在 22 h 后开始带来强降水，9 月 17 日 08 时—18 日 08 时造成贵州中西部大范围暴雨到大暴雨(见图 5.24)。

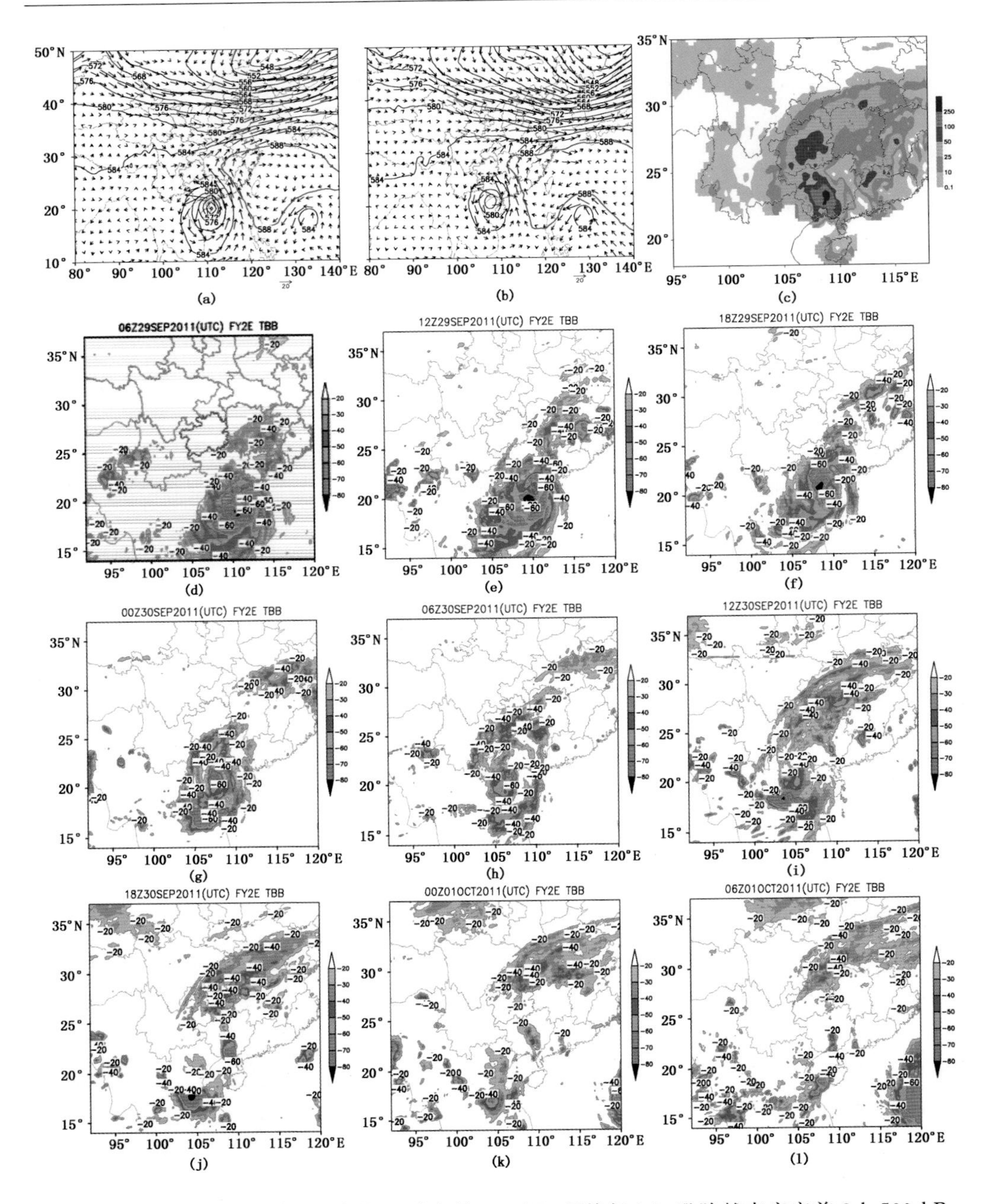

图 5.23　2011 年 17 号台风“纳沙”登陆文昌 500 hPa 环境场(a)、登陆越南广宁前 3 h 500 hPa 环境场(b)、9 月 30 日 08 时—10 月 1 日 08 时降水量(c)、9 月 29 日 14 时—10 月 1 日 14 时“纳沙”登陆文昌逐 6 h 的 FY2E 的台风云系变化(d～l)

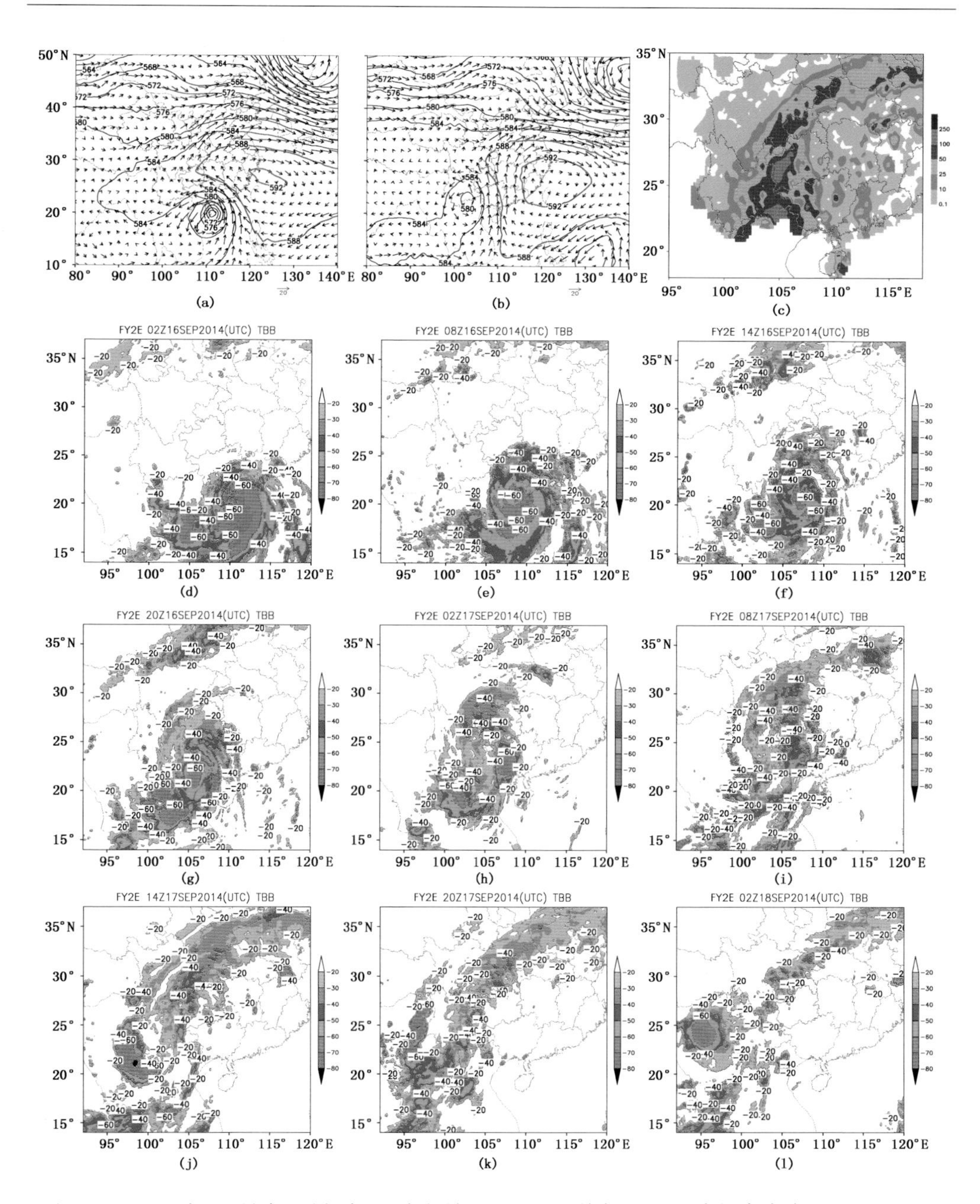

图5.24　2014年15号台风“海鸥”登陆文昌500 hPa环境场(a)、登陆越南广宁后3 h的500 hPa环境场(b)、9月17日08时—18日08时降水量(mm)(c)、9月16日10时—18日10时“海鸥”登陆文昌逐6 h的FY2E的台风云系变化(d～l)

2)台风在广东西南沿海登陆,沿西偏北方向移动。路径为:在广东电白到阳江之间登陆—经广西—进入云南南部或越南。如 2008 年 14 号台风“黑格比”于 9 月 24 日 06 时 45 分在广东省电白县沿海登陆,登陆时中心最大风力有 15 级(48 m/s)。登陆后在廉江市境内减弱为台风,14 时于广西合浦县境内减弱为强烈热带风暴,20 时减弱为热带风暴,25 日 02 时,黑格比进入越南境内并减弱为热带低气压,并于同日晚上消散。25 日 08 时—26 日 08 时给贵州西南部造成了大到暴雨。

3)台风在广东东南沿海登陆,沿西偏北方向移动。路径为:在深圳、汕头之间登陆—经广东—进入广西。如 2013 年 19 号台风“天兔”于 9 月 22 日 19 时 40 分在汕尾沿海登陆,登陆时中心附近最大风力有 14 级(45 m/s)。经惠来—广州—进入广西,其外围云系在 23—24 日给贵州中东部造成较大范围暴雨及局部大暴雨。

4)台风在福建漳浦—福清一带登陆,沿偏西路径移动。如 2010 年 11 号台风“凡比亚”于 9 月 20 日 07 时在福建沿海漳浦登陆,36 h 左右其外围云系造成贵州东北部出现暴雨;2013 年 12 号台风“潭美”于 8 月 22 日 02 时 40 分前后在福建省福清市沿海登陆,登陆 36 h 后其外围云系造成贵阳附近出现暴雨。

统计表明,在广东沿海及海南登陆的台风可造成贵州较大范围的暴雨和局部大暴雨。而在福建沿海登陆的台风大多造成局地暴雨。

(5)两高切变型暴雨

两高切变型暴雨是指由 500 hPa 青藏高压与西太平洋副热带高压之间的低槽与 700 hPa、850 hPa 低涡或切变系统及地面弱冷空气共同作用造成的暴雨天气过程,多出现在每年的 8 和 9 月,是贵州盛夏到初秋季节强降水天气的类型之一。过程时间一般为 1～2 d,最长仍会维持 3～4 d,常常导致贵州出现大范围的暴雨天气。

青藏高压与西太平洋副热带高压的强弱及发展演变在此类暴雨天气过程中起着重要作用,其主要有三种表现形式:一是西太平洋副热带高压持续增强,与青藏高压合并,形成高压坝,贵州暴雨天气基本结束;二是青藏高压持续增强而西太平洋副热带高压略有减弱东退,强降水过程将自西向东影响贵州;三是青藏高压与西太平洋副热带高压同时增强,在 100°～110°E 之间形成两高之间的低值区,贵州易形成强降水天气。

1)环境及配料

以 2007 年 7 月 25—26 日暴雨天气为例,500 hPa 的 25 日 08 时副热带高压呈带状分布,588 dagpm 西伸点位于 110°E、脊线位于 25°N 附近。高原上为高压环流,中心值为 587 dagpm。贵州处于两高之间的低值区。在河套附近存在 580 dagpm 的低压中心,从低压中心经西安—重庆—西昌一线是深厚的低槽,中低层从湖北至贵州北部边缘至川南西昌一带存在东北—西南向的切变线,从广西至长江中游有低空急流存在,地面冷空气弱。因而对贵州的主要影响系统是两高之间的低槽(或切变线)、中低层切变线、低空急流，贵州处于深厚的湿层环境中，造成了贵州东部和南部大范围的暴雨天气（见图 5.25）。

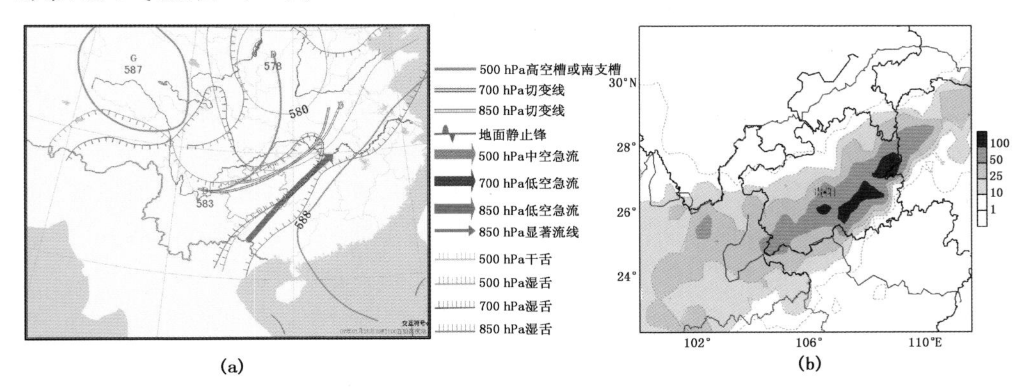

图 5.25　2007 年 7 月 25 日 08 时中尺度环境场(a)及 24 h 降水量(mm)(b)

2)预报着眼点

在 500 hPa 等压面上，青藏高压（或有高压环流）与副热带高压之间形成两高切变（或低槽），切变线位于贵州西北侧，或呈南北向，或呈东北—西南向，未来 24 h 内影响贵州省。在温度场上，于切变线北侧常有冷温槽相配合，有冷平流。700，850 hPa 有切变线或气旋性环流与之配合，贵州省内以偏南或西南气流为主。地面有时有弱冷锋，有时没有冷锋。强降水的位置与切变线位置和副热带高压的强度有关。

(6)南支槽暴雨

南支槽是造成贵州初夏暴雨的主要影响系统之一。南支槽暴雨是在孟加拉湾季风爆发的背景下，由南支槽东移与其他系统相互作用而产生的强降水。当南支槽稳定在 90°E 以西时，贵州省上空为偏西或偏西南气流影响。只有在西南气流影响下，槽前正涡度平流得以发展，使得低层减压，造成云贵高原上空的中低空以西南气流为主，地面有热低压发展。当南支槽移出 90°E 后，槽前强盛的西南暖湿气流与低空急流及其他系统相互作用可产生暴雨天气。按前期地面影响系统来分类，大致存在三类暴雨：

1)南支槽与热低压结合型暴雨

①环流特征

此类型亚洲中高纬度多呈纬向环流，无明显冷空气活动。西风带锋区在 40°N 以北，冷空气位置偏北。在中低纬度，南支槽明显，经向度大，南支槽主要位于 90°～100°E 之间。地面上滇、黔间有热低压发生发展，低层有较强的西南暖湿气流将水汽及不稳定能量输送到贵州上空。当冷空气偏弱时，由于南支槽前强盛的西南暖湿气流与低空急流的相互作用，可以导致贵州省西南部地区的暴雨天气；当北方有弱冷空气影响时，热低压减弱南压或崩溃。在南支槽、低空急流与弱冷空气的共同影响下，贵州西南部及南部地区均可产生暴雨天气。

此类型与辐合线锋生型暴雨基本相似。

②预报着眼点

a. 此类型亚洲中高纬度呈纬向环流，冷空气偏北偏弱。南支槽主要位于 90°～100°E 之间，槽前存在明显的暖湿气流。b. 低层有较强的西南暖湿气流影响贵州。c. 地面上滇黔间有热低压发生发展。d. 卫星云图上从孟加拉湾到云贵高原上空有显著的季风云系发展。e. 此类型可造成贵州西南部和南部地区的强降水天气。

2)南支槽与静止锋结合型暴雨

①环流特征

此类型亚洲中高纬度呈纬向环流，但北支锋区偏南，有冷空气不断南下。同时副热带高压偏强，588 dagpm 线仍控制着华南。南支槽达到 90°E 以东，槽前是深厚的湿层。低层在贵州中部—湖南中部—江西北部存在一东西向的切变线，同时地面上在滇、黔之间维持一静止锋。因而这类暴雨的主要影响系统是南支槽、低层切变线、低空急流及静止锋。系统处于深厚的湿层和“北冷南暖”的温湿环境中。南支槽前强盛的暖湿气流沿锋面爬升是产生强降水的重要原因。此类暴雨主要出现在锋后，暴雨区集中在贵州东南部，如 2008 年 10 月 31 日—11 月 1 日秋季暴雨天气过程(见图 5.26)。

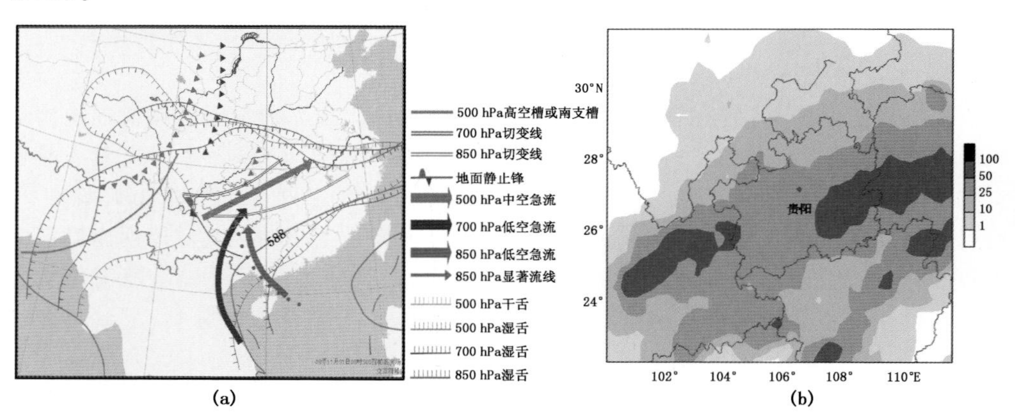

图 5.26　2008 年 11 月 1 日 08 时中尺度环境场(a)和 1 日 08 时—2 日 08 时降水量(mm)分布(b)

②预报着眼点

a. 此类型亚洲中高纬度呈纬向环流，北支锋区偏南，有冷空气不断南下影响贵州。高原上有短波槽移出，90°～100°E 有一支深厚的南支槽。b. 850 hPa 在 105°～120°E、23°～28°N 之间有切变线存在。c. 地面上有静止锋。有冷空气补充时，静止锋活跃，给贵州东南部造成强降水天气。

3)南支槽与冷锋结合型暴雨

①环流特征

此类型亚洲中高纬度多低槽活动，西风槽移出 100°E 后可带明显的冷空气南下进入贵州。同时南支槽达到 90°～100°E，槽前暖湿气流与北支槽带来的冷空气结合造成强降水天气，如 2002 年 5 月 12 日 08 时—14 日 08 时南支槽与冷锋结合型暴雨(见图 5.27)。

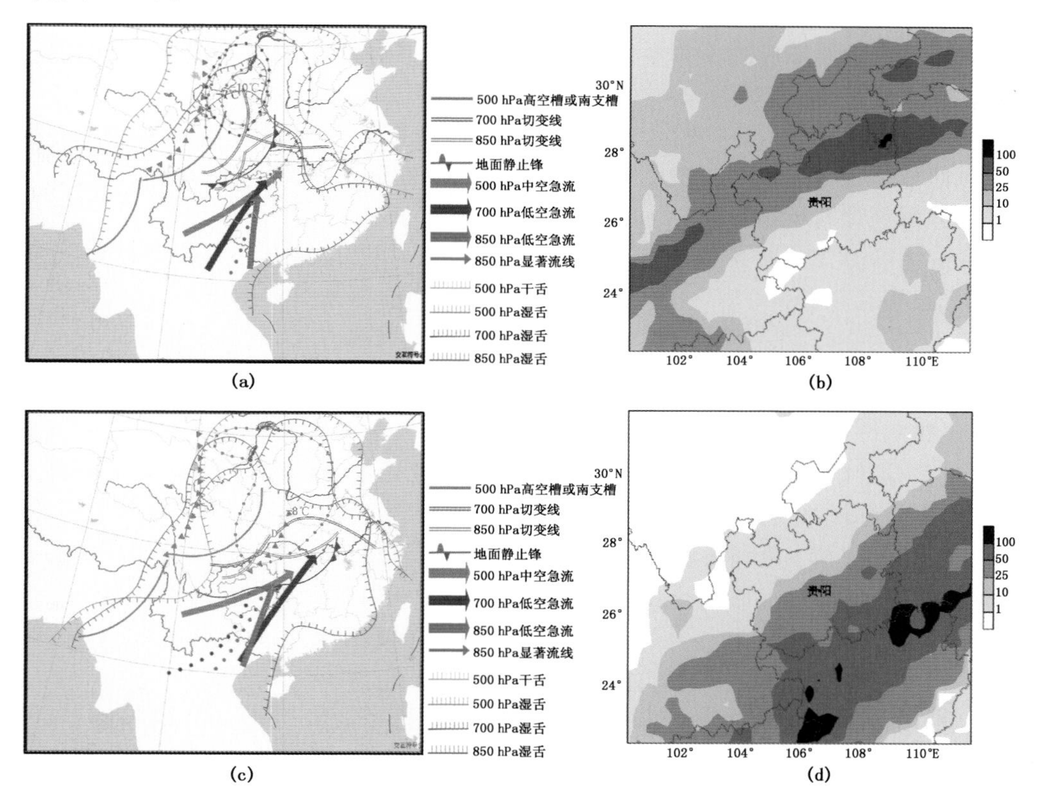

图 5.27 2002 年 5 月 12—13 日 08 时中尺度环境场、12 日 08 时—14 日 08 时降水量(mm)分布
(a)12 日 08 时环境场；(b)12 日 08 时—13 日 08 时降水量；(c)13 日 08 时环境场；(d)13 日 08 时—14 日 08 时降水量

②预报着眼点

a. 此类型与移动性冷锋低槽暴雨的背景形势较相似，但南支槽深厚，同时高原中东部有低槽或低涡发展并移出高原。b. 贵州上空有强盛的西南急流。c. 强降水落区随锋区自北向南移动。

5.8 高温

5.8.1 高温天气的环流背景及其影响系统

贵州省“两高”沿线区域的高温天气环流形势分为三种类型:大陆高压影响型、副热带高压控制型、副热带高压影响型。

(1)大陆高压影响型

500 hPa 青藏高原和新疆南部有高压形成和加强,并有 0 ℃暖中心配合,具有干热性质,高压东移影响造成高温,6 月—7 月初这类形势较多,特点是湿度小、温度高。

(2)副热带高压控制型

西太平洋副热带高压较强,588 dagpm 线控制贵州,同时大陆有 0 ℃暖中心配合,副热带高压稳定,是 7—8 月份高温天气的主要形势,特点是湿度大、天气闷热。

(3)副热带高压影响型

500 hPa 西太平洋副热带高压中心在我国东部大陆,同时有 0 ℃暖中心配合,贵州受副热带高压外围 584 dagpm 线控制,贵阳本站吹西南风或东南风,西部低槽在 104°E 以西,这种形势个例较少,一般出现在 7 月份,高温时间不长,多数为 2 d。

5.8.2 高温预报指标

经过对历史个例的统计分析发现,08 时怀化 850 hPa 温度≥21 ℃时,前一天贵州东部部分县(市)的最高气温已达 31～34 ℃,应注意考虑高温天气了。再根据高空天气形势指标做出高温天气预报。

(1)当 500 hPa 新疆南部至青藏高原东部 80°～110°E、25°～40°N 有高压中心或高压环流,同时有 0 ℃暖中心配合。当格尔木—武汉高度≥4 dagpm 即西高东低形势明显,则当天开始有 2～3 d≥36 ℃高温天气;如果格尔木—武汉高度≤3 dagpm,只有 1～2 d 高温天气。

(2)当副热带高压很强,贵阳、怀化 500 hPa 高度≥588 dagpm,或长沙≥590 dagpm,大陆有 0 ℃暖中心配合,贵阳受副热带高压控制,则贵州有 2～4 d 高温天气过程,其中有 1～2 d 会出现 38 ℃高温。

(3)副热带高压较强,588 dagpm 线高压中心在我国东部,并有 0 ℃暖中心配合,西部低槽位置在 103°E 以西,贵阳高空风已转成西南风或东南风,贵阳受副热带高压外围 584 dagpm 线控制,则贵州有 2 d 左右 35 ℃高温,而 38 ℃及其以上高温的可能性很小。

(4)当贵州东部部分县(市)08 时气温≥24 ℃,且为晴天或多云天气,怀化 850 hPa 的 08 时温度≥22 ℃时,则当天出现高温天气的可能性很大。

5.9　秋绵雨

5.9.1　秋绵雨环流特征

秋绵雨天气过程的环流形势主要有两种：

一种环流形势是 500 hPa 等压面图上，中高纬度地区盛行经向环流，呈两槽一脊形势，乌拉尔山附近为一高压脊或阻塞高压，其两侧分别于西欧和东亚各有一低压槽，乌拉尔山高压脊前为一宽阔的低压带，西风带锋区位置偏南。东亚大槽槽底也比正常年份的槽底位置偏南，在低纬度地区，副热带高压较正常年份偏强，西伸也将明显，极涡也较强，位置偏南。在这样的环流形势下，乌拉尔山高压脊前经常有小槽引导冷空气源源不断地南下到低纬度地区，与此同时，较强的副热带高压又使暖湿空气向北输送，两股气流交绥于桂黔、滇黔交界处，势均力敌，维持活跃的静止锋天气，因而产生秋季绵雨天气。这种形势是主要的，造成的秋绵雨过程也较长。

另一种环流形势是中亚高脊型。中高纬度地区经向环流明显，也是两槽一脊形势，高压脊位于 80°E 附近，低压槽位于欧洲东部和东亚地区，东亚大槽偏深。低纬度地区，西太平洋副热带高压偏强，位置偏南，孟加拉湾为一低槽。冷空气由中亚高脊前西北气流引导南下，经两湖盆地从东北方向入侵贵州，与副热带高压西侧偏南气流交绥于滇黔交界处，形成静止锋，产生绵雨天气。这一类型下的秋绵雨过程一般不长，影响的范围也小些。

5.9.2　秋绵雨预报方法

秋绵雨天气过程是连续 5 d 或以上的阴雨天气过程，因此，必须要有稳定少变的天气系统，其预报着眼点：

(1)500 hPa 等压面图上，乌拉尔山附近有高压脊或阻塞高压稳定建立，其前部低压槽伸入黑海，则未来将引导冷空气南下造成贵州的连阴雨天气。

(2)低纬度地区的副热带高压要有一定强度，位置偏西，并有印缅槽配合，这样才能使暖湿气流向东北方向输送，与南下冷空气交绥，于贵州南部及滇、黔交界处构成静止锋，贵州才产生秋季绵雨，若副热带高压偏弱，位置偏东，则贵州秋季绵雨维持不长。

(3)西风急流受西藏高原的阻挡产生分支现象，南支急流上有小波动出现，拉萨和日喀则的风向偏西南，风速在 8 m/s 左右，贵州往往出现秋季绵雨。

(4)贵州处在 500 hPa 等压面低槽前部，有暖平流，700 和 850 hPa 等压面上，川、黔间常有一条东西向的切变线，并常有低涡沿切变线向东移动，贵州秋季绵雨持续。

(5)地面天气图上，由于受北方冷空气南下影响，在黔、桂、滇交界处常形成静止锋，并经常有小股冷空气南下补充，使之活跃，秋季绵雨持续。若无冷空气补充，则静止锋趋于锋消，绵雨天气结束。

第6章　气象灾害防控技术

影响贵州省“两高”沿线区域特色农业生产的气象灾害有降水异常而造成的暴雨洪涝、干旱、持续阴雨以及冰雹灾害等，由温度异常而造成的高温热害、低温冷害（或冻害）等，由降水和温度共同影响而造成的凝冻，由日照异常而造成的寡照等，这些灾害都可以通过科技手段及采取相应的生产管理措施而减轻或避免，本章介绍一些主要的气象灾害防控技术及生产管理措施。

6.1　人工影响天气技术

人工影响天气是以云和降水物理为基础的科学技术减灾手段，是为了避免或者减轻干旱、冰雹等气象灾害，在适当条件下，通过科技手段对局部大气物理、化学过程进行人工催化影响，实现增雨、防雹目的的活动。目前，人工影响天气作业的催化方式大体有三种：一是以碘化银（AgI）燃烧炉方式在地面增雨作业。通过催化剂燃烧烟雾依靠山区向风坡的上升气流输送到云中，优点是经济、简便，适宜于山区，缺点是难以确定入云的催化剂量。二是以高炮和火箭为主的地面增雨防雹作业。通过撒播和爆炸方式将催化剂直接输送到云中的合适部位，优点是易于把握作业时机和作业部位，适合于雷雨冰雹天气过程，缺点是作业点相对固定，可移动范围受到一定的限制。三是飞机人工增雨作业。飞机人工增雨作业的面比较宽，可以根据不同的云层条件和需要，选用暖云催化剂、冷云催化剂及其撒播装置和发射系统，实施人工增雨作业；还可装载探测仪器进行云微结构的观测和催化前后云宏、微观状态变化的追踪监测。缺点是无法对强对流云进行催化作业，以及复杂天气对飞机起降和飞行安全有影响。目前，贵州主要采用飞机、火箭、高炮开展冷云催化，实施人工增雨作业。采用高炮和低空火箭进行消雹作业。在此主要介绍人工增雨防雹作业试验方面的技术方法与应用。

6.1.1　人工增雨防雹基本原理

人工增雨是在云的过冷却部位引入大量人工冰核（浓度达 $10^2 \sim 10^4$ 个/L），使云中过冷水迅速转化为冰晶，并加强凝华过程，释放大量冻结潜热和凝华潜热，增加云体温度和浮力，促使云体在垂直和水平方向发展，延长云的生命期，从而增加降水。

人工防雹是为了改变云和降水及冰雹的微物理结构，改变冰雹生长形成的物理过程，通过过量催化，大量增加云中人工冰雹胚胎，争食水分，降低成雹条件，抑制冰雹的增长或使其化为雨滴，减轻或避免冰雹造成的危害。同时，按照一定的作业射击组合方式进行防雹作业，不仅可增加催化剂撒播的体积，而且可以通过爆炸破坏积云形成冰雹的自然气流结构，特别是强上升气流区的垂直结构，促使大量小冰雹（雹胚）在增大之前提前下落，融化为雨滴或小冰粒落到地面。

6.1.2 人工增雨防雹作业条件

（1）人工增雨作业条件及技术指标

有利于人工增雨作业的条件是在降水性天气系统背景下，处于发展阶段的积雨云、浓积云、层状云，回波顶高处在－5～－20 ℃之间，强度大于25 dBz。不利于增雨作业的条件是孤立的积雨云、移速快的浓积云、干雷暴、降水过程过境后处于减弱衰亡的对流云及一般性层状云等。

人工增雨作业条件的雷达回波技术指标：①回波强度≥25 dBz；②回波顶高≥6 km；③回波水平宽度≥3.5 km。

（2）人工防雹作业条件及技术指标

人工防雹一般可选择在单体初生时作业或雹云形成之前的雷雨云阶段作业，通过过量催化以抑制冰雹的增长。

人工防雹作业条件的新一代天气雷达（CINRAD/CD）回波技术指标：①回波强度≥45 dBz；②回波顶高≥8 km；③强回波中心密实，呈纺锤、悬垂特征；④回波顶高所对应温度低于－20 ℃。由于雷达波长和季节性差异，各地可根据实际情况进行调整。

6.1.3 人工增雨防雹作业参量的计算方法

现今贵州省主要使用“WR系列”火箭、“三七”高炮进行人工增雨防雹作业，以碘化银（AgI）作为撒播催化剂。人工防雹增雨作业的效果与作业时间、作业高度、用弹量（催化剂量）有关。其中，作业用弹量与作业云的强度、体积、含水量及催化剂成核率等有密切关系。图6.1是人工增雨防雹作业撒播高度、射程、仰角间的关系图。

（1）撒播高度的计算方法

碘化银成核率在温度低于－4 ℃情况下就能起冰核作用，它的成冰阈温与粒子大小有关，颗粒愈大其成冰阈温愈高，产生的有效冰核数随温度降低而增多。研究表明，在上升气流和下沉气流的边界附近于等温线－4～－10 ℃范围内，这里的水滴胚最利于人为注入冰核，可大大减少冰雹的形成，抑制地面雹灾，有效增加降水。因此，在实际的业务应用中，把－5～－10 ℃作为碘化银成核率撒播的适宜温度。通常情况下，利用高度每增加100 m温度降低0.65 ℃的方法求解－5和－10 ℃所对应的

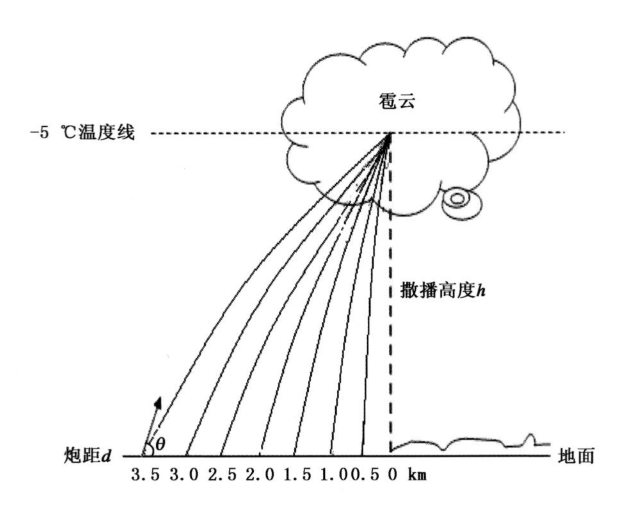

图 6.1　人工增雨防雹作业撒播高度、射程、仰角间的关系

高度值。

为了获得比较准确的大气垂直方向温度和高度的分布，其主要方法是利用邻近探空站获取的探空格点资料绘制温度-对数压力图（T-ln$P$），从而直观地了解大气垂直高度的气压、温度等气象要素的梯度变化情况。表 6.1 为贵阳探空站 2007 年 6 月 21 日 08 时的温度、气压、高度格点资料（由 MICAPS 系统提供），表中气压、温度存在一一的对应关系，而高度出现缺测（“/”表示缺测）数据。

表 6.1　贵阳探空站 2007 年 6 月 21 日 08 时的气压、温度、高度格点资料

气压(hPa)	温度(℃)	高度(m)
850	21	1 470
700	12	3 130
609	5	/
500	−2	5 880
474	−4	/
462	−4	/
409	−11	/
400	−12	7 620
379	−15	/
346	−19	/
331	−21	/

由于大气垂直高度的数据缺测，通常采用压高曲线求解法计算大气温度或气压所对应的高度值。为了比较准确地计算 0，－5，－10，－20 ℃等指定温度层的高度 H_0，H_{-5}，H_{-10}，H_{-20}，可在温度-对数压力图上绘制压高曲线，利用压高曲线求得。

(2)作业射程与仰角的对应关系

在计算得出撒播高度的情况下，可以根据所使用的人工增雨防雹作业方式，依据相应的弹道参数表，确定作业射程与仰角，以指挥高炮、火箭进行人工增雨防雹作业。表 6.2 和表 6.3 分别是不同自炸时间的“三七”高炮射角与射程(垂直高度和水平距离)对应关系表和 WR-1B 系列增雨防雹火箭弹道数据表。

表 6.2 “三七”高炮射角与射程对应关系表

θ Y/X T	85°	80°	75°	70°	65°	60°	55°	50°	45°
8	3 771 /350	3 722 /698	3 642 /1 039	3 530 /1 370	3 389 /1 690	3 219 /1 994	3 022 /2 280	2 801 /2 546	2 557 /2 790
10	4 306 /409	4 248 /814	4 153 /1 211	4 021 /1 597	3 854 /1 968	3 654 /2 321	3 423 /2 652	3 163 /2 959	2 877 /3 239
12	4 778 /464	4 711 /924	4 602 /1 375	4 451 /1 813	4 259 /2 232	4 030 /2 631	3 765 /3 004	3 468 /3 349	3 142 /3 663
14	5 193 /518	5 118 /1 030	4 995/ 1 533	4 824 /2 020	4 609 /2 486	4 351 /2 928	4 053 /3 341	3 720 /3 722	3 355 /4 067
16	5 556 /569	5 473 /1 133	5 336 /1 685	5 147 /2 220	4 907 /2 731	4 621 /3 214	4 292 /3 665	3 923 /4 079	3 520 /4 453
18	5 871 /620	5 780 /1 233	5 629 /1 833	5 421 /2 414	5 158 /2 968	4 844 /3 491	4 484 /3 977	4 081 /4 423	3 641 /4 824
20	6 140 /669	6 040 /1 331	5 876 /1 978	5 649 /2 603	5 363 /3 199	5 022 /3 760	4 631 /4 280	4 194 /4 756	3 719 /5 182

注：1.“三七”高炮人雨弹引信自炸时间 T(s)、射角 θ(°)及所达垂直高度 Y(m)和水平距离 X(m)；2. 此表根据初速度 V＝866 m/s、弹重 q＝0.722 kg 和弹型系数 i_{43}＝1.0(弹道系数 C_{43}＝1.89)，取整数位计算得出，由重庆 152 厂提供

(3)作业用弹量估算方法

根据贵州省多年人工增雨防雹作业效果统计分析，综合考虑作业云体的强度、体积、结构等因素，人工增雨防雹作业用弹量估算方法如下：

人工增雨作业参考用弹量：高炮人工增雨作业分期分批发射 20～40 发的人雨弹，火箭人工增雨作业分期分批发射 2～4 枚的火箭弹。

表 6.3 WR-1B 增雨防雹火箭弹道数据表

发射角(°)	最高点 Y/X(km)	发射角(°)	最高点 Y/X(km)
45	4.10/6.18	66	6.53/4.41
47	4.35/6.12	68	6.72/4.15
50	4.72/6.00	70	6.89/3.84
52	4.97/5.85	72	7.05/3.51
54	5.20/5.93	74	7.20/3.23
56	5.45/5.53	76	7.34/2.82
58	5.68/5.37	78	7.60/2.43
60	5.90/5.28	80	7.90/2.11
62	6.12/4.99	83	8.03/1.51
64	6.32/4.80	85	8.09/1.09

注:1. Y 为最大高度,X 为最大高度对应的水平距离;2. 此表数据由陕西中天火箭技术股份有限公司提供

人工防雹作业参考用弹量:高炮作业每次需要 20～80 发的人雨弹,火箭作业每次需要 2～8 枚的火箭弹。表 6.4 为“三七”高炮防雹作业针对不同的冰雹云回波的用弹量参考值。

表 6.4 “三七”高炮防雹作业用弹量参考值 单位:发

雹云种类	初生期用弹量	发展期用弹量
弱单体	20～50	50～100
强单体	30～60	60～120
弱复合单体	30～60	60～120
强复合单体	50～80	80～150

(4)人工增雨防雹作业射击方法

人工增雨防雹作业采用的射击方法关系到入云催化的效果,高炮和火箭进行人工增雨或防雹作业的方式基本相同,只是作业技术指标有所差异。目前,国内针对不同的云体提出了 7 种射击组合作业方法:前倾梯度射击组合、垂直梯度射击组合、水平射击组合、同心圆射击组合、后倾射击组合、扇形点射、侧向射击等。

(5)人工增雨防雹作业效果评估

人工增雨防雹作业效果检验和评估是人工增雨防雹的重要技术工作之一。目前我国主要运用统计检验、物理检验和数值模拟等方法进行效果检验和评估。其中,物理检验主要通过分析人工增雨防雹作业后回波的强度、顶高、面积等回波特征变化,进行效果评估。

6.1.4　效果评估依据

(1)防雹效果评估依据

若防雹作业后的有效时段内(一般不超过 30 min),云体逐渐减弱,降雹密度稀疏,冰雹结构松散,雹灾减轻等,可视为防雹作业有效;反之,若云体发展变化不明显甚至云体发展增强,降雹密度大,雹灾严重,则视为防雹作业无效。通常情况下,如果作业后比作业前的回波强度减弱 10 dBz 以上或顶高(或 25 dBz 强中心高度)降低 1 km以上,则视为防雹作业有效。

(2)增雨效果评估依据

若增雨作业后的有效时段内(一般不超过 60 min)云体发展增强,面积(体积)增大,降水增加,可视为增雨作业有效;反之,如云体发展变化不明显甚至减弱,则视为增雨作业无效。通常情况下,如果作业后比作业前的回波强度增量达 10 dBz 以上,顶高(或 25 dBz 强中心高度)达 1 km 以上,面积(体积)有所增加,则视为增雨作业有效。

6.1.5　人工增雨防雹作业过程效果评估个例分析

(1)2012 年 4 月 12 日防雹作业效果分析

2012 年 4 月 12 日,贵州省平坝、花溪、清镇、长顺、贵定、都匀、独山、凯里、剑河、台江、镇远等地遭受严重的大范围的冰雹灾害袭击,冰雹直径达 30 mm。其中,贵阳、安顺、六盘水、毕节、黔东南、黔南等市(州)94 个站次开展人工防雹作业 136 次,使用催化弹量共计人雨弹 2 515 发、火箭弹 27 枚。

在此以都匀市的甘塘(作业时间:16:46—16:47 和 17:04—17:05,对应用弹量分别为 20 和 10 发)和平浪(作业时间:17:14—17:15 和 17:34—17:35,对应用弹量分别为 30 和 29 发)两个作业点作业前后回波特征变化进行分析,对作业效果进行评估检验。图 6.2 是 2012 年 4 月 12 日 16:50 贵阳市天气雷达站探测的回波图(箭头指示为作业区:A 为甘塘,B 为平浪)。

1)作业前后回波变化特征分析

从 A 单体变化特征看(见图 6.3 和图 6.4):①作业前,16:45 回波强度 55.5 dBz,回波顶高 11.9 km,25 dBz 强回波顶高 9.4 km;②作业中,17:01 回波强度 53 dBz,回波顶高 12.7 km,25 dBz 强回波顶高 9.6 km;③作业后,17:12 回波强度 50.5 dBz,回波顶高 11.6 km,25 dBz 强回波顶高 8.3 km,17:28 回波强度 55.5 dBz,回波顶高 9.8 km,25 dBz 强回波顶高 7.2 km。

从 A 单体作业前后回波强度和高度变化分析,回波强度有所减弱,高度降低明显,作业有效。作业后 30 min 内:①回波强度从减弱到维持,从 55.5 dBz 先降低至 50.5 dBz,然后升至 55.5 dBz 维持;②回波顶高逐渐降低,从 12.7 km 降低至 9.8 km,减少了 2.9 km。

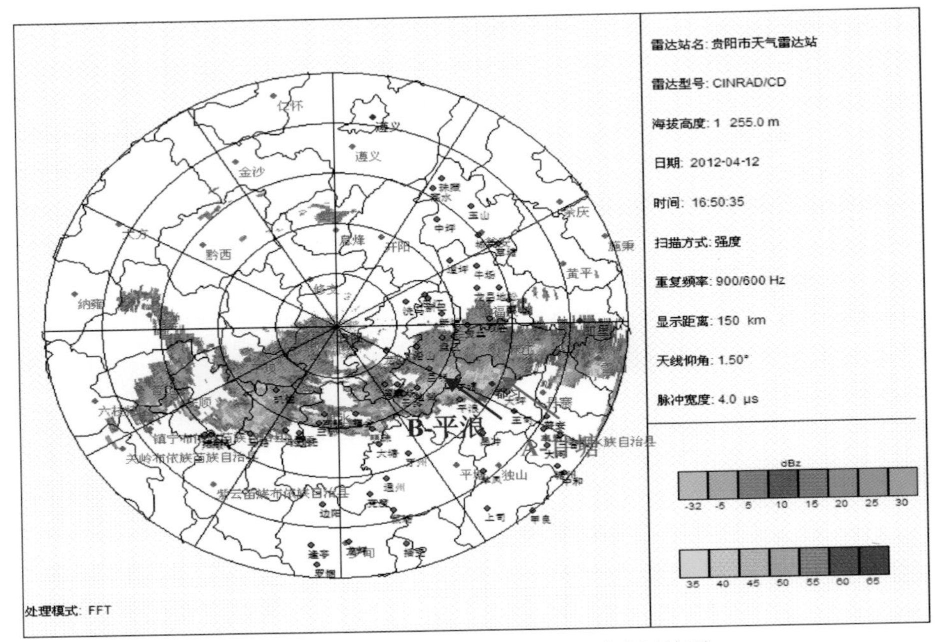

图 6.2　2012 年 4 月 12 日 16:50 雷达回波图

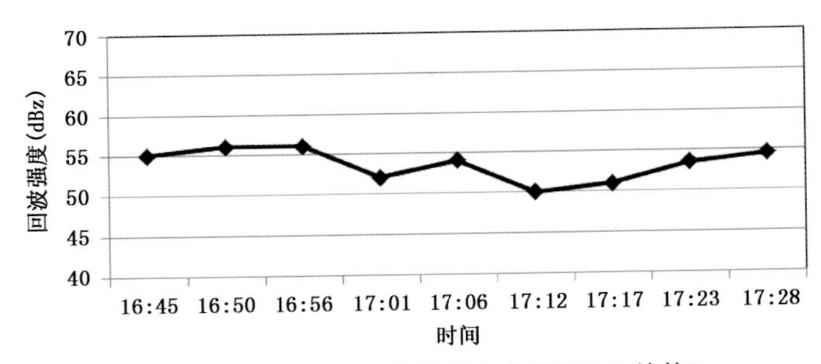

图 6.3　作业前后回波强度变化情况(A 单体)

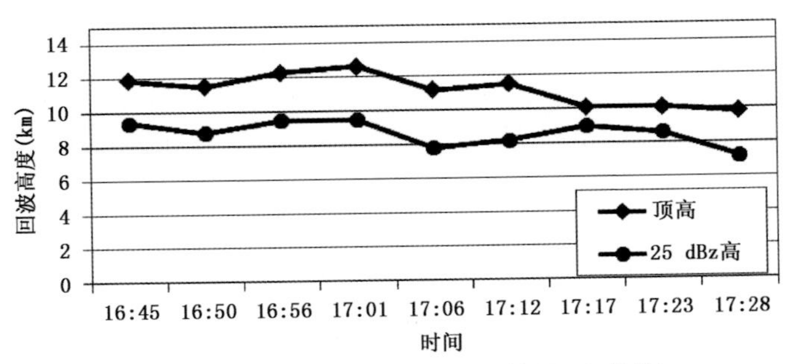

图 6.4　作业前后回波高度变化情况(A 单体)

从 B 单体变化特征看(见图 6.5 和图 6.6):①作业前,17:12 回波强度 58.5 dBz,回波顶高 12.8 km,25 dBz 强回波顶高 10.7 km;②作业中,17:14—17:34 回波强度 52～55 dBz,回波顶高 12.4～13.5 km,25 dBz 强回波顶高 8.6～10.1 km;③作业后,17:45 回波强度 56.5 dBz,回波顶高 9.4 km,25 dBz 强回波顶高 8.0 km,17:55 回波强度 52 dBz,回波顶高 9.6 km,25 dBz 强回波顶高 6.6 km。

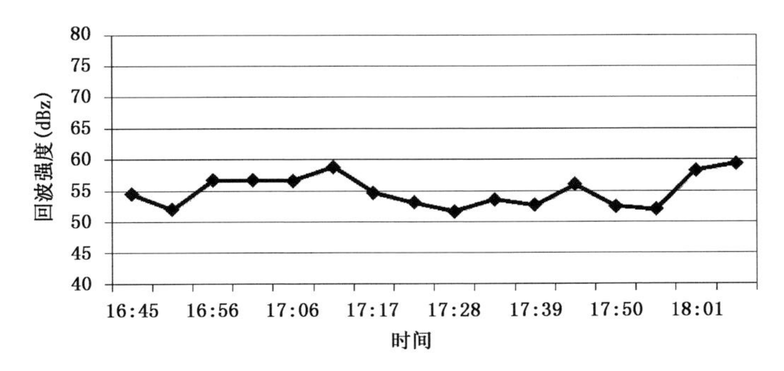

图 6.5 作业前后回波强度变化情况(B 单体)

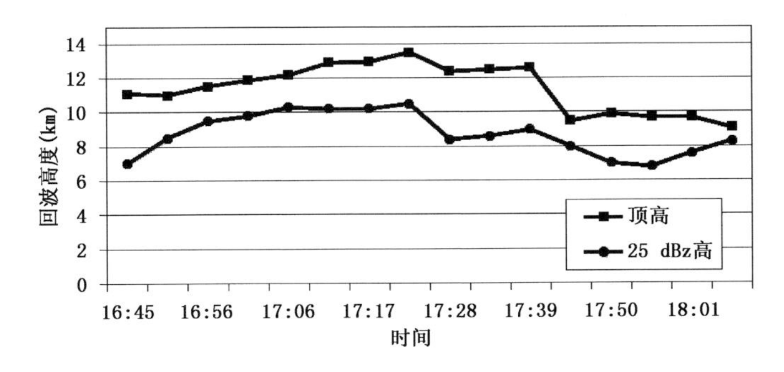

图 6.6 作业前后回波高度变化情况(B 单体)

从 B 单体作业前后回波强度和高度变化分析,回波强度逐渐减弱,高度降低非常明显,作业有效。作业后 30 min 内:①回波强度逐渐减弱,从 58.5 dBz 降低至 52 dBz,减弱了 6.5 dBz;②回波高度逐渐降低,从 13.5 km 降低至 9.6 km,减少了 3.9 km。

2)回波形态演变特征分析

从 A 单体发展趋势来看(见图 6.7),回波强度为 55.5 dBz,高度 H 为 11.9 km,结构呈纺锤形,达到冰雹云预警识别技术指标,满足防雹作业条件。防雹作业 30 min 后,强中心 25 dBz 回波顶高从 9.4 km 降低到 7.2 km,回波结构从纺锤形变化为

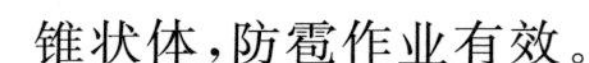

锥状体，防雹作业有效。

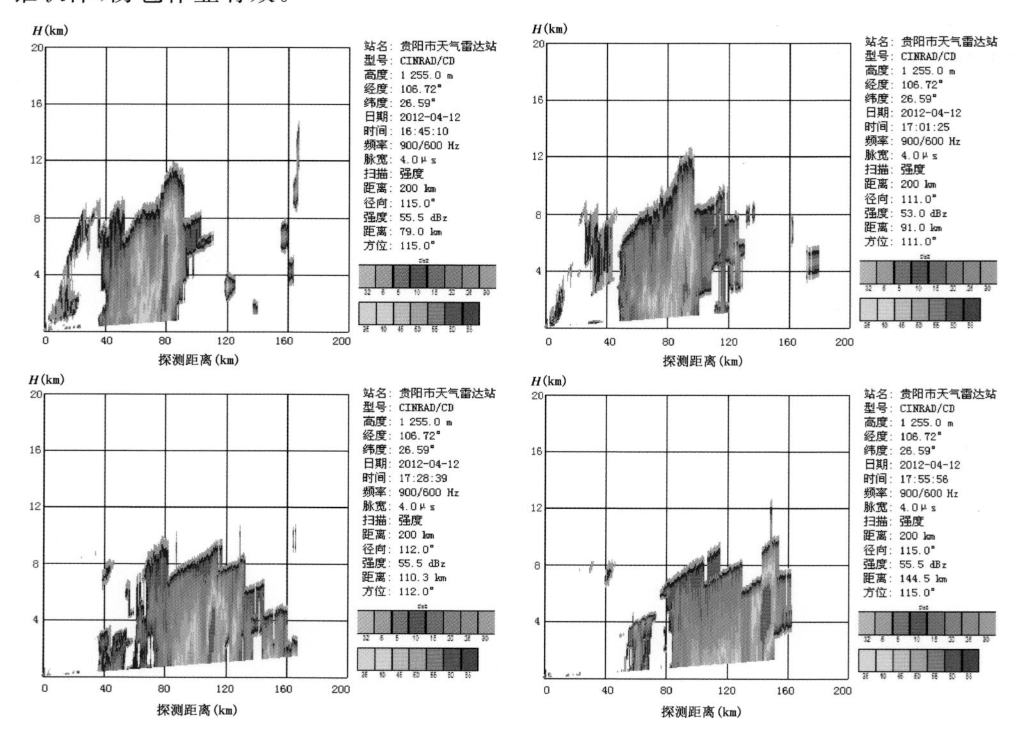

图 6.7　作业前后回波高度变化情况(A 单体)

从 B 单体发展趋势来看(见图 6.8)，回波强度为 58.5 dBz，高度为 12.8 km，结构呈下坠型，达到冰雹云预警识别技术指标，满足防雹作业条件。防雹作业 30 min 后，强中心 25 dBz 回波顶高从 10.7 km 降低到 6.6 km，回波结构呈锥状型，防雹作业有效。

(2)2013 年 8 月 16 日增雨作业效果分析

2013 年 8 月 16 日，贵州省除六盘水市外，贵阳、遵义、安顺、铜仁、黔西南、毕节、黔东南、黔南等市(州)32 个县(市、区)，68 站次，共实施人工增雨作业 83 次，发射人雨弹 735 发、火箭弹 83 枚，作业后普降小到中雨，局部旱情得到缓解。

在此以瓮安县的城关(16:43—16:44，火箭弹 2 枚)、珠藏(16:56—16:57，火箭弹 2 枚)、中坪(16:56—16:57，火箭弹 2 枚)等三个点的火箭人工增雨作业前后，雷达回波的演变特征进行分析。图 6.9 和图 6.10 分别为 16:43 和 16:59 的雷达回波图与作业区域(红色)。

1)雷达回波参数特征

从图 6.11 回波强度和高度变化来看：①16:43，回波强度为 48 dBz，回波顶高为 12.5 km，40 dBz 强回波高 3.8 km；②17:13 回波强度为 52 dBz，回波顶高 11.5 km，40 dBz 强回波高 6.1 km。

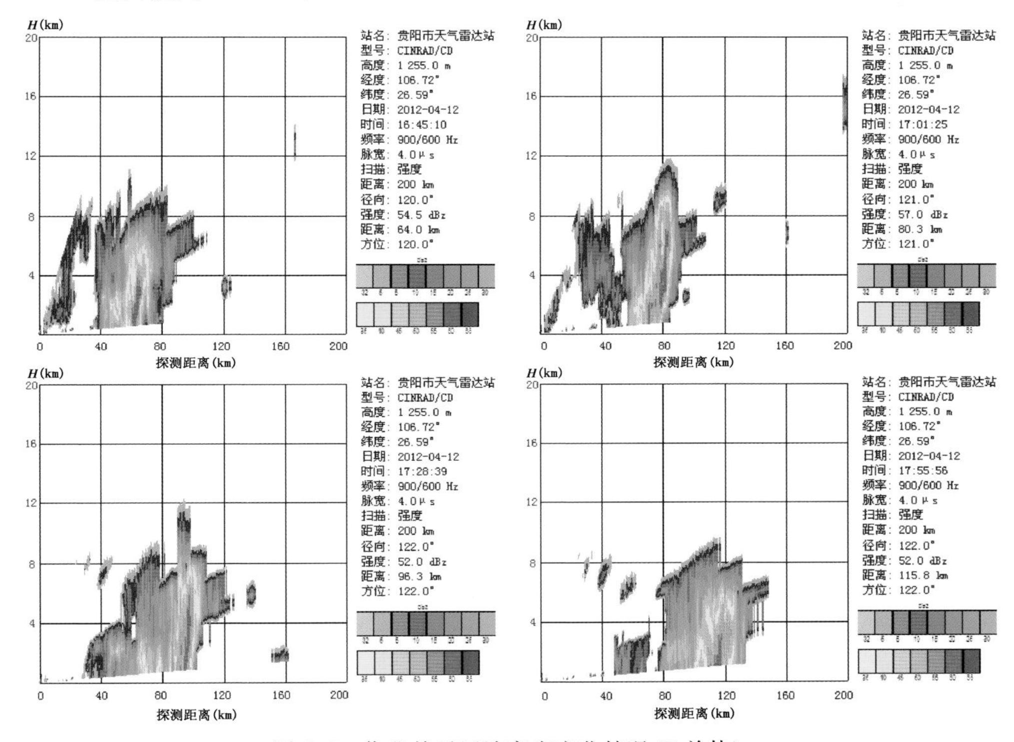

图 6.8　作业前后回波高度变化情况(B 单体)

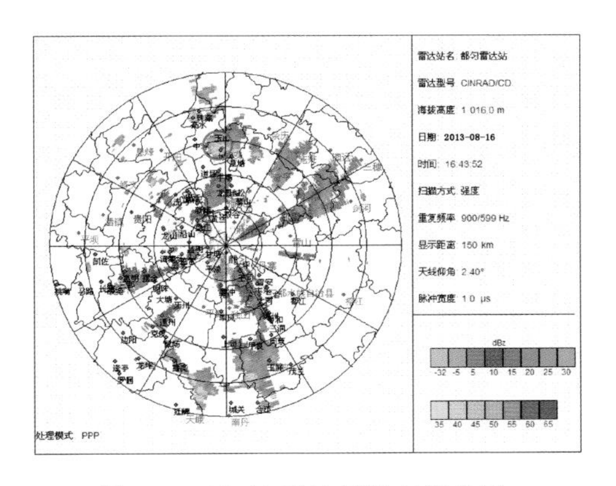

图 6.9　16:43 雷达回波与作业区

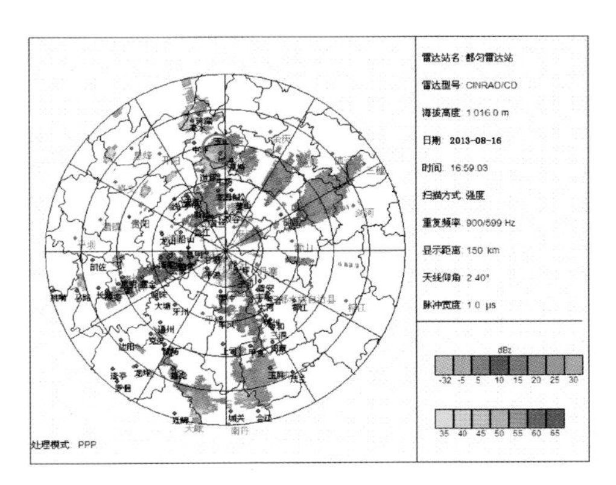

图 6.10　16:59 雷达回波与作业区

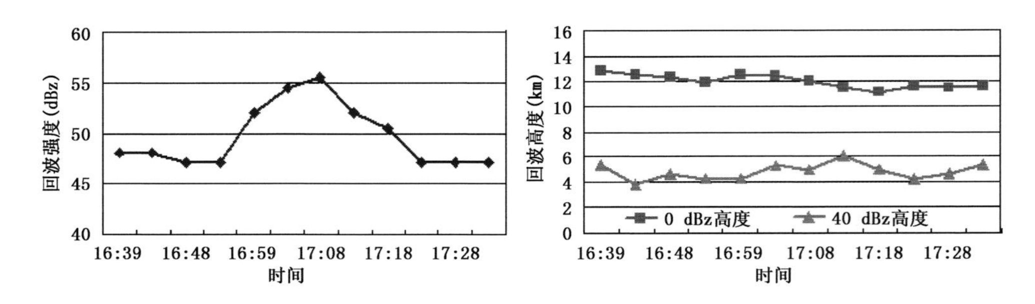

图 6.11 16:39—17:33 回波强度和回波高度的变化情况

按照增雨防雹作业效果评估方法,如果作业后比作业前的回波强度增量达 10 dBz 以上,顶高(或 25 dBz 强中心高度)达 1 km 以上,面积(体积)有所增加,则视为增雨作业有效。从 16:43—17:13 作业后 30 min 内,回波强度增加了 7.5 dBz,40 dBz 强回波顶高增加了 2.3 km,回波顶高降低了 1.0 km。总体来说,回波强中心高度增加明显,回波强度有所增加,回波顶高则有所降低,因此,此次增雨作业取得了比较好的作业效果。

2)雷达回波形态特征分析

从图 6.12 至图 6.19 雷达回波分析,作业单体回波是块状回波,呈锥状体特征,强度达到 45 dBz 以上,高度达到 12 km 以上,满足增雨作业条件。由于回波单体属于锥状体回波形态,表明降水天气过程处于成熟到减弱的阶段。作业后 30 min 内,虽然回波强度、强中心高度和体积有所增大,但回波顶高逐渐降低,总体处于降水减弱阶段。虽然此次增雨作业取得了比较好的作业效果,但从增雨作业条件分析来看,若作业时机把握再提前些,可能会取得更好的增雨作业效果。

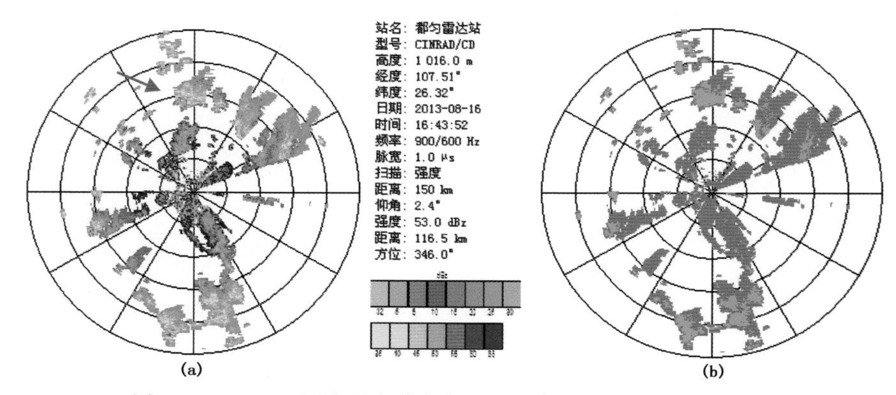

图 6.12 16:43 回波强度分布与 25 dBz 分界区域对比图(PPI)

(a)回波强度分布,箭头指示为作业单体;(b)25 dBz 分界区域,绿色≥25 dBz,蓝色<25 dBz

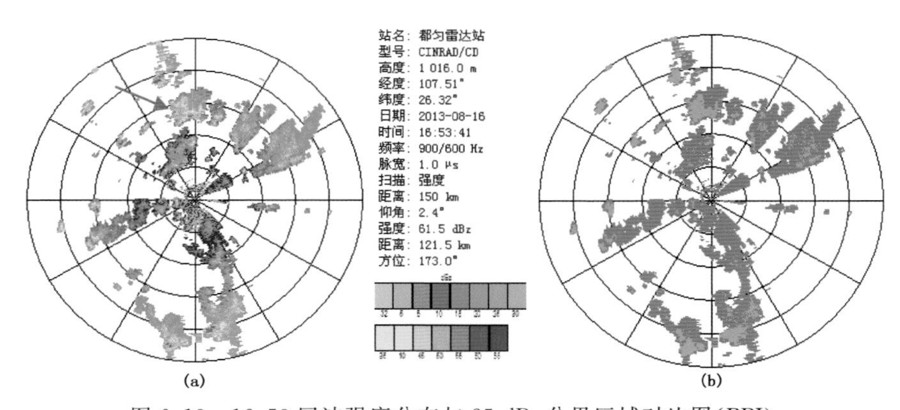

图 6.13　16:53 回波强度分布与 25 dBz 分界区域对比图(PPI)

(a)回波强度分布,箭头指示为作业单体;(b)25 dBz 分界区域,绿色≥25 dBz,蓝色<25 dBz

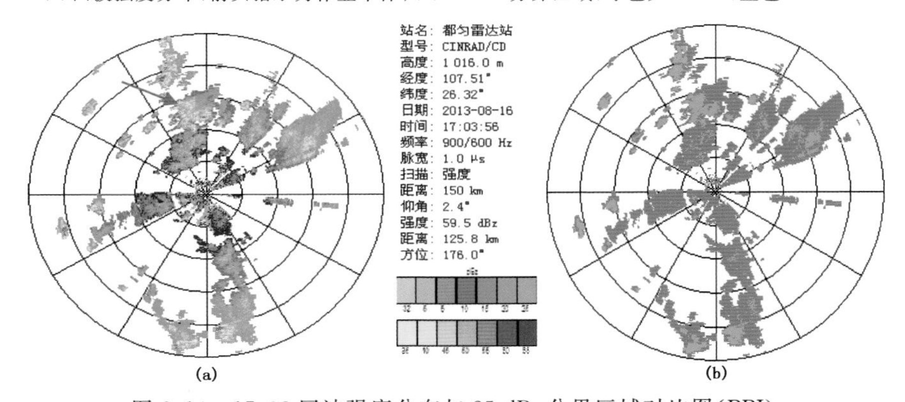

图 6.14　17:03 回波强度分布与 25 dBz 分界区域对比图(PPI)

(a)回波强度分布,箭头指示为作业单体;(b)25 dBz 分界区域,绿色≥25 dBz,蓝色<25 dBz

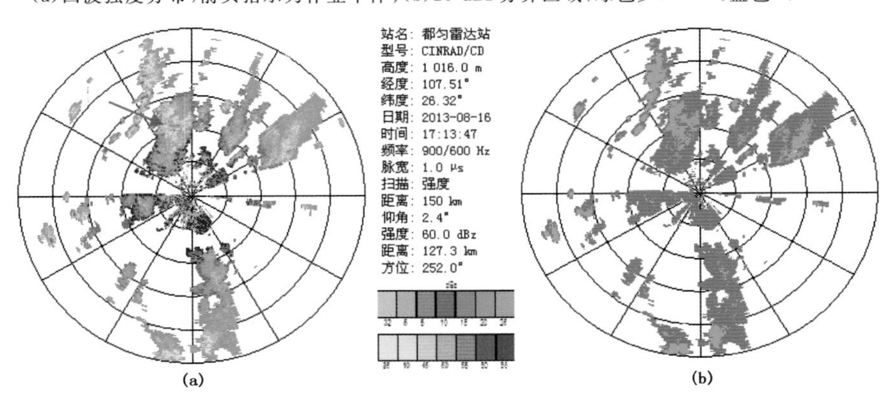

图 6.15　17:13 回波强度分布与 25 dBz 分界区域对比图(PPI)

(a)回波强度分布,箭头指示为作业单体;(b)25 dBz 分界区域,绿色≥25 dBz,蓝色<25 dBz

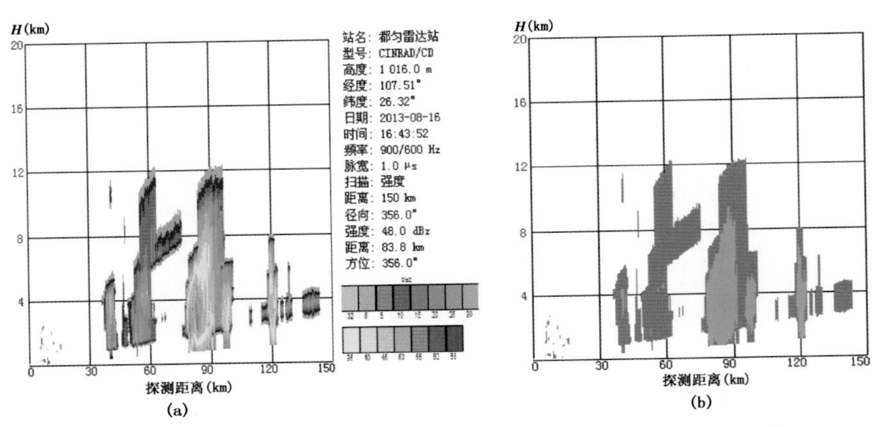

图 6.16　16:43 回波强度分布(a)与 25 dBz 区域(b)对比图(RHI)

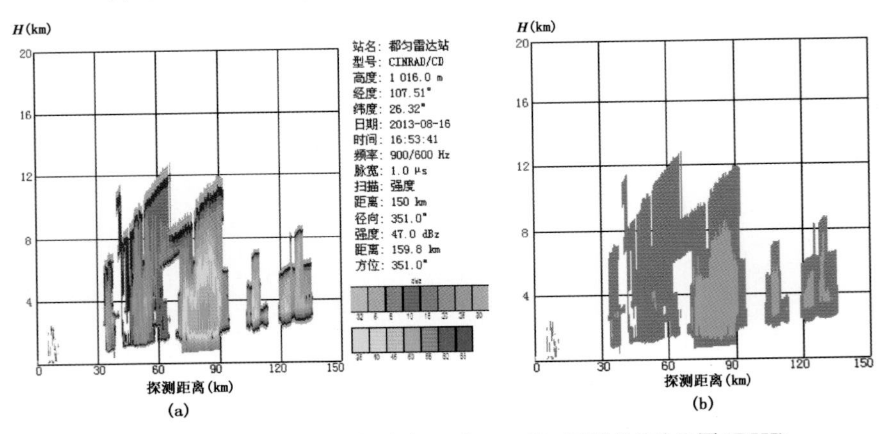

图 6.17　16:53 回波强度分布(a)与 25 dBz 区域(b)对比图(RHI)

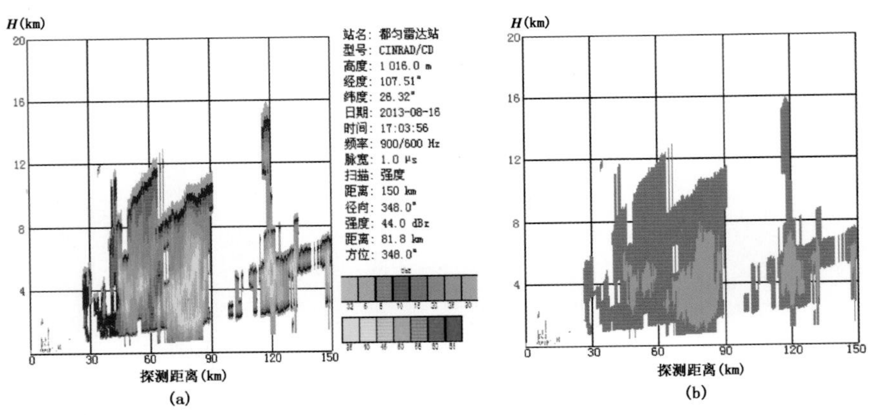

图 6.18　17:03 回波强度分布(a)与 25 dBz 区域(b)对比图(RHI)

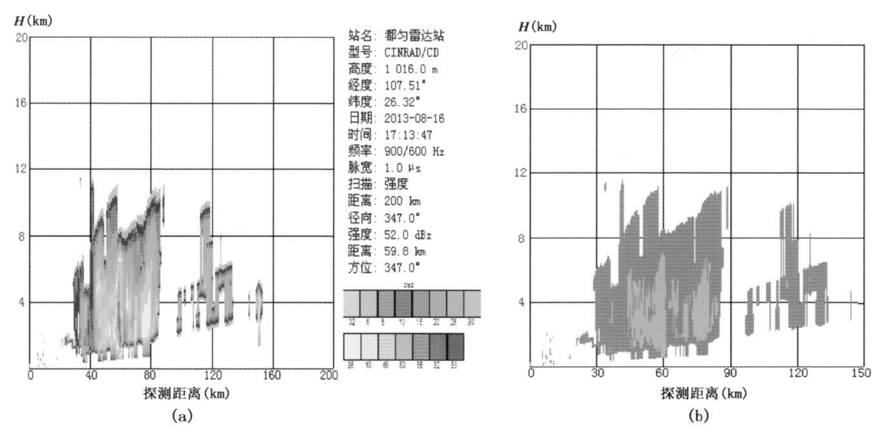

图6.19 17:13回波强度分布(a)与25 dBz区域(b)对比图(RHI)

6.2 避雨栽培技术

避雨栽培是农膜或农膜与网膜覆盖结合应用，减轻雨水冲击、降低菜地湿度和避免强光暴晒的一种栽培模式(李进 等，2011)。避雨栽培不仅能起到避免暴雨冲击、降湿避涝、遮光降温、保持土壤含水量和避免土壤干旱板结等作用，而且能改善农田小气候、优化生长环境，达到高产优质、节本增收的效果。此外，避雨育苗还可提高成苗率，节种增效；避雨栽培可显著减轻病害。据全国农业技术推广服务中心试验，避雨栽培与露地栽培相比，番茄晚疫病和病毒病发病率均降低20%以上，增产17%，减少了农药使用量，蔬菜安全质量水平提高，菜农节本增收30%。

6.2.1 避雨栽培的农业气象原理

(1)避免暴雨冲击

暴雨往往造成蔬菜、果树的花和果实的机械损伤或冲刷，严重降低产量和品质。避雨栽培可以使蔬菜、水果避免暴雨冲击，提高品质和产量。

(2)降湿避涝

渍涝是一种气象灾害，而暴雨只是一种天气现象。一般情况而言，单次暴雨过程不易形成渍涝灾害，渍涝灾害往往是由连续性的较大降水造成的。从成灾的时间尺度来讲，渍涝要比一次天气过程的影响时间长。渍涝主要是由于地下水位(包括上层滞水)过高而对农田产生危害，对旱田是土壤过湿之害，使之板结、沼泽化、盐碱化；对水田是烂泥、冷浆、潜育，均难于机械化作业。渍涝在贵州省“两高”沿线区域的低洼河谷地带和坝区均可发生，是影响该地区农业生产的主要灾害。

避雨栽培可使雨水排于种植区域外，避免雨水直接浸透于蔬菜、果木等园内土壤，起到降湿避涝的作用。

(3)遮光降温

避雨栽培是通过农膜或网膜覆盖结合应用，网膜在避免暴雨冲击的同时，还起到遮强光、降棚温的作用。网膜以黑色和银灰色为主，黑色遮阳网遮光率高，降温快，宜在炎夏需要精细管理的田块短期性覆盖使用；银灰色遮阳网遮光率低，适于喜光蔬菜和长期覆盖。在使用过程中，应针对不同的蔬菜种类选择不同的网膜。

例如番茄是喜光作物，只要满足 11～13 h 的日照时间，则植株生长健壮，开花较早。虽然光照时间对番茄的影响不大，但光照强度与产量和品质直接相关。光照强度不足，易造成植株营养不良、徒长、开花减少。虽然黑色网膜遮光率最高可达 70%，遮光和降温效果好。但使用这样的网膜，光照强度达不到番茄的正常生长需求，易引起番茄徒长，造成光合产物积累不足。所以，最好选择银灰色网膜，大部分银灰色网膜的遮光率为 40%～45%，光照透过率在 4 万～5 万 lx，可满足番茄的正常生长需求。

(4)保持土壤含水量

避雨栽培由于有农膜、农膜加网膜的覆盖，其覆盖空间内空气流动相对较小，并且由于遮光降温作用，使得土壤蒸发量相对减少，进而起到了保持土壤水分的作用。

(5)避免土壤干旱板结

避雨栽培中的农膜和网膜对雨水的阻挡作用，减少了雨水对土壤的冲刷，同时还避免了由于表土层细小的土壤颗粒被带走造成的土壤结构破坏和土壤板结，有利于氧气的进入和植物根系的生长。

6.2.2 避雨栽培的技术要点

避雨栽培的技术要点包括：

1)综合利用覆盖材料避雨栽培。夏秋季播种后在地表覆盖遮阳网防暴雨冲刷，出苗后搭小拱棚覆盖棚膜、遮阳网避雨遮阳。也可在大中棚上覆盖棚膜、遮阳网避雨遮阳，留顶膜避雨，四周通风，全封闭覆盖防虫网防虫。

2)适时管理。避雨育苗在出苗后应及时揭除地面覆盖的遮阳网，改为棚上覆盖，定植前几天揭去遮阳网炼苗。下雨前应及时覆盖棚膜，防止雨水进入棚内；雨后要及时揭开棚膜通风降温。同时，应加强遮阳网管理，不能一盖了之，傍晚、早上和阴天要揭开遮阳网透光，阳光强时要盖上遮阳网遮阳降温。

3)配套措施。覆盖物应压实扎紧，防大风掀起；合理选择耐热、抗病品种；深沟高畦栽培，务必疏通沟渠，防雨水倒灌；高温干旱时应用喷滴灌技术科学灌溉；合理设置设施高度，防止植株顶膜。

(1)夏季小白菜避雨栽培技术

小白菜是贵州省“两高”沿线区域主栽叶菜类蔬菜，在日常蔬菜消费中占据首要位置，但在小白菜种植生产的过程中，由于夏季高温干旱、暴雨，秋季绵雨、干旱，冬季低温凝冻，春季连阴雨、干旱、冰雹等气象灾害的影响，以及病虫害多发等原因，造成露地生产小白菜产量低、品质差，满足不了消费者的需求，也影响了菜农的经济效益。同时，由于病害严重，且虫害发生量多，防治极为困难，农民用药量大、喷药次数多，因此农药残留超标是消费者最为担心的问题。

江苏省南通市蔬菜科学研究所和南京市蔬菜科学研究所经过长期的生产实践，摸索出了夏季小白菜大棚避雨栽培技术（李进 等，2011），夏季高温季节在大棚内生产小白菜，一方面可杜绝暴雨直接冲刷小白菜，另一方面，生产的小白菜可达到无公害蔬菜标准，生产时间短，菜价高，效益好。

播种前去掉大棚裙边薄膜，大棚顶部薄膜用卡簧卡紧继续使用，然后选用 20～22 目浅银灰色防虫网，覆盖于整个大棚上，四周用泥土把网压平，一头留门（纱门），便于进出管理。

（2）葡萄、蓝莓避雨栽培技术

葡萄、蓝莓避雨栽培是以避雨为目的将薄膜覆盖在树冠顶部上的一种方法，是设施栽培中最简单、实用的方法。在贵州省“两高”沿线区域，葡萄、蓝莓花期及果实生长期常遇高温多湿气象条件，病害较严重，产量低，品质差，特别是抗病性较差的欧洲种葡萄授粉受精不良、坐果率低、病害严重，蓝莓烂花烂果严重，这些因素都会使葡萄和蓝莓的种植受到很大的限制。而避雨栽培技术恰恰可以避开此类不利条件，同样可以达到高产高质的栽培目的。

1）葡萄、蓝莓避雨栽培的主要效果

①减少病害侵染和喷药次数，避雨栽培可减少靠风雨传播的病害类型发生，葡萄经避雨栽培后，明显减轻黑痘病、炭疽病、霜霉病、白腐病及房枯病的发生。全年喷药次数从 30 次减少到 18 次左右，果面污染减轻。

②提高产量，改善质量，提高坐果率。避雨栽培比露地栽培昼夜温差加大，有利于着色，着色明显优于露地栽培，并可增加果实含糖量。

2）葡萄、蓝莓避雨栽培的方法

①避雨覆盖时间。从葡萄、蓝莓开花前覆膜到葡萄、蓝莓采收完揭膜，全年覆盖 6～7 个月。中晚熟品种，果穗套袋后以晴天和多云天气为主时可临时揭膜，使蔓（枝）、叶在全光照下生长，有利于营养积累和花芽分化，并能减轻高温影响。

②覆盖膜的选择。选择透光性能好的覆盖材料，葡萄避雨栽培可选用 0.065～0.12 mm 厚的无滴防尘抗老化的聚乙烯薄膜，铺设反光膜。

③避雨覆盖的方法。篱形架简易覆盖可采用在架上升高 60～90 cm 简易覆盖架法。薄膜边缘要用夹子固定在钢架上。薄膜扎好后，在上端每隔 1 m 用压膜绳扎住，防大风损坏。有些地方为节省成本采用竹竿或竹片代替篱形架。

3）葡萄、蓝莓避雨栽培管理

①适当揭膜通风、淋雨。萌芽后至开花前为露地栽培期，适当的雨水淋洗，对防治长期覆盖所致的土壤盐碱化有益，此期的栽培管理基本上与露地相似，应注意黑痘病对幼嫩组织的危害。覆膜后，白粉病危害加重，虫害也加重。白粉病防治主要抓好合理留梢、及时喷药两个环节。每亩留梢 4 500～5 000 个，保证通风透光，保证抽发强壮新梢。

②防高温烧叶。避雨栽培只是遮住棚架上面部分，整个葡萄、蓝莓园仍是通风透气的，与露地栽培差异不大，一般不会出现烧叶现象。

③水分管理。避雨栽培一般用薄膜遮盖架面，简易 T 形架避雨方式，采取一畦一棚，下雨时雨水通过棚间隙落入畦沟，再从畦沟逐渐向畦里渗透，供根部吸收。葡萄、蓝莓需水较多的时期是发芽至果实膨大期，此期正值雨季，畦沟里始终保持有浅水层，一般可以满足葡萄、蓝莓对水分的需求，但遇连续晴天和晴间多云天气应适当灌水或喷水，使畦面保持湿润，有利于果粒膨大。单栋大棚或连栋大棚最好配置滴灌设施，在连续晴天干旱情况下注意水分的灌溉。着色期需水量少，若水分多则品质下降，此期畦沟不宜积水过多。

6.3　地膜覆盖措施

地膜覆盖是一种农业栽培技术，具有增温、保水、保肥，改善土壤理化性质，提高土壤肥力，抑制杂草生长，减轻病害的作用，在连续降雨的情况下还有降低土壤湿度的功能，从而促进植株生长发育，提早开花结果，有增加产量、减少劳动力成本等作用。

6.3.1　地膜覆盖的农业气象原理

（1）调节地温

地膜覆盖栽培的最大效应是提高土壤温度，春季低温期间采用地膜覆盖，白天受阳光照射后，0～10 cm 深的土层内可提高温度 1～6 ℃，最高可达 8 ℃以上。进入高温期，若无遮阴，地膜下土壤表层的温度可达 50～60 ℃，土壤干旱时，地表温度会更高。但在有作物遮阴时，或地膜表面有土或淤泥覆盖时，土温只比露地高 1～5 ℃，土壤潮湿时土温比露地低 0.5～1.0 ℃，最高可低 3 ℃。夜间由于外界冷空气的影响地膜下的土壤温度只比露地高 1～2 ℃。地膜覆盖的增温效应因覆盖时间、覆盖方式、天气条件及地膜种类的不同而异。

（2）保持土壤湿度

由于薄膜的气密性强，地膜覆盖后能显著地减少土壤水分蒸发，使土壤湿度稳定，并能长期保持湿润，有利于根系生长。在旱区可以采用人工造墒、补墒的方法进行抗旱播种。在较干旱的情况下，0～25 cm 深的土层中土壤含水量一般比露地高 50%以上。随着土层的加深，水分差异逐渐减小。

(3)有利于提高土壤肥效

由于地膜覆盖有增温保湿的作用，因此有利于土壤微生物的增殖，腐殖质转化成无机盐的速度加快，有利于作物吸收。据测定，覆盖地膜后速效性氮含量可增加 30%～50%，钾增加 10%～20%，磷增加 20%～30%。地膜覆盖后可减少养分的淋溶、流失、挥发，可提高养分的利用率。

(4)避免土壤板结

地膜覆盖可以避免因灌溉或雨水冲刷而造成的土壤板结现象，可以减少中耕的劳力，并能使土壤疏松、通透性好。能增加土壤的总孔隙度 1%～10%，降低容重 0.02～0.3 g/cm^3，可增加土壤的水稳性团粒 1.5%，使土壤中的肥、水、气、热条件得到协调，同时可防止返碱现象发生，减轻盐渍危害。

(5)增加光照度

地膜覆盖后，中午可使植株中、下部叶片多得到 12%～14%的反射光，比露地增加 3～4 倍的光量，因而可以使树干下部的苹果着色好、花卉的花朵鲜艳、烟叶的成色好。番茄的光合作用强度可增加 13.5%～46.8%，叶绿素的含量增加 5%左右，更可以使中、下部叶片的衰老期推迟，促进干物质积累，故可提高产量。

(6)减少杂草、增强抗病性

地膜与地表之间在晴天高温时，经常出现 50 ℃左右的高温，致使草芽及杂草枯死。在盖膜前后配合施用除草剂，更可防止杂草丛生，可减去除草所占用的劳力。但是，覆膜质量差或不施除草剂也会造成草荒。覆盖地膜后由于植株生长健壮，可增强抗病性，减少发病率。覆盖银灰色反光膜更有避蚜作用，可减少病毒的传播危害。

6.3.2　地膜覆盖生产管理的注意事项

(1)地膜覆盖后的作物生长旺盛，蒸腾耗水较多，在相同的管理情况下易呈现缺水现象，应注意灌水，防止干旱减产。

(2)地膜覆盖栽培中相应产生一些不良影响，如多年覆盖地膜，残膜清除不净，造成土壤污染，由于盖膜后有机质分解快，作物利用率高，肥料补充得少，使土地肥力下降或因覆盖膜的管理不当也会造成早熟不增产，甚至有减产现象。

(3)在旱沙地、贫瘠土地、重黏质土地上，不宜采用地膜覆盖栽培。因为旱沙地盖膜后土壤在中午时易产生高温，在干旱比较严重的情况下反而会造成减产。在贫瘠土地上，覆盖膜后不便追肥，若播种时施用基肥不足，覆盖也不能增产。重黏质土地在干旱时坷垃多，整地时难以耙碎，盖膜后很难与地面贴紧，刮大风时地膜容易吹破、刮跑。因此，采用地膜覆盖栽培必须掌握一定条件才能达到早熟高产、稳产的目的。

6.4 人工防霜冻措施

霜冻是气象灾害之一，一般多出现在秋末和春初季节。秋末春初期间，夜间晴空无云，静风时，由于辐射冷却，气温下降到 0 ℃以下的时候将出现霜冻。霜冻对农作物的危害很大，每当出现霜冻的时候，植物体表面温度都在 0 ℃以下，植物体内的每一个细胞之间的水分就被冻结成微小的冰晶体。这些冰晶在植物内部又要凝华细胞的水分，冰晶又逐渐长大。由于冰晶体的相互作用，细胞内部的水分向外渗透，使植物的原生质胶体物质凝固。这样的霜冻过程在几小时内形成，最终造成了农作物因细胞脱水而枯萎死亡。人工防霜冻是人们主动采取措施，改变易于形成霜冻的温度条件，保护农作物不受其害。

6.4.1 人工防霜冻农业气象学原理

人工防霜冻是在霜冻天气来临前采取措施使作物生长的小气候环境保持在作物生长的安全范围内，达到防霜冻的目的。目前在生产实践中主要有三类措施：一类是采取一定的人工措施，通过物理方法在作物种植区域内形成一定空间范围的逆温层，从而使作物生长区域的小气候相对稳定，不至于因大环境的降温或者地面的辐射冷却而随着降温，不让作物表面形成霜冻现象，从而起到改善小环境使作物不遭受霜冻灾害的目的；第二类是通过物理方法隔断作物生长的小气候环境与外界环境的物质和能量的交换，从而也达到改善小环境使作物不遭受霜冻灾害的目的；第三类是通过物理或化学的方法在作物生长的冠层内形成相对安全的小气候环境，从而起到防霜冻的作用。

6.4.2 熏烟防霜冻

熏烟法只在果园、菜园、茶园等遭遇辐射性霜冻天气过程影响时采用。

熏烟法使用方便，燃放迅速，能在近地 3.0～4.0 m 高度内形成浓厚的烟幕层，可有效地预防和减轻辐射性霜冻的危害。目前可采用以下几种操作方法产生烟幕层：

(1)发烟堆熏烟法操作方法

采用发烟堆进行熏烟需提前准备大量作物秸秆、枯枝落叶或野草等作燃料，中间放干燥的树叶、草根、锯末等易燃杂物，外面再盖一层薄土。发烟堆以能维持 4～5 h 为宜。

霜冻来临前须事先选好发烟堆布设位置，发烟堆要远离树体，在距离树体约 1.5～2.0 m 处选择较为宽阔的区域进行布设，严禁将发烟堆布设在树体正下方或有其他易燃杂物堆积的区域。

发烟堆一般堆积 10～15 堆/亩，分布在果园(菜园)内部和四周，须在上风方向 10～15 m 左右的距离内每间隔 8～10 m 布设一个烟堆，并且须在霜冻来临前提前

1～2 d布设在防霜冻区域内。

(2)烟弹熏烟法操作方法

烟弹须在霜冻来临前 1～2 h 布设在防霜冻区域内，根据实际风向和风速选择合适的位置摆放。一般情况下烟弹放置 6～8 个/亩，均匀分布在果园内部和外围，在上风方向 10 m 左右的距离每间隔 8～10 m 放置 1 个烟弹。

烟弹须布设在距离树体 1.5～2.0 m 左右的范围内，严禁将烟弹布设在树体正下方。

烟弹点燃前须将烟弹所有通风口打开，检查引火导线是否正常。

重点防霜冻区域应储备 4～6 个烟弹作为后备使用。

6.4.3　喷水法或灌水法防霜冻

(1)喷水法

喷水防霜冻的原理是利用水压机的喷头喷出高于 0 ℃的水落在植物体上，当这些水结冰时释放出大量热量，从而使植物体温度不会下降。不断喷水，不断结冰，才能使植物体温度保持在 0 ℃。用喷水法防霜冻的时候，必须是在湿球温度为 0 ℃时开始喷水才能有效果。当日出后温度升高，冰融化，植物恢复原来状态。另外，这种方法最适合果树等不怕结冰压断枝叶的植物体，千万不要用于玉米、黄瓜等怕压断枝叶的植物。

(2)灌水法

在寒潮来临时和霜冻出现时，将种植蔬菜地块的畦沟蓄满水，以使其良好地调节蔬菜地周围的小气候，能阻止霜粒的形成，适当提高气温，有效地保护蔬菜不受冻害。

6.4.4　扰动法防霜冻

在夜间局部地区出现辐射冷却，地面温度低，而距地面 10～20 m 高度气温高时的气象条件叫逆温，这时也常常出现霜冻。人们常用大的风扇使上暖下冷的空气混合，提高地面温度进行防霜冻。澳大利亚人曾将直径 6.4 m 的大风扇，安装在 10 m 高的铁架上，霜冻之夜，开动风扇扰动使空气混合，在 15 m 半径内升温 3～4 ℃，防霜冻效果很好。美国用直升机在低空飞行，飞机飞过后使空气扰动升温 2～5 ℃，升温持续 20～30 min，连续飞行能在较大范围内防御霜冻。

6.4.5　加热法防霜冻

加热法防霜冻是应用煤、木炭、柴草、重油等燃烧使空气和植物体的温度升高以防霜冻，是一种广泛使用的方法。江苏省有些果园为了防御霜冻挖“地灶”，在霜冻出现之前，将干草、树枝等放在“地灶”内燃烧，释放出热量，使周围温度升高，植物体不会出现霜冻，效果很好，但这种方法会造成污染。另外，近年来试验了一种增热剂，在霜冻出现之前，将增热剂撒播在植物垄沟内，它在夜间可增温 2～5 ℃。常用的增热剂如石灰，它能够释放出热量，促使植物体周围温度升高 1～2 ℃。

6.4.6 培土、覆盖法防霜冻

用沤制腐熟的垃圾肥或塘泥培施在蔬菜植株周围，每株约培 1～2 kg，同时用稻草或其他杂草将畦面覆盖住，草厚 3～5 cm，以稳定和提高土温，防止低温霜冻伤害地下根系，以保护根系。

6.5 其他生产管理措施

6.5.1 选用抗逆性品种

选用抗旱、耐寒、抗病品种，确定适宜播种期，加强苗期管理，培育壮苗。选择寒尾暖头的无风晴天进行定植，定植前进行低温炼苗，提高植株抗逆性。

6.5.2 喷洒抗蒸散剂、抗寒剂

将抗蒸散剂喷洒在叶片上，可形成一层薄膜，以减少气孔开张，将水分保持在植株体内。低温来临前在叶面喷洒抗寒剂，能减轻低温危害。此外，还可在作物遭受冻害后喷施光合微肥，缓解低温抑制矿质元素吸收而造成的缺素症。

6.5.3 合理施肥、灌溉与中耕松土

合理施肥、灌水不仅有利于作物的生长成熟，也可提高树体抗寒能力。受冻作物应保证前期水分供应，及时追肥、补给养分。春季合理灌水、追肥有利于树体恢复生长。此外，通过深翻加深土层，改善土壤条件，可使根深扎，改变土壤结构，改善肥力，提高作物对土壤中潜在磷的吸收力，同时，经翻耕的果园能较好地发挥冷前灌水的作用以及便于培土防寒措施的实施。作物苗期可根据长势合理追肥，促进壮苗的形成，提高作物抵御灾害能力。在干旱缺水的季节，整地做畦前先进行深耕，可以延缓干旱的危害。此外，适时中耕、疏松表土，可切断毛细管作用，以减少土壤水分蒸发。

6.5.4 精细化管理

利用人工修剪或整枝方式，调整叶面积，减少水分损失。若结果期遭受干旱，可视植株缺水程度，疏去较小果实，留住较大果实，以期果实尽快成熟，留果数可较正常状况下减少 10%～20%。

果实套袋是优质果品生产的一项重要措施，也是减轻冰雹灾害损失的有效方法。据调查，在雹灾严重到好果率为零的情况下，套袋与不套袋相比，残果率降低 9.9 个百分点，仍有 5%的好果，明显地减轻了损失。在易发生雹灾的地区，疏果定果时更应留有余地，修剪时也要适当多保留些枝叶，适度增加枝叶密度，可相对减轻雹灾。

参 考 文 献

白晋湘. 2003. 湘西特色农业发展模式研究[J]. 农业经济问题,(11):47-50.

白先进,曹慕明,刘金标,等. 2013. 葡萄冰雹灾后恢复生产关键技术总结[J]. 中外葡萄与葡萄酒,(6):34-35.

常军,李素萍,王纪军,等. 2007. 河南夏季高温日数的时空分布特征及 500 hPa 环流型[J]. 气象与环境科学,**30**(2):30-34.

陈见,李艳兰,高安宁,等. 2007. 广西高温灾害评估[J]. 灾害学,**22**(3):24-27.

陈良,高建浩,王彬,等. 2014. 贵州特色农业发展的问题及对策研究[J]. 现代化农业,(3):39-42.

陈薇,宋山梅. 2011. 基于 SWOT 分析的贵州特色农业研究[C]//贵州省科学技术协会. 贵州省高效生态(有机)特色农业学术研讨会论文集:140-144.

陈永兴. 2011. 高海拔山地茶园防冻害技术措施[J]. 福建茶业,(5):21-22.

陈忠明. 2007a. 暴雨激发和维持的正、斜压强迫机制的理论研究[J]. 大气科学,**31**(2):291-297.

陈忠明. 2007b. 湿斜压大气中暴雨中尺度系统发展的一种可能机制[J]. 高原气象,**26**(2):233-239.

陈忠明,高文良,闵文彬,等. 2006. 湿位涡、热力学参数 CD 与涡度、散度演化[J]. 高原气象,**25**(6):983-988.

陈忠明,闵文彬,崔春光. 2004. 西南低涡研究的一些新进展[J]. 高原气象,**23**(1):1-5.

程麟生,冯伍虎. 2002. 中纬度中尺度对流系统研究的若干进展[J]. 高原气象,**21**(4):337-347.

池再香,白慧,欧运标,等. 2007. 14 时地面温度对 4 月份冰雹天气的影响[J]. 贵州气象,**31**(2):9-12.

池再香,杜正静,陈忠明,等. 2012. 2009—2010 年贵州秋、冬、春季干旱气象要素与环流特征分析[J]. 高原气象,**31**(1):176-184.

池再香,胡跃文,罗顺祯. 2005. 黔东南州近半个世纪夏季干旱气候变化分析及预测方法[J]. 贵州气象, **29**(3):9-13.

《大气科学词典》编委会. 1994. 大气科学词典[M]. 北京:气象出版社:156.

戴述雄. 2010. 南方葡萄无公害避雨栽培技术[J]. 农技服务,**5**(27):632,641.

戴照义,郭凤领,王运强. 2012. 江汉平原西甜瓜避雨栽培技术[J]. 长江蔬菜,(24):65-67.

邸瑞琦,吴秋风. 2006. 内蒙古地区冰雹灾害标准分析与确定[J]. 内蒙古气象,(增刊):32-34.

丁丽芬,熊杨苏,马巾媛. 2013. 避雨栽培技术对葡萄霜霉病的控效[J]. 中国园艺文摘,(9):22-25.

杜飞,朱书生,陈尧,等. 2011. 避雨栽培对葡萄白粉病发生的影响及其微气象学原理初探[J]. 经济林研究,**29**(1):52-60.

杜小玲. 2007. 贵州冻雨研究及数值模拟试验[D]. 南京:南京大学.

杜小玲,蓝伟. 2010. 两次滇黔准静止锋锋区结构的对比分析[J]. 高原气象,**29**(5):1 183-1 195.

杜小玲,彭芳,武文辉. 2010. 贵州冻雨频发地带分布特征及成因分析[J]. 气象,**36**(5):92-97.

杜正静,丁治英,张书余. 2007. 2001 年 1 月滇黔准静止锋在演变过程中的结构及大气环流特征分析[J]. 热带气象学报,**23**(3):284-292.

段晓凤,张磊,李红英,等. 2014. 酿酒葡萄霜冻研究进展[J]. 山西农业科学,**42**(10):1 148-1 151.
段旭,李英. 2001. 低纬高原地区一次中尺度对流复合体个例研究[J]. 大气科学,**25**(5):676-682.
段旭,李英,孙晓东. 2002. 昆明准静止锋结构[J]. 高原气象,**21**(2):205-209.
段旭,张秀年. 2004. 云南及其周边地区中尺度对流系统时空分布特征[J]. 气象学报,**62**(2):243-250.
范苏鲁,等. 2011. 水分胁迫对大丽花光合作用、蒸腾和气孔导度的影响[J]. 中国农学通报,**27**(8):119-122.
冯杜章,等. 2007. 果树生产技术[M]. 北京:化学工业出版社.
冯国民. 2012. 蔬菜避雨与设施内控湿防病技术[J]. 北京农业,(22):16.
高辉,陈丽娟,贾小龙,等. 2008. 2008 年 1 月我国大范围低温雨雪冰冻灾害分析Ⅱ. 成因分析[J]. 气象,**34**(4):101-106.
高守亭,雷霆,周玉淑,等. 2002. 强暴雨系统中湿位涡异常的诊断分析[J]. 应用气象学报,**13**(6):662-670.
高守亭,赵思雄,周晓平,等. 2003. 次天气尺度及中尺度暴雨系统研究进展[J]. 大气科学,**27**(6):618-627.
高鑫,马荣,朱贤花. 2006. 番茄不同生育期对气象条件的要求[J]. 河南气象,(4):59.
关俊英. 2010. 葡萄避雨栽培技术要点[J]. 西北园艺(果树),(6):9-10.
贵州省短期天气预报指导手册编委会. 1987. 贵州省短期天气预报指导手册[M]. 贵阳:贵州省气象局(未正式出版).
国家气象局. 1993. 农业气象观测规范(上、下卷)[M]. 北京:气象出版社:74-124.
郭庆侠. 2007. 番茄果实的生理病害及预防措施[J]. 作物杂志,(5):59-60.
郭绍杰,陈恢彪,等. 2012. 鲜食葡萄冻害研究进展[J]. 农业灾害研究,**2**(2):77-79.
何圣米,龚亚明,胡齐赞. 2010. 高山地区大棚番茄避雨栽培技术[J]. 上海蔬菜,(5):24-25.
何学俏. 2012. 第三届广西-东盟蔬菜新品种交易会市民采摘日遇冷[EB/OL]. http://pic.gxnews.com.cn/staticpages/20121207/newgx50c11f89—6553643.shtml.
贺文丽. 2008. 果树高温热害及防御[EB/OL]. http://www.sxmb.gov.cn/news_21387.htm.
胡锡华,戴日军,邹凤婵. 2008. 2008 年南宁市园林植物防冻害技术现状及发展对策浅析[J]. 今日南国,(103):159-161.
黄家南. 2010. 冬番茄防冻害技术[J]. 农民致富之友,(10):10.
黄建昌. 1998. 水分胁迫对草莓光合作用的影响[J]. 仲恺农业技术学院学报,**11**(4):16-19.
黄小玉,黎祖贤,李超,等. 2008. 2008 年湖南极端冰冻特大灾害天气成因分析[J]. 气象,**34**(11):47-53.
黄雪梅,敖德玉,谢宝剑. 2007. 贵州特色农业产业集群发展与政府作用[J]. 乡镇经济,(10):56-58.
黄岩,谢世友. 2006. 冰雹灾害对河南农业的影响及防御措施[J]. 安徽农业科学,**34**(23):6 174-6 176.
焦奎宝. 2010. 葡萄根系抗寒性的研究[D]. 哈尔滨:东北农业大学:5-18.
康凤琴,张强,马胜萍,等. 2005. 青藏高原东北边缘冰雹形成机理[J]. 高原气象,**23**(6):749-751.
兰小中,阳义健,陈敏,等. 2006. 水分胁迫下中华芦荟内源激素变化的研究[J]. 种子,**25**(8):1-3.

雷雨顺,吴宝俊,吴正华.1978.冰雹概论:第一版[M].北京:科学出版社:9.

冷杨,梁桂梅,李建伟,等.2010.蔬菜标准园生态栽培技术解读[J].中国蔬菜,(19):3-8.

李百凤,冯浩,吴普特.2008.苗期干旱胁迫及复水对番茄形态发育及产量的影响[J].灌溉排水学报,**27**(2):63-65.

李德.2008.温棚蔬菜栽培实用气象技术[M].北京:气象出版社.

李登文,乔琪,魏涛.2009.2008年初我国南方冻雨雪天气环流及垂直结构分析[J].高原气象,**28**(5):1 140-1 148.

李峰,丁一汇.2004.近30年夏季欧亚大陆中高纬度阻塞高压的统计特征[J].气象学报,**62**(6):347-353.

李合生.2006.现代植物生理学[M].北京:高等教育出版社:341-344.

李鸿渐.1993.中国菊花[M].南京:江苏科学技术出版社.

李金良,贺洪海.2000.必须大力发展特色农业[J].经济师,(5):95.

李锦罄.2007.地被菊在不同水分胁迫下生长状况研究[J].宁夏农林科技,(2):20-21.

李进,张雪峰,刘燕,等.2011.夏季无公害小白菜大棚避雨栽培技术[J].上海蔬菜,(6):27.

李明娟,刘根华,何新华,等.2012.避雨栽培对金柑留树保鲜果实品质的影响[J].北方园艺,(4):149-153.

李维泉,王阜城,杨焕金.2013.葡萄避雨栽培技术[J].河北林业科技,(1):79.

李小乐,杨灿芳,尹克林.2011.南方优质葡萄避雨生产技术研究[J].园艺与种苗,(2):13-16.

李晓梅.2010.高温对不结球白菜幼苗光合特性的影响[J].安徽农业科学,**38**(9):4 505-4 506.

李亚东.2001.越橘(蓝莓)栽培与加工利用[M].长春:吉林科学技术出版社.

李晔.2009.河北持续阴雨今天终结 前期农业损失3成[EB/OL].http://www.weather.com.cn/static./html/article/20090909/70908.shtml.

李英,潘玖琴.2013.夏季小青菜稀播不移植防虫避雨栽培技术[J].长江蔬菜,(5):47.

李玉柱,许炳南,等.2001.贵州短期气候预测技术[M].北京:气象出版社.

栗燕,黎明,袁晓晶,等.2011.干旱胁迫下菊花叶片的生理响应及抗旱性评价[J].石河子大学学报:自然科学版,(1):30-34.

廖晓农,俞小鼎,于波.2008.北京盛夏一次罕见的大雹事件分析[J].气象,(2):10-17.

刘俄,帅军,季锦忠,等.1996.贵州冰雹天气的雷达监测和预报[J].贵州气象,**20**(4):3-6.

刘凤弼,周灵,王康.2011.金沙江干热河谷区红地球葡萄单幅式小拱棚避雨栽培技术[J].中外葡萄与葡萄酒,(2):45-46.

刘建文,郭虎,李耀东,等.2005.天气分析预报物理量计算基础[M].北京:气象出版社:6-20.

刘蕊,田园,问亚琴,等.2012.避雨栽培对酿酒葡萄果实氨基酸含量的影响[J].中外葡萄与葡萄酒,(4):15-19.

刘雪梅,谷晓平,吴俊铭.1999.贵州省重大农业气象灾害防御对策研究[J].成都气象学院学报,(1):108-112.

刘雪梅,宋国强,程平顺,等.1996.贵州夏旱的基本规律及其对策研究[J].贵州气象,**20**(6):19-22.

刘雪梅,宋国强,程平顺,等.1997.贵州省夏旱特征及分区研究[J].高原气象,**16**(3):292-299.

卢敬华.1986.西南低涡概论[M].北京:气象出版社:170-263.

陆汉城.2000.中尺度天气原理和预报:第一版[M].北京:气象出版社:4-50.

逯明辉,娄群峰,陈劲枫.2004.黄瓜的冷害及耐冷性[J]. 植物学通报,**21**(5):578-586.

吕火明.2002.论特色农业[J].社会科学研究,(3):27-30.

罗崇明.2002.景电灌区地膜马铃薯防高温栽培技术[J].甘肃农业科技,(10):17.

罗维.2010.图片故事:贵州旱情直击“一耳巴打回原形”[EB/OL]. http://news. qq. com/a/20100402./001524. htm.

苗爱梅,贾利冬,李苗,等.2011. 近50年山西高温日的时空分布及环流特征[J]. 地理科学进展,**30**(7):837-845.

宁鹏飞,贺艳楠,张振文.2011.避雨栽培对蛇龙珠果实及葡萄酒质量影响研究初报[J].中国酿造,**30**(4):55-57.

宁鹏飞,贺艳楠,张军贤,等.2012.避雨栽培对赤霞珠葡萄酒非花色苷酚类的影响[J]. 中国酿造,**31**(9):142-145.

浦超群,李建军,蒋立辉.2013.西瓜小拱棚早熟避雨栽培技术[J]. 上海农业科技,(4):69.

钱东南,钭凌娟,周秦.2013.中国樱桃品种短柄樱桃避雨栽培防裂果试验[J]. 中国果树,(3):43-44.

钱滔滔,吴克利.1997.大气层结对冷锋环流的影响[J].气象学报,(1):77-85.

乔林,陈涛,路秀娟.2009.黔西南一次中尺度暴雨的数值模拟诊断研究[J].大气科学,**33**(3):537-550.

秦贺兰,曹蕾,卜燕华.2007.干旱胁迫对3个夏花型小菊新品种生理生化特性的影响[J].中国农学通报,**23**(6):446-449.

邵光成,郭瑞琪,蓝晶晶,等.2012.避雨栽培条件下番茄灌排方案熵权系数评价[J].排灌机械工程学报,**30**(6):733-737.

寿绍文,励申申,寿亦萱,等.2005.中尺度大气动力学[M].北京:高等教育出版社:2-60.

帅忠兰,罗福礼.2006.安顺市春旱情况浅析[J].贵州气象,**30**(2):29-31.

宋芳.2013.绥阳县7个乡镇遭冰雹袭击,气象人员深入一线调查来源[EB/OL]. http://www.gzqx. gov. cn/workdynamic/partment/2013/0508/1272. html.

宋劲,周敏.2009.乌当区农业气象灾害与防治方法[J].贵州气象,**33**(5):31-32.

孙建华,赵思雄.2008.2008年初南方雨雪冰冻灾害天气静止锋与层结结构分析[J].气候与环境研究,**13**(4):368-384.

索渺清,丁一汇.2009.冬半年副热带南支西风槽结构和演变特征研究[J].大气科学,**33**(3):425-442.

谭宗琨.2006.高温干旱胁迫对早熟荔枝果实质量影响的研究[J].广西气象,**27**(增刊Ⅰ):86-87,70.

陶诗言,等.1980.中国之暴雨[M].北京:科学出版社:1-147.

陶诗言,卫捷.2008.2008年1月我国南方严重冰雪灾害过程分析[J].气候与环境研究,**13**(4):337-350.

王代谷,田大青,李家兴.2011.贵州主要热作果树低温灾害的调查研究[J].江西农业学报,**23**(8):

34-35.

王东海，柳崇健，刘英，等. 2008 年 1 月中国南方低温雨雪冰冻天气特征及其天气动力学成因的初步分析[J]. 气象学报，**66**(3)：405-422.

王恒振，王咏梅，亓桂梅，等. 2010. 山东大泽山地区金手指葡萄避雨栽培试验初报[J]. 中外葡萄与葡萄酒，(6)：43-45.

王建捷，陶诗言. 2002. 1998 梅雨锋的结构特征及形成与维持[J]. 应用气象学报，**13**(5)：526-534.

王瑾，刘黎平. 2008. 基于 GIS 的贵州冰雹分布与地形因子关系分析[J]. 应用气象学报，**19**(5)：627-634.

王凌，高歌，张强，等. 2008. 2008 年 1 月我国大范围低温雨雪冰冻灾害分析 Ⅰ. 气候特征与影响评估[J]. 气象，**34**(4)：95-100.

王留鑫，洪名勇. 2012. 贵州特色农业产业化发展研究——模式、问题及对策[J]. 贵阳市委党校学报，(4)：5-9.

王曼，段旭，李华宏，等. 2009. 地形对昆明准静止锋影响的数值模拟研究[J]. 气象，**35**(9)：77-83.

王文波，朱永淡，郑稼祥. 2010. 桃形李避雨栽培技术[J]. 绿色科技，(12)：39-40.

王笑芳，丁一汇. 1994. 北京地区强对流天气短时预报方法的研究[J]. 大气科学，**2**(2)：173-183.

王学文，付秋实，王玉珏，等. 2010. 水分胁迫对番茄生长及光合系统结构性能的影响[J]. 中国农业大学学报，**15**(1)：7-13.

王玉芳，贺化祥，张明生，等. 2009. 光照、温度和盐胁迫对红花大金元种子萌发的影响究[J]. 种子，**28**(12)：19-22.

魏瑞江，等. 2003. 日光温室低温寡照灾害指标[J]. 气象科技，**31**(1)：50-53.

温克刚，罗宁，等. 2006. 中国气象灾害大典：贵州卷[M]. 北京：气象出版社.

吴国雄，蔡雅萍，唐晓菁. 1995. 湿位涡和倾斜涡度发展[J]. 气象学报，**53**(4)：387-405.

吴瑞金. 2012. 夏黑提子引种表现及避雨栽培技术[J]. 现代园艺，(11)：15-16.

吴学平，刘日华，应允祥. 2013. 黑番茄山地设施避雨高效栽培技术[J]. 长江蔬菜，(17)：8-9.

武文辉. 2007. 云贵高原东段初夏暴雨的观测、诊断与模拟[D]. 南京：南京信息工程大学.

向丽红，胡先奇. 2013. 云南高原特色农业发展探讨[J]. 现代农业科技，(16)：322-324.

项续康，江吉喜. 1995. 我国南方地区的中尺度对流复合体[J]. 应用气象学报，**6**(1)：9-17.

解红权. 2013. 鹤峰县遭受暴雨袭击农作物受灾严重[EB/OL]. http://www.hbesagri.gov.cn/xwzx/xsdt /hf/3173.html.

徐秀英，费喜敏，邵同尧. 2007. 山区特色农业发展与支撑体系的建立[J]. 浙江林学院学报，**24**(5)：517-523.

徐永灵，陈中云. 2006. 贵州省干旱标准编制[C]//首届全国生态与农业气象业务发展与技术交流会.

许炳南. 2001. 贵州冬季凝冻预测信号和预测模型研究[J]. 贵州气象，**25**(4)：3-6.

许炳南，陈静. 2002. 春季冰雹短期预报影响系统指标法[J]. 贵州气象，**26**(1)：3-8.

许炳南，张弼洲，黄继用，等. 1997. 贵州春旱、夏旱、倒春寒、秋风的规律、成因及长期预报研究[M]. 北京：气象出版社.

许炳南,周颖. 2004. 贵州春季冰雹短期预报的高空温压场相似方法[J]. 高原气象,**22**(4):426-430.

许晨海,朱福康,杨连英,等. 2003. 美国强天气过程预报进展[J]. 气象科技,**31**(5):308-313.

许启德,傅海军. 2010. 南方葡萄 T 型小拱棚避雨栽培初探[J]. 湖北农业科学,**49**(4):2 143-2 145,2 148.

许瑛,陈发棣. 2008. 菊花 8 个品种的低温半致死温度及其抗寒适应性[J]. 园艺学报,**35**(4):559-564.

杨贵名,孔期,毛冬艳. 2008. 2008 年初“低温雨雪冰冻”灾害天气的持续原因分析[J]. 气象学报,**66**(5):836-849.

杨洋. 1994. 贵州大范围冰雹与暴雨的对比分析[J]. 贵州气象,(2):13-16.

杨再强,张波,张继波,等. 2012. 低温胁迫对番茄光合特性及抗氧化酶活性的影响[J]. 自然灾害学报,**21**(4):168-174.

姚秀萍,刘还珠,赵声蓉. 2005a. 利用 TBB 资料对西太平洋副热带高压特征的分析和描述[J]. 高原气象,**24**(2):143-151.

姚秀萍,于玉斌,赵兵科. 2005b. 梅雨锋云系的结构特征及其成因分析[J]. 高原气象,**24**(6):1 002-1 011.

叶长卫,王雅鹏. 2007. 西部特色农业发展的思考[J]. 长江流域资源与环境,**16**(2):202-205.

叶永茂. 2012. 闽东穆阳水蜜桃避雨栽培技术[J]. 福建农业科技,(7):20-21.

尹晗,李耀辉. 2013. 我国西南干旱研究最新进展综述[J]. 干旱气象,**31**(1):182-193. doi:10. 11755/j. issn. 1006-7639(2013)-01-0182.

尹洁,吴静,曹晓岗,等. 2009. 一次冷锋南侧对流性暴雨诊断分析[J]. 气象,**35**(11):39-47.

俞小鼎,姚秀萍,熊廷南,等. 2006. 多普勒天气雷达原理与业务应用:第一版[M]. 北京:气象出版社:2-55.

郁海蓉. 2013. 西林千亩番茄春节前上市泡汤 11 月低温寡照所致[EB/OL]. http://cms. weather. com. cn/site29/html/guangxi/tqxw/2017178. shtml.

园艺才子. 2011. 番茄病虫害——生理病害[EB/OL]. http://blog. sina. com. cn/s/blog_a04ea4ad0100yxf. j. html.

袁淑杰,缪启龙,谷晓平,等. 2007. 中国云贵高原喀斯特地区春旱特征分析[J]. 地理科学,**27**(6):796-800.

袁小康,谷晓平,杨再强,等. 2014. 火龙果开花坐果期寒害指标研究[J]. 中国农业气象,**35**(4):463-469.

张富存,张波,王琴,等. 2011. 高温胁迫对设施番茄光合作用特性的影响[J]. 中国农学通报,**27**(28):211-216.

张国庆,刘蓓. 2004. 青海省近四十年冰雹灾害的研究[J]. 青海气象,(2):19-23.

张国庆,刘蓓. 2006. 青海省冰雹灾害分布特征[J]. 气象科技,**35**(5):558-562.

张克俊. 2003. 论特色农业的理论与发展思路[J]. 华中农业大学学报,(1):6-11.

张蓝蓝,马小娜,周英铭. 1994. 一次锋后持续雹暴过程发生条件的分析[J]. 中山大学学报论丛,(5):14-20.

张丽，马菊，史小金，等. 2013. 皖南气象灾害对蓝莓的影响及其防御措施[J]. 现代农业科技，(2)：245-247.

张小玲，陶诗言，张顺利. 2004. 梅雨锋上的三类暴雨[J]. 大气科学，**28**(2)：187-209.

张迎新，侯瑞宝，张保守. 2007. 回流暴雪过程的诊断分析和数值试验[J]. 气象，**33**(9)：25-32.

张勇. 2008. 南方低温雨雪冰冻灾害历史罕见——2008 年 1 月[J]. 气象，**34**(4)：132-133.

张筑平，袁忠勇. 2011. 加快发展贵州特色农业的对策思考[C]//贵州推进扶贫开发理论研讨会论文集.

赵思雄，傅慎明. 2007. 2004 年 9 月川渝大暴雨期间西南低涡结构及其环境场的分析[J]. 大气科学，**31**(6)：1 059-1 075.

赵思雄，孙建华. 2008. 2008 年初南方雨雪冰冻天气的环流场与多尺度[J]. 气候与环境研究，**13**(4)：351-367.

赵宇，高守亭. 2008. 对流涡度矢量在暴雨诊断分析中的应用研究[J]. 大气科学，**32**(3)：444-456.

郑华，刘利华，徐云杰，等. 2010. 山地辣椒避雨栽培试验初报[J]. 北方园艺，(5)：238-239.

中国气象局政策法规司. 2008. 作物霜冻害等级：QX/T 88—2008. 北京：气象出版社.

周灿芳，傅晨. 2008. 我国特色农业研究进展[J]. 广东农业科学，(9)：157-161.

周兴建，王进，欧毅. 2011. 重庆地区葡萄简易避雨栽培关键技术[J]. 南方农业，**5**(10)：76-78.

周玉撒，高守亭，邓国. 2005. 江淮流域 2003 年强梅雨期的水汽输送特征分析[J]. 大气科学，**9**(2)：195-204.

朱炳海，王鹏飞，等. 1985. 气象学词典[M]. 上海：上海辞书出版社.

朱建仁，徐顺昌，陈利均. 2010. 巨峰葡萄 V 型架避雨栽培技术[J]. 林业实用技术，(10)：36.

朱满德，王秀峰. 2012. 贵州省特色农业发展：现状、问题及其对策[J]. 生态经济评论，(00)：166-175.

朱乾根，林锦瑞，寿绍文，等. 1992. 天气学原理和方法：修订本[M]. 北京：气象出版社：10-120.

朱延姝，冯辉，高绍森. 2006. 弱光对番茄生长发育及产量的影响[J]. 中国蔬菜，(2)：11-13.

祝康，罗琴，蔡霞. 2010. 农业气象灾害对葡萄生产的影响及防灾减灾措施[J]. 四川农业科技，(9)：36-37.

左丽芳，龙平，石昌军. 2010. 罗甸县春旱特征及成因浅析[J]. 贵州气象，**34**(Z1)：33-35.

Ashraf M, Foolad M R. 2007. Roles of glycine betaine and proline in improving plant abiotic stress resistance [J]. *Environ Exp Bot.*, **59**(2): 206-216.

Bennett I. 1959. Glaze: its meteorology and climatology, geographical distribution and economic effects [R]. Technical Report EP-105, U. S. Army Quartermaster Research and Engineering Command, Environmental Protection Research Division, Natick, MA.

Bernstein B C, Omeron T A, Politovich M K, *et al*. 1998. Surface weather features associated with freezing precipitation and severe in-flight aircraft icing [J]. *Atmospheric Research*, **46**(1-2): 57-73.

Gao S T, Ping F, Li X, *et al*. 2004. A convective vorticity vector associated with tropical convection: A two-dimensionalcloud-resolving modeling study [J]. *J Geophys Res*, **109**: D14106.

Martner B E, Snider J B, Zamora R J. 1993. A remote-sensing view of a freezing rain storm[J]. *Monthly Weather Review*,**121**:2 562-2 577.

Rex D. 1950. Blocking action in the middle troposphere and its effect upon regional climate Ⅱ:The climatology of blocking action [J]. *Tellus*,**2**:275-301.

Stewart R E. 1985. Precipitation types in winter storms [J]. *Pure & Applied Geophysics*,**123**(4): 597-609.

Wahid A,Shabbir A. 2005. Induction of heat stress tolerance in barley seedlings by pre-sowing seed treatment with glycinebetaine [J]. *Plant Growth Regulation*,**46**(2):133-141.

Zgallai H,Steppe K,Lemeur R. 2006. Effects of different levels of water stress on leaf water potential, stomatal resistance,protein and chlorophyll content and certain anti-oxidative enzymes in tomato plants [J]. *Journal of Integrative Plant Biology*,**48**(6):679-685.